高等学校土木工程专业系列教材

工 程 建 设 监 理

（第四版）

主编　詹炳根　殷为民
主审　何　利

中国建筑工业出版社

图书在版编目（CIP）数据

工程建设监理 / 詹炳根，殷为民主编. --4 版.
北京：中国建筑工业出版社，2024.7. --（高等学校
土木工程专业系列教材）. -- ISBN 978-7-112-30126-3

Ⅰ. TU712

中国国家版本馆 CIP 数据核字第 2024HF3935 号

　　《工程建设监理（第四版）》主要参照现行国家标准《建设工程监理规范》GB/T 50319
以及其他与监理相关的现行工程建设法律、法规对各章节进行修订。本书系统介绍工程建设
监理的基本理论、原理和方法，更多地介绍监理实际运作的内容，增加了丰富的案例。本书
可用作高等院校土木工程、工程管理等相关专业的教材或教学参考书，可作为监理工程师、
造价工程师、咨询工程师（投资）、建造师等执业资格考试的参考用书，也可作为工程监理、
工程造价及工程咨询等从业人员及自学人员的参考用书。

　　为方便教学，我们向采购本书作为教材的老师提供教学课件，有需要的可与出版社联系，
邮箱：jckj@cabp.com.cn，电话：(010)58337285。

　　责任编辑：李　慧
　　责任校对：姜小莲

高等学校土木工程专业系列教材

工程建设监理（第四版）

主编　詹炳根　殷为民
主审　何　利

*

中国建筑工业出版社出版、发行（北京海淀三里河路 9 号）
各地新华书店、建筑书店经销
北京红光制版公司制版
北京市密东印刷有限公司印刷

*

开本：787 毫米×1092 毫米　1/16　印张：19¼　字数：480 千字
2024 年 8 月第四版　2024 年 8 月第一次印刷
定价：**59.00** 元（赠教师课件）
ISBN 978-7-112-30126-3
（43128）

第四版前言

《工程建设监理》于 2000 年 6 月、2003 年 8 月和 2007 年 12 月先后出了三个版本，是最早的高等学校本科生使用教材之一，多年来得到广大院校师生的认可，先后印刷几十次。

我国工程建设长期处于高速发展中，工程建设文件、法规和合同在不断地修订，与监理工作相关的政策法律法规也有较大的变化。教材不少内容需要更新、修改，以反映这些变化。

二十多年前编写《工程建设监理》第一版时，国家建设监理制度正在推行，建设监理还是新生事物，高校学生亟需这方面的知识。教材编写的初心是为高校本科生介绍我国的建设监理制度。今天，我国工程建设进到了新的时代。作为一种工程建设的管理制度，建设监理长期存在，同时也在与时俱进，不断发展，中国的特色也更加鲜明。第四版仍然秉持这一初心。

第四版主要参照现行国家标准《建设工程监理规范》GB/T 50319—2022 以及现行与监理相关的工程建设法律、法规对各章节进行修改，系统介绍建设工程监理的基本理论、原理和方法。更多地介绍监理实际运作的内容，增加了案例。

第四版的编写安排如下：合肥工业大学詹炳根编写第 1 章、第 2 章、第 6 章 6.1 节和第 10 章；扬州大学殷为民编写第 5 章、第 7 章、第 9 章和附录；河海大学杨高升编写第 4 章、第 8 章和第 6 章 6.2 节；苏州科技大学郑传明编写第 3 章；扬州大学张正寅编写第 6 章 6.3 节和 6.4 节。本书由詹炳根和殷为民统稿。

最后，仍然要感谢读者对教材提出的宝贵意见和建议，感谢中国建筑工业出版社朱首明、李明和李慧三任责任编辑为编写工作的辛勤付出。

编者

2024 年 7 月

第三版前言

我国自 1988 年开始试行建设监理制度。20 年来，建设监理从试点到全面推广，从拿来到消化吸收，已经形成了中国的特点或特色，成为我国《中华人民共和国建筑法》规定推行的工程建设管理制度。在长期的建设监理实践和监理教学工作中，我们深深感到：从事工程建设的各类人员乃至于整个社会对这一制度的理解和认识对建设监理的健康发展是非常重要的。当年在推广监理制度时是如此，今天仍然十分必要。《工程建设监理》第三版与前两版一样本着同一个宗旨，就是宣传和介绍工程建设监理这一制度。

自 2003 年以来，国家的工程项目管理体制在不断改革，建设监理制度也在不断的改进和完善，有关建设监理制度的新举措和规定也不断出台。住房和城乡建设部相继出台了《工程监理企业资质管理规定》《注册监理工程师管理规定》《建设工程监理与相关服务收费管理规定》等法规，建设项目的投资构成和计价方式等方面也有了不少变化。监理教材的内容需要及时反映这些新的发展。

第三版对第二版进行了修改，增加和删除了一些内容。各章节都有一些变动，最主要的有以下三个方面：一是结合国家对工程建设监理以及有关方面新的规定，补充修改了相关内容。二是增加了安全监理的内容。安全监理是我国独特的提法和做法，目前争论也很大，鉴于国务院和建设部都有这方面的规定，而且已经实施，第三版参照这些规定新增了相关内容。三是删除了部分内容，主要是第二版附录部分摘录的有关建设监理的法律法规等内容。这些内容读者很容易收集到，同时也是为了节省篇幅。但保留了反映实际操作内容的施工阶段监理工作的基本表式。

第三版各章节的编写分工为：合肥工业大学詹炳根编写第 1 章、第 6 章 6.1 节和第 10 章；南京工业大学徐欣编写第 2 章、第 4 章 4.3 节、第 6 章 6.4 节；苏州科技学院姜正平编写第 3 章、第 4 章 4.2 节和第 6 章 6.3 节；河海大学杨高升编写第 4 章 4.2 节和第 8 章；扬州大学殷为民编写第 5 章、第 7 章和第 9 章。各编者按分工提出修改意见，经充分讨论确定后进行修改，最后由詹炳根和殷为民统稿，南京工业大学欧震修教授主审。

第二版出版后，不少读者提出了宝贵的意见和建议，在此表示衷心的感谢。在编写过程中，天津大学高小旺教授审阅了新编的第 7 章，提出了非常好的修改建议；各编者所在的院系、中国建筑工业出版社朱首明和李明两任责任编辑都给予了大力支持和帮助，在此一并表达我们的谢意。

编者

2007 年 8 月

第二版前言

《工程建设监理》第一版出版后，两年内已 5 次重印，反映了社会渴望了解工程建设监理这一重要制度。

我国工程建设监理制度在不断发展和完善。在教材出版后的一年多时间内，国家相继颁布了《建设工程质量管理条例》《建设工程监理规范》GB 50319—2000、《建筑工程施工质量验收统一标准》GB 50300—2001、《工程监理企业资质管理规定》等重要的指导性文件，与监理制度有关的《建设工程委托监理合同（示范文本）》GF—2000—0202、《建设工程施工合同（示范文本）》GF—1999—0201 等法律法规也相继出台，教材的内容需要反映这些进展。编写第二版的目的之一，就是根据这些法律法规文件，修改和增加相关内容。

在编写本教材第一版时，尽管编者努力，但限于编者的能力和较短的编写时间，书中仍存在着不尽如人意之处；一些读者也反映了书中存在的若干问题。编写第二版的另一个目的就是修正第一版的不足之处。

本教材第二版总体框架与第一版保持一致，仍分为九章和一个附录。各章节编写的人员分工：合肥工业大学詹炳根编写第 1 章、第 6 章 6.1 节和第 9 章；南京工业大学徐欣编写第 2 章、第 4 章 4.3 节、第 6 章 6.4 节；苏州科技学院姜正平编写第 3 章、第 4 章 4.2 节和第 6 章 6.3 节；河海大学杨高升编写第 4 章 4.2 节和第 7 章；扬州大学殷为民编写第 5 章和第 8 章。全书由詹炳根和殷为民统稿，南京工业大学欧震修主审。

读者对本教材提出的意见和建议，请 email 到：bgzhan@mail.hf.ah.cn，编者热切期望得到反馈。

编者

2003 年 6 月

第一版前言

编写本书有两方面的考虑：一是编写一本适合高校土木工程专业使用的监理教材。我国已经全面推行建设监理制度，高校学生有必要了解这一制度。目前，不少高校开设了"工程建设监理"这门课程，但还缺乏适用的教材。二是提供一本介绍建设监理制度及其运作的读物。建设监理制度是结合我国国情从国外"拿来"的，社会认知程度低，需要广泛地宣传。从事工程建设的有关人员都应不断提高对建设监理制度的认识。

建设监理的内容非常丰富，涉及的知识面很广。如何在有限的篇幅内，将有关问题表述清楚，这是编者努力的方向。在编写过程中，我们注重介绍现行有关建设监理制度的法律、法规，并结合多年从事监理工作的实践经验，力图系统地介绍我国的建设监理制度及建设监理的实际运作方法。

本书分九章，第1、2、3章介绍工程建设监理的基本概念和我国建设监理制度的有关知识，第4、5章介绍工程建设监理的组织与规划，第6、7、8、9章介绍工程建设监理的目标控制、组织协调、合同管理和信息管理方面的内容。各章节编写分工如下：合肥工业大学詹炳根编写第1章、第6章6.1节和第9章；南京建筑工程学院徐欣编写第2章、第4章4.3节、第6章6.4节；苏州城建环保学院郑传明编写第3章、第4章4.2节和第6章6.3节；河海大学杨高升编写第4章4.1节、第6章6.2节和第7章；扬州大学殷为民编写第5章和第8章。主编詹炳根，副主编殷为民。

本书主审南京建筑工程学院欧震修教授两次参加了编写讨论会，并悉心审阅了书稿，提出了许多宝贵的建议和意见，谨致谢意。编者所在各院校对本书的编写给予了大力支持，在此一并致谢。

编写高校本科生使用的监理教材，是我们的一个尝试，书中可能存在问题甚至错误，欢迎批评指正。

编者

2000 年 1 月

目　　录

第1章 工程建设监理的基本概念

提要：业主的项目管理；我国工程建设监理的基本概念；我国工程建设监理的性质；国内外建设监理的发展过程；我国建设监理制度的必要性；建设监理制度下我国的工程建设管理体制。

实行工程建设监理制度是《中华人民共和国建筑法》规定的我国建设项目管理的方式。社会各界，特别是从事工程项目建设的人员，必须深刻理解建设监理制度，尤其是必须对建设监理的基本思想、概念内涵及其历史发展过程有一个清晰的认识。

1988年，我国工程建设管理体制进行了重大改革，在工程建设领域开始试行工程监理制度，并于1996年全面推行，对我国工程建设产生了深远的影响。建设监理制与项目法人责任制、招标投标制、合同管理制一起构成具有中国特色的工程建设基本制度。建设监理成为《中华人民共和国建筑法》规定的我国建设项目管理的方式。我国工程建设监理制度走出了一条以监理工程师为基础，以监理企业为主体，国家强制性监理与企业市场化运作相结合的职业化创新发展道路，形成了鲜明的中国特色。

1.1 业主的项目管理

1.1.1 工程建设项目管理及其必要性

1. 工程建设项目管理基本概念

建设项目，是在一个总体设计或总预算范围内，由一个或几个互有联系的单项工程组成，一次性建成，建成后在经济上可以独立经营、行政上可以统一管理的建设单位。一个建设项目，应有明确的建设目的，一定的建设任务量，明确的建设时间，确定的投资总额，各单位工程之间有完整的组织关系，项目实施是一次性的。

建设项目需要按一定的步骤和程序开展大量的工作。对项目作总体构思，确定项目的性质、特点和所要达到的目标；选择适当的方案，制定规划和作好必要的准备；组织实施，对项目的进度、成本和质量等进行控制；对完成的项目进行检查、分析，确定效果，进行总结。项目建设中各项工作之间联系密切，常常由许多部门或单位完成，因而需要统一的指挥和协调。这种步骤和程序是任何项目取得成功所必须遵循的，项目管理就是为使项目实现所要求的质量、所规定的时限和投资额所进行的全过程、全方位的规划、组织、控制、指挥与协调。

2. 工程建设项目管理的必要性

建筑市场的特点决定了建设项目需要进行管理。与一般的商品市场相比，建筑市场在交易和生产过程呈现不同的特点。

在市场交易方面。首先是建筑商品生产和交易的同时性。一般商品的生产和交易是分开的，生产过程形成产品，交易过程形成商品。建筑商品则不然，它的生产过程也就是交

1

易过程，生产和交易同时发生。建筑产品的交易在业主和承包商签订合同时就开始了。其次是交易的社会性。一般的商品交易，只涉及买卖双方，双方同意即达成交易。建筑商品的交易却不完全取决于买卖双方。建筑商品的社会影响极大，影响到城市规划、影响到建筑物里面及其附近人们的安全。建筑商品生产和交易的同时性，决定了买卖双方都要投入生产过程的管理；而交易的社会性，则决定了政府对建筑活动也要进行管理。

在建筑商品的生产过程方面。建筑商品的生产周期比较长，资金投放量比较大，地理位置的影响也较大；生产过程中存在许多不可预见的因素，如各种不利的自然条件和人为因素等；生产过程是一次性的，不可逆转的，建筑商品形成后，不好更换，不宜降价处理；生产工艺是单向性的，一个产品一个样，不能批量生产，同一图纸，建在不同的地方，由不同的队伍施工，产品都不一样。生产过程的这些特点同样决定了业主、承包商都需要对项目的建设过程进行管理。

建筑市场的这些特点表明了项目管理的必要性，也形成了项目管理各种不同的类型。

1.1.2　工程建设项目管理的类型

对项目进行管理有宏观管理与微观管理之分。政府部门对工程建设的管理是宏观的，即主要对建筑市场的秩序、市场主体的行为进行规范和监督。而一个具体的工程建设项目的管理，是微观管理活动，进行这种管理的是市场各类主体。不同的市场主体的管理行为，因其所处的角度不一样，职责不一样，所需完成的任务不同，管理的范围、内容和要求也必然不同，因而形成不同的项目管理类型。

1. 建筑市场的三大主体

在建筑市场上，围绕着工程建设项目，存在着许多单位或部门，如建设单位、施工单位、设计单位、咨询单位、材料设备供应单位等。按照国际惯例，这些单位可以归纳为三大类，即业主、承包商和咨询顾问，它们是工程建设的三大主体。

业主，又称为项目法人、甲方、建设单位，是工程项目的买方。业主可以是个人或组织，他们往往既是投资者，又是投资使用者、投资偿还者和投资受益者，集责、权、利于一身。工程项目建设实行的是业主负责制，业主要对工程项目的策划、资金筹措、建设实施、生产经营、债务偿还和资产的保值、增值等方面全面负责。

承包商，又称承包人、乙方、承包单位、承建单位，是工程项目的卖方。他们负责按照与业主签订的工程承包合同完成工程项目建设，并从中获得收益。

咨询顾问，又称咨询工程师、建筑师等，是在工程建设项目中为业主或承包商提供有偿专业服务的单位或个人。大多数咨询顾问都以公司的形式进行活动，提供的服务范围很广，包括了从单项咨询到整个工程项目的规划、设计和主要设计施工的监督与管理等领域。

2. 工程建设项目管理的类型

业主、承包商和咨询顾问这三大市场主体，都要对工程建设项目进行管理。一般业主进行工程项目的总体管理，该管理包括从编制项目建议书至项目竣工验收使用的全过程。业主对建设项目的管理，称为建设项目管理。承包商进行的项目管理一般限于建设项目的施工（设计）阶段，即对作为施工（设计）对象的工程项目管理，这种管理称为施工（设计）项目管理。咨询顾问的项目管理属性取决于服务对象，当其所服务的对象是业主时，其管理属于建设项目管理；当其服务的对象是承包商时，其管理属于施工（设计）项目管理。

1.1.3　业主的项目管理

1. 业主项目管理的出发点

业主在工程建设过程中拥有项目的决策权、经营权和管理权，对工程项目建设全面负责。业主在投资一个项目时，总是要考虑"经济"和"效率"两方面，力图以最低的价格、最短的工期、最优的质量和最佳的服务购买建成的项目。在项目实施过程中投资风险往往较大，从"经济"和"效率"出发进行项目决策、实施和经营，就可将风险降到最小。

2. 业主项目管理的最佳方法

工程项目的建设和管理，业主可以自行组织和实施。但是，从"经济"和"效率"出发，业主直接组织工程项目的建设和经营往往既无必要，也不可能。因为现代工程项目功能和组织结构日趋复杂，项目决策涉及的因素越来越多；新工艺、新技术、新材料、新结构、新设备的应用日趋广泛，技术密集程度日渐提高；耗资巨大，资金的占用周期长，融资的渠道和方式日趋多样化；参与建设活动的各方主体利益具有多向性，涉及的合同纠纷或法律纠纷日益增多；社会经济环境、政策环境、地域环境和生态环境等外部环境的协调关系复杂等。这些特征，决定了实施工程项目，需要一批专业学科配套、业务技能结构合理、熟悉法律法规，并掌握现代管理技术的各类专家或专家群体。

工程项目业主通常不具备这类专家，甚至是工程建设的外行，缺乏工程建设方面的知识，缺乏工程项目管理方面的经验，承受着项目决策和实施中的巨大风险。他们要对工程项目全面负责，要把项目的风险降到最低，一个最可能的能够体现"经济""效率"原则的做法是委托第三方为其提供专业化的项目管理服务，以弥补他们在项目管理中的不足。

而作为职业化的咨询顾问，因具有业主所不具备的技术和管理的专业优势，并且具有丰富的工程建设管理经验，可以为业主提供相关的服务。

业主将其项目管理的一部分权力授予咨询顾问，由咨询顾问代替其进行项目的管理，这就是工程建设监理。建设监理是项目管理的一种，属于业主项目管理的范畴。

1.2　我国工程建设监理的基本概念

1.2.1　我国工程建设监理的概念及内涵

建设监理是咨询顾问为建设项目业主所提供的项目管理服务，是国际通行的方法。我国的工程建设监理是参照国际惯例并结合我国国情而建立起来的，建设监理的概念与国外基本一致，但也有其特殊的地方。

《建设工程监理规范》GB/T 50319—2013 定义，建设工程监理是工程监理单位受建设单位委托，根据法律法规、工程建设标准、勘察设计文件及合同，在施工阶段对建设工程质量、造价、进度进行控制，对合同、信息进行管理，对工程建设相关方的关系进行协调，并履行建设工程安全生产管理法定职责的服务活动。

我国的工程建设监理，有时称为工程监理，如在《中华人民共和国建筑法》中称为建筑工程监理，也有结合各行业称为公路工程监理、水电工程监理的，现一般的叫法是建设工程监理。这些名称各有不同，但其内涵和外延都是一样的。

（1）工程建设监理是针对工程项目建设所实施的监督管理活动。工程建设监理是围绕着工程项目建设来开展的，离开了工程项目，就谈不上监理活动。而作为工程项目，也应具有一定的条件，其中主要的有建设目标明确，建设资金要落实，工期、质量目标要明确。这些条件不具备的，就不能称之为工程项目。工程项目是监理活动的一个前提条件，只有对工程项目才能实施监理。

工程建设监理是针对具体的工程项目而实施的，因而是一种微观管理活动，与由政府进行的行政性监督管理活动有着明显的区别。政府的监督管理活动是宏观的，它的主要功能是通过强制性的立法、执法来规范建筑市场。

（2）工程建设监理的行为主体是监理单位。监理单位是建筑市场的建设项目管理服务主体，具有独立性、社会化和专业化的特点。监理单位按照独立、自主的原则，以公正的第三方的身份开展监理工作。非监理单位开展的对工程建设的监督管理不是工程建设监理。业主、承包商的建设项目管理和施工（设计）项目管理，都不属于建设监理的范畴。

（3）工程建设监理的实施需要业主委托。监理单位提供高智能的建设项目管理服务，业主有需求时，委托社会化、专业化的监理单位对建设项目进行管理。《中华人民共和国建筑法》第三十一条规定，实行监理的建筑工程，由建设单位委托具有相应资质条件的工程监理单位监理。业主委托这种方式，表明工程建设监理是监理单位和业主双方自愿的行为，不具有强制性。这种方式决定了业主与监理单位的关系是委托与被委托的关系，这种关系具体体现在工程建设监理合同上。这种方式还说明，监理工程师对项目的管理权力来源于业主的委托与授权。在工程建设过程中，业主始终是建设项目管理的主体，把握着工程建设的决策权，并承担着主要风险。

（4）工程建设监理是有明确依据的工程建设管理行为。首先依据的是法律、行政法规。我国法律、法规是广大人民群众意志的体现，具有普遍的约束力，在中国境内从事活动都必须遵守，从事工程监理活动也不例外。监理单位应当依照法律、法规的规定，对承包商实施监督。对业主违反法律、法规的要求，监理单位应当予以拒绝。合同是工程建设监理的依据，其中最主要的是工程建设监理合同和工程承包合同。工程建设监理合同是业主和监理单位为完成工程建设监理任务，明确相互权利义务关系的协议；工程承包合同是业主和承包商为完成商定的某项工程建设，明确相互权利义务关系的协议。依法签订的合同具有法律约束力，当事人必须全面履行合同规定的义务，任何一方不能擅自变更或解除合同。监理单位必须以合同为依据开展监理工作。工程建设监理的依据还有国家批准的工程项目建设文件，如批准的建设项目可行性研究报告、规划、计划和设计文件，工程建设方面的现行规范、标准、规程等。这些依据表明了监理工程师权力的另外一个来源，即法律赋予的监督工程建设各方按法律、法规办事的权力，监理工程师开展监理活动也是执法过程。监理单位有权开展监理活动，承包商有义务自觉接受监理。

（5）工程建设监理定位在施工阶段。工程建设监理概念，与国外的咨询顾问向业主提供的服务相一致，其范围应当包括工程建设从立项、实施到最后评估的全过程。我国则将其明确定位在施工阶段，服务活动的内容是对建设工程质量、造价、进度进行控制，对合同、信息进行管理，对工程建设相关方的关系进行协调，并履行建设工程安全生产管理法定职责。

1.2.2　工程建设监理的性质

认识监理的性质，有助于理解我国工程建设监理制度，明晰监理实践中出现的许多问题。工程建设监理的性质有：服务性、公正性、独立性和科学性。

1. 服务性

服务性是工程建设监理的根本属性。监理工程师开展的监理活动，本质上是为业主提供项目管理服务。监理是一种咨询服务性的行业。咨询服务是以信息为基础，依靠专家的知识、经验和技能对客户委托的问题进行分析、研究，提出建议、方案和措施，并在需要时协助实施的一种高层次、智力密集型的服务，其目的是改善资源的配置和提高资源的效率。监理单位是建筑市场的一个主体，业主是其顾客，"顾客是上帝"是市场经济的箴言，监理单位应该按照工程建设监理合同提供让业主满意的服务。

工程建设监理的服务性表现在：它既不同于承包商的直接生产活动，也不同于业主的直接投资活动。监理单位不需要投入大量资金、材料、设备、劳动力，一般也不必拥有雄厚的注册资金。监理单位既不向业主承包工程造价，也不参与承包单位的盈利分成。它只是在工程项目建设过程中，利用自己在工程建设方面的知识、技能和经验为客户提供高智能监督管理服务，以满足项目业主对项目管理的要求。

工程建设监理服务的对象是项目业主，按照工程建设监理合同提供服务。国际咨询工程师联合会（FIDIC）要求"咨询工程师仅为委托人的合法利益行使其职责，他必须以绝对的忠诚履行自己的义务，并且忠诚地服务于社会性的最高利益以及维护职业荣誉和名望"。有一种错误的认识和做法，认为监理是业主花钱委托的，业主要监理工程师做什么就得做什么。其实，监理提供的服务有正常服务、附加服务和额外服务之分，由工程建设监理合同予以界定，监理没有义务承担合同外的服务。另外，在市场经济条件下，监理工程师没有任何义务也不允许为承包商提供服务。但在实现项目的总目标上，三方主体是一致的，监理工程师要协调各方关系，以使工程能够顺利进行。

2. 公正性

公正，指的是坚持原则，按照一定的标准实事求是地待人处事。公正性是指监理工程师在处理事务过程中，不受他方非正常因素的干扰，依据与工程相关的合同、法规、规范、设计文件等，基于事实，维护建设单位和承包单位的合法权益。当业主与承包商产生争端时，监理工程师应公正地处理争端。

公正性是咨询监理业的国际惯例。在很多工程项目管理合同条例中都强调了公正性的重要性。国际上通用的合同条件对此都有明确的规定和要求。

国际咨询工程师联合会（FIDIC）的基本原则之一就是监理工程师在管理合同时应公正无私。FIDIC 的土木工程施工合同条件（红皮书）（第四版）第 2.6 款规定：凡是合同要求工程师用自己的判断表明决定、意见或同意，表示满意或批准，确定价值或采取别的行动时，他都应在合同条款规定内，并兼顾所有条件的情况下公正行事。公正行事就意味着工程师乐于倾听和考虑业主及承包商双方的观点，然后基于事实作出决定。在第 44.2款说明中进一步强调了业主、工程师以及承包商之间友好交流和理解的必要性，同时也强调了工程师以公正无私的态度处理问题的重要性。

FIDIC 的业主/咨询工程师标准服务协议书（白皮书）第五条中对咨询工程师的职责提出了一个要求，就是作为一名合同的管理者必须根据合同来进行工作，在业主和承包商之间公正地证明、决定或行使自己的处理权。

美国建筑师学会（AIA）的土木工程施工合同通用条件第4.2.12款中规定了建筑师对合同文件的实施和对相关事宜作出解释和决定时，要与合同文件相一致或可从中合理地推出。此时，建筑师应努力使业主和承包商双方信服，不应偏袒于哪一方。

英国土木工程师学会（ICE）的土木工程施工合同条件第2（8）款中，对工程师根据合同行使权力作出明确的规定，除非根据合同条款需要业主特别批准的事宜，工程师应在合同条款规定内，并兼顾所有条件的情况下作出公正的处理。

公正性成为咨询监理业的国际惯例，主要是因为社会非常重视咨询工程师的声誉和职业道德，如果一个咨询工程师经常无原则地偏袒业主，承包商在投标时就要多考虑"工程师因素"，即将工程师的不公正因素列为风险因素，从而增加报价中的风险费。另外，公正性是监理工作正常和顺利开展的基本条件。如果工程师无原则地偏袒业主，会引起承包商反感，增加许多争端。这样，一方面会影响承包商干好工程的积极性，不能精心施工；另一方面，也使监理工程师分散精力，影响他进行三大控制。如果争端不能公正解决，必将进一步激化矛盾，最终会诉诸法律程序，这对业主和承包商都不利。

在我国，实施建设监理制的基本宗旨是建立适合社会主义市场经济的工程建设新秩序，为开展工程建设创造安定、协调的条件，为投资者和承包商提供公平竞争的条件。建设监理制赋予监理工程师很大的权力，工程建设的管理以监理工程师为中心开展，这就要求监理要具有公正性。我国建设监理制沿用了国际惯例，把公正性放在重要的位置。《中华人民共和国建筑法》第三十四条对其作了规范：工程监理单位应当根据建设单位的委托，客观、公正地执行监理任务。

3. 独立性

独立，指不依赖外力，不受外界束缚。监理的独立性首先是指监理公司应作为一个独立的法人地位机构，与项目业主和承包商没有任何隶属关系。监理单位不属于业主和承包商签订的合同中的任何一方，不能参与承包商、制造商和供应商的任何经营活动或在这些公司拥有股份，也不能从承包商或供应商处收取任何费用、回扣或利润分成。监理工程师和业主间的关系是通过工程建设监理合同来确定的，监理工程师代表业主行使监理合同中业主赋予的工程管理权，但不能代表业主根据项目法人制的原则承担在项目管理中应负有的职责，业主也不能限制监理单位行使建设监理制有关规定所赋予的职责；监理工程师和承包商间的关系是有关法律、法规赋予的，以业主和承包商之间签订的施工合同为纽带的监理和被监理的关系，他们之间没有也不允许有任何合同关系。

监理的独立性还指监理工程师独立开展监理工作，即按照建设监理的依据开展监理工作。只有保持独立性，才能正确地思考问题，行使判断，作出决定。

对监理工程师独立性的要求也是国际惯例。国际上用于评判一个咨询工程师是否适合于承担某一个特定项目最重要的标准之一，就是其职业的独立性。FIDIC白皮书明确指出，咨询机构是"作为一个独立的专业公司受雇于业主去履行服务的一方"，咨询工程师是"作为一名独立的专业人员进行工作"。同时，FIDIC要求其成员"相对于承包商、制造商、供应商，必须保持其行为的绝对独立性"，不得"与任何可能妨碍他作为一个独立的咨询工程师工作的商业活动有关"。

《中华人民共和国建筑法》第三十四条也作出了类似的规定：工程监理单位与被监理

工程的承包单位以及建筑材料、建筑构配件供应单位不得有隶属关系或者其他利害关系。

监理的独立性是公正性的基础和前提。监理单位如果没有独立性，根本就谈不上公正性。只有真正成为独立的第三方，才能起到协调、约束作用，公正地处理问题。

4. 科学性

工程建设监理是为项目业主提供的一种高智能的技术服务，这就决定了它应当遵循科学的准则。技术和科学是密不可分的，"高智能"的主要体现之一是科学和技术水平。各国从事咨询监理的人员，绝大部分都是工程建设方面的专家，具有深厚的科学理论基础和丰富的工程方面的经验。业主所需要的正是这些以科学为基础的"高智能"服务。

工程建设监理的对象是专业化和社会化的承包商，他们在各自的领域长期进行承包活动，在技术和管理上都达到了相当高的水平。监理工程师要对他们进行有效的监督管理，必须有相应的甚至更高的水平。同时，监理工作与一般的管理有所不同，是以技术为基础的管理工作。专业技术是沟通监理工程师和承包商的桥梁，强调监理的科学性，有利于进行管理和组织协调。

工程建设监理的主要任务也决定了它的科学性。监理的主要任务是协助业主在预定的投资、进度和质量目标内实现工程项目。而当今工程规模日趋庞大，功能、标准越来越高，新技术、新工艺和新材料不断涌现，参加组织和建设的单位越来越多，市场竞争激烈，风险高。监理工程师只有采用科学的思想、理论、方法、手段才能完成监理任务。

监理的科学性也符合其公正性的要求。科学本身就有公正性的特点，是就是，不是就不是。监理公正性最充分的体现就是监理工程师用科学的态度待人处事，监理实践中的"用数据说话"，既反映了科学性，又反映了公正性。

监理的科学性主要包括两个方面。其一，监理组织的科学性：要求监理单位应当有足够数量的、业务素质合格的监理工程师；有一套科学的管理制度；要掌握先进的监理理论、方法；要有现代化的监理手段。其二，监理运作的科学性：即监理人员按客观规律，以科学的依据、科学的监理程序、科学的监理方法和手段开展监理工作。其中，对监理人员素质的高要求是科学性最根本的体现。我国目前监理工作中，通过监理工程师培训、考试、注册等措施提高了监理人员的素质。

1.3　建设监理的历史沿革

1.3.1　国外建设监理的产生和发展

工程建设监理制度在国际上有着悠久的历史，其起源可以追溯到欧洲工业革命以前的16 世纪。16 世纪以前的欧洲，建筑师就是总营造师，受雇或从属于业主，负责设计、采购材料，雇佣工匠，并组织管理工程施工。

进入 16 世纪以后，随着社会对土木工程建造技术要求的不断提高，传统的做法开始发生变化，建筑师队伍出现了专业分工，设计和施工逐步分离，并各自成为一门独立的专业。一部分建筑师转向社会传授技艺，为业主提供技术咨询，解答疑难问题，或受聘监督管理施工，工程咨询监理制度应运而生。但是，其业务范围还仅限于施工过程的质量监督、替业主计算工程量和验方。

18 世纪 60 年代的英国工业革命，大大促进了整个欧洲大陆城市化和工业化的发展进程，也带来了建筑业的空前繁荣。工程项目建设要求精细化、高效率和高质量，业主已越来越感到单靠自己的力量监督管理工程建设的困难，工程咨询监理的重要性逐步被人们认识到。

19 世纪初，随着建设领域商品经济的日趋复杂，为了维护各方经济利益并加快工程进度，明确业主、设计者、施工者之间的责任界限，要求每个建设项目由一个承包商进行总承包。总承包制的实行，导致了招标投标交易方式的出现，也促进了工程咨询监理制度的发展。工程咨询监理业务也进一步扩充，其主要任务是帮助业主计算标底，协助招标，控制投资、进度和质量，进行合同管理以及进行项目的组织和协调等。

建设监理发展史上一个重要的事件是 1913 年 FIDIC 组织在比利时成立。FIDIC 有狭义和广义两层意思。狭义上，FIDIC 是法文 Fédération Internationale des Ingénieurs Conseils（国际咨询工程师联合会）的缩写，指的是 FIDIC 组织；广义上，FIDIC 指的是开展工程建设项目的一系列方法，包括项目招标投标、项目监理等，其中监理工程师是这一系列方法的核心。

第二次世界大战以后，欧美各国在恢复建设中加快了向现代化的进程。20 世纪 50 年代末和 60 年代初，由于科学技术的发展、工业和国防建设以及人民生活水平不断提高的要求，需要建设许多大型、巨型工程，如水利工程、核电站、航天工程、大型钢铁企业、石油化工企业和新型城市开发项目等。这些工程投资多、风险大、规模浩大、技术复杂，无论投资者还是承建者都难以承担由于投资不当或项目组织管理的失误而造成的损失。竞争激烈的社会环境，迫使业主更加重视项目建设的科学管理，可行性研究得到了广泛的应用，这也进一步拓宽了咨询监理的业务范围，使其由项目实施阶段的工程监理向前延伸到决策阶段的咨询服务。业主为了减少投资风险，节约工程投资，保证高效效益和工程建设实施，需要有经验的咨询监理人员进行投资机会论证和项目可行性研究，在此基础上进行决策。在工程建设的实施阶段，还要进行全面的监理。于是，工程监理和咨询服务就逐步贯穿于建设活动的全过程。

监理制度在西方工业发达国家推行时间先后不同，各国使用的名称也不尽相同，有的称为工程咨询服务，有的称为项目管理服务，但其基本内容相近，包括决策阶段的咨询服务和实施阶段的工程监理。前者主要是对工程建设进行可行性研究或技术经济论证，解决投资效益是否显著、规划布局是否合理等问题；后者主要是代表业主组织工程设计和施工招标，并以合同、技术规范以及国家有关政令为依据，对工程施工的全过程进行控制和协调。

20 世纪 70 年代以后，西方发达国家的监理制度向法律化、程序化发展，有关的法律、法规都对监理的内容、方法以及从事监理的社会组织作了详尽的规定。咨询监理制度逐步成为工程建设组织体系的一个重要部分，工程建设活动中形成了业主、承包商和监理工程师三足鼎立的基本格局。

20 世纪 80 年代以后，监理制度在国际上得到了很大的发展。一些发展中国家，也开始采用发达国家的这种做法，并结合本国的实际，开展了监理活动，不少国家都加入了 FIDIC 组织，FIDIC 真正成为一个国际组织。世界银行和亚洲、非洲开发银行等国际金融组织，也都把实行监理制度作为提供建设贷款的条件之一，工程建设监理成为进行工程建设项目管理的国际惯例。

综上所述，工程建设监理的产生和发展，是市场经济发展的必然结果，是与专业化分工、社会化生产密切联系的，是建设领域的生产关系适应生产力发展的具体体现。监理制度产生的根本原因是：对建设活动进行管理是一项专业性很强的工作，应当有专门从事这项工作的队伍。监理工程师正是这样一支高水平的专业队伍。

1.3.2　我国建设监理制度的缘起和发展

1. 我国建设监理制度的缘起

实行建设监理制，是我国工程建设管理体制的一次重大改革。与发达国家很不相同，我国的建设监理制度，不是直接产生的，而是在改革开放的过程中移植、引入并不断发展起来的。

（1）对传统工程建设管理体制的反思

我国引入和实行建设监理制度，开始于改革开放后对中华人民共和国成立以来我国的工程建设管理体制的反思。长期以来，我国实行的是计划经济体制，企业的所有权和经营权不分，投资和工程项目均属国家，没有业主和监理单位，设计、施工单位也不是独立的生产经营者，工程产品不是商品，有关方面也不存在买卖关系，政府直接支配建设投资和进行建设管理，设计、施工单位在计划指令下开展工程建设活动。在工程建设管理上，则一直沿用建设单位自筹自管自建方式：国家按投资计划将建设资金分配给各地方和部门，再根据需要安排建设任务，由建设单位自筹、自管、自建工程项目。建设单位不仅负责组织设计、施工、申请材料设备，还直接承担了工程建设的监督和管理职能。这种由建设单位自行管理项目的方式，对一些项目起到了较好的作用，但也存在着投资规模难以控制，质量难以保证等问题；特别是在投资主体多元化且建设市场全面开放的新形势下，这种管理方式就难以适应。建筑界开始反思这种自管自建的管理体制，总结由此带来的工程建设的经验和教训，认识到综合管理基本建设是一项专门的学问，需要一大批这方面的专门机构和专门人才，需要发展专门从事组织管理工程建设的行业。这是我国实行专业化和社会化的建设监理的最初思想基础。我国的建设监理制，起因之一正是基于这种反思。

（2）改革开放实践的推动

改革开放的实践也极大地推动了建设监理制度的出台。在引进外资的过程中，世界银行等国际金融组织把按照国际惯例进行项目管理作为贷款的必备条件，即实行监理制度。我国在世行贷款等项目上引入了建设监理制度并取得了成功。实践证明，作为国际惯例的建设监理制在工程项目管理上具有很大的优势，我国也应当有相应的监理机构，必须建立与国际惯例接轨且有中国特色的建设监理制度。在很大程度上可以说，我们国家是在世界银行等国际组织的推动下实行建设监理制的。

（3）治理整顿建筑市场的要求

改革开放以后，建设领域充满了活力，同时也出现一些问题，寻求解决这些问题的方法又进一步促进了建设监理制的出台。1984 年我国开始推行招标承包制和开放建设市场，建筑领域的活力大大增强，但同时也出现了建设市场秩序混乱、工程质量形势十分严峻的局面，需要在加强政府监督管理的同时，实施专业化监理，建立起协调约束机制。于是在1988 年组建"建设部"时，增设了"建设监理司"，除了具体归口管理质量、安全和招标投标外，还具体实施一项重大改革，即实行建设监理制度。1988 年 7 月 25 日，建设部印发了第一个建设监理文件——《关于开展建设监理工作的通知》，阐述了我国建立建设监理制的必要性，明确了监理的范围和对象、政府的管理机构与职能、社会监理单位以及监理的内容，对于监理立法和监理的组织领导提出了要求。1988 年 8 月 1 日，《人民日报》头版以显著的标题"迈向社会主义商品经济新秩序的关键一步——我国将按国际惯例设建设监理制"，向全世界宣告了我国建设领域的这一重大改革。

2. 我国建设监理制度的发展

我国的建设监理实施过程分为三个阶段，1988—1993 年为试点阶段，1993—1995 年为稳步推进阶段，1996 年开始进入全面推行阶段。

1988 年 8 月和 10 月，建设部分别在北京和上海召开第一、第二次建设监理工作会议，确定北京、上海、天津、南京、宁波、沈阳、哈尔滨、深圳八市和交通、能源两部的公路和水电系统进行监理试点。1992 年，监理试点工作迅速发展，《工程建设监理单位资质管理试行办法》《监理工程师资格考试和注册试行办法》先后出台，监理取费办法也会同国家物价局制定颁发。1993 年 3 月 18 日，中国建设监理协会成立，标志着我国建设监理行业初步形成。

经过几年的试点工作，建设监理工作取得了很大发展，1993 年 5 月，建设部在天津召开了第五次全国建设监理工作会议，决定在全国结束建设监理试点，从当年转入稳定发展阶段。

自 1993 年转入稳步推进阶段后，建设监理工作得到了很大发展。1995 年 12 月，建设部在北京召开了全国第六次全国建设监理工作会议。会议总结了 7 年来建设监理工作的成绩和经验，对下一步的监理工作进行了全面部署，对先进单位和个人进行表彰，为配合这次会议的召开，还出台了《工程建设监理规定》和《工程建设监理合同（示范文本）》，进一步完善了我国的建设监理制。这次会议的召开，标志着建设监理工作已进入全面推行的新阶段。

全面推行建设监理制二十多年来，我国建设监理又有了较大的发展。多年来的实践证明，工程监理工作在我国工程建设中发挥了重要作用，取得了显著成效，也逐渐得到了社会的认同。主要表现在以下几个方面：

（1）工程监理取得了明显的社会效益和经济效益

工程监理制度的推行，对控制工程质量、投资、进度发挥了重要作用，取得了明显效果，促进了我国工程建设管理水平的提高。实施监理的工程质量普遍较好，提高了工程投资效益。一些大中型工程建设项目，通过实施监理，有效地控制了工程造价，节省了建设投资，取得了明显的投资效益。大多数工程实施工程监理后，建设单位减少了一批非专业化的管理人员，节省了建设管理费用。实施监理还有效控制了工程建设工期，许多重大项目通过实施监理，不断优化进度计划，落实施工进度措施，保证了建设工程项目如期或提前建成并投入使用。

据建设部发布的《2021 年全国建设工程监理统计公报》，2021 年，我国工程监理合同额为 2104 亿元，41 个企业工程监理收入超过 3 亿元，100 个企业工程监理收入超过 2 亿元，295 个企业工程监理收入超过 1 亿元。

（2）建立了工程监理法规体系

《中华人民共和国建筑法》的颁布实施，确立了工程监理在建设活动中的法律地位；《建设工程质量管理条例》和《建设工程安全生产管理条例》的出台，进一步明确了工程监理在质量管理和安全生产管理方面的法律责任、权利和义务。建设行政主管部门和国务院有关部门也出台了《工程监理企业资质管理规定》《注册监理工程师管理规定》《建设工程监理规范》GB/T 50319—2013 等工程监理的部门规章。2012 年 4 月，住房和城乡建设部和国家工商行政管理总局联合发布了新修订的《建设工程监理合同（示范文本）》。2019年 8 月，根据国家职业资格制度改革精神，住房和城乡建设部、交通运输部、水利部、人力资源和社会保障部共同起草了《监理工程师职业资格制度规定》《监理工程师职业资格考试实施办法》。随着建设工程监理制的全面推行，一些省市相继出台了地方性法规和规章，这些法律、法规和规章的出台，逐步完善了我国工程监理的法规体系，为工程监理工作提供了法律保障。

（3）建设起素质较高的工程监理队伍

我国实施建设监理制度以来，工程监理队伍不断发展壮大，人员素质和从业水平不断提高。据住房和城乡建设部发布的《2021 年全国建设工程监理统计公报》，2021 年，全国共有 12407 个建设工程监理企业参加了统计。其中，综合资质企业 283 个；甲级资质企业4874 个；乙级资质企业 5915 个；丙级资质企业 1334 个。工程监理从业人员共 86.26 万人，其中注册监理工程师 25.55 万人，高级职称人员 18.83 万人。

工程监理制度发展到现在，建设监理制与项目法人责任制、招标投标制、合同管理制一起构成具有中国特色的工程建设基本制度。我国工程监理制度走出了一条以监理工程师为基础、以监理企业为主体、国家强制性监理与企业市场化运作相结合的职业化创新发展道路。

（4）我国建设监理行业转型升级创新发展

建设工程监理制度的建立和实施，推动了工程建设组织实施方式的社会化、专业化，为工程质量安全提供了重要保障，是我国工程建设领域的重要改革举措和改革成果。建设监理制度还存在不足之处，监理人员能力和水平有待提高，监理业务范围有待扩大，需要不断发展完善。市场经济发展、企业自身发展以及参与国际竞争的要求，都说明了我国建设监理行业需要转型升级创新发展。

通过转型升级创新发展，工程监理服务多元化水平显著提升，服务模式得到有效创新，逐步形成以市场化为基础、国际化为方向、信息化为支撑的工程监理服务市场体系。行业组织结构更趋优化，形成以主要从事施工现场监理服务的企业为主体，以提供全过程工程咨询服务的综合型企业为骨干，各类工程监理企业分工合理、竞争有序、协调发展的行业布局。监理行业核心竞争力显著增强，培育一批智力密集型、技术复合型、管理集约型的大型工程建设咨询服务企业。

3. 建设监理制下我国的工程建设管理体制

我国传统的工程建设项目实行的是自管自建的管理体制，实行建设监理制的目的之一就是要改革这一传统的体制，形成一个新型的管理体制。这一新的管理体制就是：在政府有关部门的监督管理下，由项目业主、承包商和监理单位直接参加的"三方"管理体制。这一体制可以用图 1-1 来示意。

我国现行的建设管理体制是一种与国际惯例一致的管理体制。由业主、承包商和监理单位构成的"三方"管理体制，为世界上大多数国家所采用，引入监理工程师这一社会化、专业化的组织参与项目，是国际公认的工程项目管理的重要原则，这一重要原则被称为是"合理使用资金和满足物质文明需要的关键"。

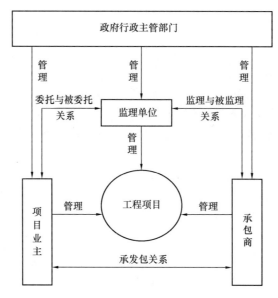

图 1-1　我国现行的建设管理体制

　　我国现行的建设管理体制是一种宏观管理与微观管理相结合的管理体制。政府部门简政放权，调整和转变职能，实行政企分开，改变了过去既要宏观管理又要微观管理、实际上两者都管不好的状况，把重点放在宏观管理，即对建筑市场的规范化管理上。建立各种规章制度，规范市场主体的行为；依照这些规章制度，监督市场主体行为；为市场主体提供一个统一、开放、竞争、有序的市场环境。对具体的工程项目管理，则交由市场主体进行。在工程建设项目业主负责制下，业主、承包商和监理单位按照合同各自对工程建设项目进行管理。这样，宏观管理与微观管理相结合，使管理工作井然有序，效率倍增。

　　我国现行的建设管理体制是一种系统化的管理体制。围绕着工程建设项目，业主、承包商和监理单位形成了三种关系：一是业主利用市场竞争机制，择优选择承包商，与之签订工程承包合同而建立起来的承发包关系；二是业主通过直接委托或通过市场竞争，择优选择监理单位，与之签订工程建设监理合同而建立起来的委托服务关系；三是根据建设监理制度和工程承包合同、工程建设监理合同建立起来的监理单位和承包商之间的监理与被监理的关系。市场三大主体通过这三种关系紧密联系在一起，形成了相互协作、相互促进、相互约束的项目组织系统。其中监理方起到了关键的协调约束作用，这样的项目组织系统实际上是以监理工程师为中心展开的。通过具有专业知识和实践经验的监理工程师进行监理，整个项目组织系统始终朝向工程项目的总目标运行。

　　总之，我国在改革开放后形成的工程建设管理体系，在业主和承包商之间引入了咨询服务性质的建设监理单位作为工程建设的第三方，以经济合同为纽带，以提高工程建设水平为目的，以监理工程师为中心，形成了社会化、专业化、现代化的管理模式。

1.4　我国工程建设监理制度的主要内容

我国建设监理经过 20 多年的发展，已经制度化。这些制度集中体现在我国就建设监理工作所颁发的各种法律、法规上。这些法律、法规的具体规定构成了我国建设监理制度的主要内容，主要包括以下几方面：

1. 一定范围内的工程项目实行强制性建设监理

这是我国建设监理的一大特点，或者在某种程度上也可说是特色，是由我国的具体国情所决定的。工程建设监理的本质是专业化、社会化的监理单位为项目业主提供高智能的项目管理服务。建设项目实不实行监理，应由业主决定，建设监理并不具有强制性。但我国是以公有制为主的社会主义国家，这就决定了：第一，必须加强对涉及国计民生的建筑工程的管理。我国大中型项目和住宅小区工程等，其工程质量、投资效益等直接影响国民经济的发展和人民生命财产的安全，对此类工程应当实行先进、科学的管理方式，即应实行监理制度。第二，必须加强对政府和国有企业投资的监理管理。我国的政府和国有企业投资的业主，工程管理专业化水平低，责任不清，往往对投资效益和工程质量关心不足。因此，在工程建设管理方式上，必须引进制约机制，实行监理，以提高政府和国有企业的投资效益，确保工程质量。从我们国家这个大业主的角度考虑，强制实行监理与监理的服务性本质并不矛盾。另外，我国的建设监理是引进来的，缺乏长期市场的培育，人们对其认识不足，建设监理市场不发达，必须在一定范围内强化加大工程建设监理的推行力度。

由于以上原因，《中华人民共和国建筑法》在明确规定国家推行工程监理制度时，还授权国务院可以规定实行强制监理的建筑工程的范围。中华人民共和国国务院第 279 号令《建筑工程质量管理条例》第十二条对此作了明确规定，规定以下工程项目必须实行建设监理：国家重点建设工程；大中型公用事业工程；成片开发建设的住宅小区工程；利用外国政府或者国际组织贷款、援助资金的工程；国家规定必须实行监理的其他工程。中华人民共和国建设部第 86 号令《建设工程监理范围和规模标准规定》则对上述工程作了详细的描述。

实践证明，我国在一定范围内强制实行监理是完全必要的，它对推进我国的建设监理事业起到了重要的作用。我国建设监理事业的发展，要继续进行这种强制性的做法。

2. 工程建设监理企业实行资质管理

严格监理企业的资质管理，是保证建筑市场秩序的重要措施。《中华人民共和国建筑法》规定了工程监理企业从事监理活动应当具有的条件：有符合国家规定的注册资本；有与其从事的建筑活动相适应的具有法定执业资格的专业技术人员；有从事相关建筑活动所应有的技术装备；法律、行政法规规定的其他条件。中华人民共和国建设部第 158 号令《工程监理企业资质管理规定》对工程监理企业的资质等级和业务范围、资质申请审批、监督管理和处罚等作了更详细的规定。

3. 监理工程师实行资格考试、执业注册管理制度

实行监理工程师考试和执业注册管理制度，主要是限定从事监理工作的人员范围，保持监理工程师队伍具有较高的业务素质和工作水平。《中华人民共和国建筑法》第十四条要求："从事建筑活动的专业技术人员，应当依法取得相应的执业资格证书，并在执业资格证书许可的范围内从事建筑活动。"中华人民共和国建设部第 147 号令《注册监理工程师管理规定》对注册监理工程师的注册、执业、继续教育和监督管理作了规定。

4. 有关监理制度的其他相关法律法规

中华人民共和国国务院令第 393 号《建设工程安全生产管理条例》规定：工程监理单位在实施监理过程中，发现存在安全事故隐患的，应当要求施工单位整改；情况严重的，应当要求施工单位暂时停止施工，并及时报告建设单位。施工单位拒不整改或者不停止施工的，工程监理单位应当及时向有关主管部门报告。对违反安全监理的监理人员，将视不同情况给予惩罚。

中华人民共和国国务院令第 279 号《建设工程质量管理条例》规定了工程监理单位的质量责任和义务。要求工程监理单位应当依法取得相应等级的资质证书，并在其资质等级许可的范围内承担工程监理业务。禁止工程监理单位超越本单位资质等级许可的范围或者以其他工程监理单位的名义承担工程监理业务。禁止工程监理单位允许其他单位或者个人以本单位的名义承担工程监理业务。工程监理单位不得转让工程监理业务。工程监理单位与被监理工程的施工承包单位以及建筑材料、建筑构配件和设备供应单位有隶属关系或者其他利害关系的，不得承担该项建设工程的监理业务。工程监理单位应当依照法律、法规以及有关技术标准、设计文件和建设工程承包合同，代表建设单位对施工质量实施监理，并对施工质量承担监理责任。工程监理单位应当选派具备相应资格的总监理工程师和监理工程师进驻施工现场。未经监理工程师签字，建筑材料、建筑构配件和设备不得在工程上使用或者安装，施工单位不得进行下一道工序的施工。未经总监理工程师签字，建设单位不拨付工程款，不进行竣工验收。监理工程师应当按照工程监理规范的要求，采取旁站、巡视和平行检验等形式，对建设工程实施监理。违反规定将视不同情况给予惩罚。

随着我国监理理论和实践的不断深入，我国的建设监理法律体系将不断完善，工程建设监理制度将得到更好的发展，在工程建设中发挥更大的作用。

复 习 思 考 题

1. 我国工程建设监理有哪些含义？
2. 工程建设监理的本质属性是什么？
3. 为什么国际惯例要强调监理的公正性和独立性？
4. 我国现行的工程建设管理体制是怎样的？
5. 我国工程建设监理制度的主要内容有哪些？

第2章 监 理 工 程 师

提要： 监理工程师的概念；监理工程师的素质要求；监理工程师应遵守的职业道德；监理工程师的培养途径；监理工程师执业资格考试和注册。

工程建设监理是一种高智能的科技服务活动，其活动主体是监理工程师。监理活动的效果不仅取决于监理队伍的总量能否满足监理业务的需要，而且取决于监理人员，尤其是监理工程师的水平、素质的高低。我国工程建设监理制度，对于监理工程师的基本素质要求、监理工程师的培养、教育以及监理工程师的权利、义务、职责和监理工程师的管理等都作出了规定。

2.1 监理工程师的概念和素质

2.1.1 监理工程师的概念

注册监理工程师，简称为监理工程师，是指经考试取得中华人民共和国监理工程师资格证书（以下简称资格证书），并按照规定注册，取得国务院建设主管部门颁发的中华人民共和国注册监理工程师注册执业证书（以下简称注册证书）和执业印章，从事建设工程监理与相关服务等活动的人员。它包含这样几层含义：第一，监理工程师是岗位职务，不是专业技术职称，是经过授权的职务（责任岗位）；第二，经全国监理工程师执业考试合格并通过一个监理单位申请注册获得注册证书和执业印章的监理人员；第三，在岗的监理人员。不在监理工作岗位上，不从事监理活动者，都不能称为监理工程师。

经政府注册确认的监理工程师具有相应岗位责任的签字权。未取得注册执业证书和执业印章的专业技术人员，也可以从事工程建设监理工作，但一般不具有监理工程师的职权。

参加工程建设的监理人员，根据工作岗位设定的需要可分为总监理工程师（简称总监）、总监理工程师代表、专业监理工程师和监理员等。

总监理工程师是由工程监理单位法定代表人书面任命，负责履行建设工程监理合同、主持项目监理机构工作的注册监理工程师。

总监理工程师代表是经工程监理单位法定代表人同意，由总监理工程师书面授权，代表总监理工程师行使其部分职责和权力，具有工程类注册执业资格或具有中级及以上专业技术职称、3年及以上工程实践经验并经过监理业务培训的人员。

专业监理工程师是由总监理工程师授权，负责实施某一专业或某一岗位的监理工作，有相应监理文件签发权，具有工程类注册执业资格或具有中级及以上专业技术职称、2年及以上工程实践经验并经过监理业务培训的人员。

监理员是从事具体监理工作，具有中专及以上学历并经过监理业务培训的人员。

工程项目建设监理实行总监理工程师负责制。工程项目总监理工程师对监理单位负责；总监理工程师代表和专业监理工程师对总监理工程师负责；监理员对专业监理工程师负责。

2.1.2 监理工程师的素质

监理工程师在工程项目建设的管理中处于中心地位。这就要求监理工程师不仅要有较强的专业技术能力，能够解决工程设计与施工中的技术问题，而且能够管理工程合同、调解争议，控制工程项目的投资、进度和质量。监理工程师应是具有高素质的复合型高智能人才，其素质要求体现在以下几个方面：

1. 较高的学历和多学科专业知识

现代工程建设规模巨大，多功能兼备，涉及领域较多，应用科技门类广泛，人员分工协作繁杂，只有具备现代科技理论知识、经济管理理论知识和法律知识，监理工程师才能胜任监理岗位工作。这就要求监理工程师应当经过系统的专业训练，具有较高的学历和知识水平。世界各国的监理工程师、咨询工程师都具有较高的学历，很多都具有硕士甚至是博士学位。我国参照国外对监理人员学历、学识的要求，规定监理工程师必须具有大专以上学历和工程技术或工程经济专业中级及以上专业技术职称。

工程建设监理工作涉及多种专业领域，监理工程师至少应学习、掌握一门专业理论知识，在该专业领域里有扎实的理论基础。同时，监理工作涉及相关经济、法律和组织管理等方面的理论知识，监理工程师也应在此方面有一定的修养。

2. 丰富的工程建设实践经验

工程建设实践经验是理论知识在工程建设中成功地应用而积累起来的。一般来说，一个人在工程建设中工作的时间越长，参与经历的工程项目越多，经验就越丰富。工程建设中出现失误或对问题处理不当，往往与经验不足有关。监理工程师每天都要处理很多有关工程实施中的设计、施工、材料等问题以及面对复杂的人际关系，不仅要具备相关的理论知识，而且要有丰富的工程建设实践经验。

世界各国都很重视工程实践经验，并把它作为获得监理工程师资格的一项先决条件。如英国咨询工程师协会规定，入会的会员年龄必须在38岁以上；新加坡要求注册结构工程师，必须具有八年以上的工程结构设计实践经验。我国也重视监理工程师的工程实践经验，要求具有高级专业技术职称或取得中级专业技术职称后具有3年以上实践经验。

3. 健康的体魄和充沛的精力

为了有效地对工程项目实施控制，监理工程师必须经常深入到工程建设现场。现场工作强度高、流动性大、工作条件差、任务重，监理工程师必须具有健康的身体和充沛的精力，否则难以胜任监理工作。我国从人的体质上考虑，规定年满65周岁就不宜再承担监理工作，年满65周岁的监理工程师不予以注册。

4. 良好的品德

监理工程师良好的品德主要体现在：

（1）热爱社会主义、热爱祖国、热爱人民、热爱建设事业。

（2）具有科学的工作态度。要坚持严谨求实、一丝不苟的科学态度，一切从实际出发，用数据说话，要做到事前有依据，事后有证据，不草率从事，使问题能得到迅速而正确的解决。

（3）具有廉洁奉公、为人正直、办事公道的高尚情操。对自己不谋私利。对业主和上级，既能贯彻其真正意图，又能坚持正确的原则。对承包单位，既能严格监理，又能热情帮助。对各种争议，要能站在公正立场上，使各方的正当权益得到维护。

（4）具有良好的性格。对与己不同的意见，能权衡取舍，不轻易行使自己的否决权，善于同各方面合作共事。

2.2　监理工程师的职业道德

监理工程师的职业道德是用来约束和指导监理工程师职业行为的规范要求，是确保建设监理事业健康发展、规范监理市场的基本准则，每一个监理工程师都必须自觉遵守。在外国，监理工程师的职业道德和纪律，多由其所在的协会作出明文规定。有的协会下面还设有专门的执行机构，负责检查与监督会员贯彻执行。FIDIC就有专门的职业责任委员会。如果会员违犯职业道德和纪律，将会受到严厉的惩罚，严重的会永远失去执行资格。我国的建设监理制度，也对监理工程师的职业道德进行了规范。

2.2.1　我国建设监理协会职业道德规范

中国建设监理协会制定《中国建设监理协会会员自律公约》和《建设监理人员职业道德行为准则》。

1. 中国建设监理协会会员自律公约

（1）维护国家的荣誉和利益，按照"守法、诚信、公正、科学"的准则执业。

（2）执行有关工程建设的法律、法规、规范、标准和制度，履行监理合同规定的义务和职责。

（3）努力学习专业技术和建设监理知识，不断提高业务能力和监理工作水平。

（4）不以个人名义承揽监理业务。

（5）不同时在两个以上监理单位注册和从事监理活动，不在政府部门和施工、材料、设备的生产供应等单位兼职。

（6）不为监理项目指定承包单位、建筑构配件设备、材料和施工方法。

（7）不收受被监理单位的任何礼金。

（8）不泄露所监理工程各方认为需要保密的事项。

（9）坚持独立自主地开展工作。

2. 建设监理人员职业道德行为准则

（1）遵法守规，诚实守信。遵守法规和《中国建设监理协会会员自律公约》，讲信誉、守承诺，敢担当，公平、独立、诚信、科学地开展监理工作。

（2）恪尽职守，严格监理。履行合同义务，提供专业化服务，坚守标准、规范、规程和制度，保证工程质量，维护业主权益和公共利益。

（3）爱岗敬业，优质服务。履行岗位职责，做好本职工作，热爱监理事业，维护监理信誉，以优质服务塑造行业良好形象。

（4）团结协作，尊重他人。相互沟通，协调配合，不诋毁他人声誉，不损害他人利益，与项目参建方建立良好的合作关系。

（5）加强学习，增强能力。积极参加专业培训，不断更新技术知识，扩展专业结构范围，提升综合服务水平。

（6）廉洁自律，保守秘密。不以个人名义承揽业务，不同时在两个或两个以上单位注册及兼职，抵制不正之风，保守商业秘密。

（7）钻研科技，多作贡献。不抄袭他人监理成果，不盗用他人技术信息，尊重知识产权，立足实践，自主创新。

（8）支持协会工作，履行会员义务。关心行业发展，参加协会活动，针对热点问题提出建议。

2.2.2 FIDIC 道德准则

FIDIC 建立了一套咨询（监理）工程师的道德准则，这些准则是构成 FIDIC 的基石之一。FIDIC 的道德准则建立在这样一种观念的基础上，即认识到工程师的工作对实现社会及其环境的可持续发展十分关键。而监理工程师的工作要充分有效，必须获得社会对其工作的信赖，这就要求做咨询（监理）工程师要遵守一定的道德准则。这些准则包括以下几方面：

1. 对社会和职业的责任

（1）接受对社会的职业责任。

（2）寻求与确认的发展原则相适应的解决办法。

（3）在任何时候，维护职业的尊严、名誉和荣誉。

2. 能力

（1）保持其知识和技能与技术、法规、管理的发展相一致的水平，对于委托服务提供相应的技能，并尽心尽力地完成。

（2）仅在有能力的条件下才提供服务。

3. 正直性

在任何时候均为委托人的合法权益行使其职责，并且正直和忠诚地进行职业服务。

4. 公正性

（1）在提供职业咨询、评审或决策时不偏不倚。

（2）通知委托人在行使其委托权时可能引起的任何潜在的利益冲突。

（3）不接受可能导致判断不公的报酬。

5. 对他人的公正

（1）加强"根据质量选择咨询服务"的观念。

（2）不得故意或无意地做出损害他人名誉或事务的事情。

（3）不得直接或间接取代某一特定工作中已经任命的其他咨询工程师的位置。

（4）在通知该咨询工程师并且接到委托人终止其先前任命的建议前，不得取代该咨询工程师的工作。

（5）在被要求对其他咨询工程师的工作进行审查的情况下，要以适当的职业行为和礼节进行。

2.3 监理工程师的培养

我国实行工程建设监理制，监理队伍培养是一个重要问题。针对监理工程师素质的要求，培养满足工程监理工作需求的监理工程师人才队伍。

2.3.1 监理工程师的知识结构

我国监理工程师的人员主要是由工程设计、施工、科研和建设管理部门的工程技术与管理人员转化而来。他们具有专业技术知识基础，但却缺乏建设监理、工程经济、管理和法律等方面的知识与实践经验。对监理工程师的培养，主要是完善监理工程师的知识结构。除应掌握原有专业知识外，还应学习或补充必要的经济、管理和法律等方面的知识。这些知识通常包括：

1. 投资经济学

投资经济学是研究投资理论和投资活动规律的科学，通过对资金的筹集、运用和管理，对投资活动规律和最佳运用投资的研究，搞清投资和经济增长、经济运行、经济结构的关系，为投资活动提供理论指导。

2. 技术经济学

技术经济学是研究技术经济规律、技术和经济的关系，使生产技术更有效地服务和推动社会生产力发展的科学。通过对技术与经济之间的矛盾统一关系、技术经济的客观规律、技术方案的分析、评价理论和方法的研究，技术和经济更好地相互适应，力求经济上合理，技术上可行，为提高生产与经济效益服务。

3. 市场学

市场学是研究实现现实与潜在交换所进行一切市场经营销售活动及其规律的科学。通过对市场需求、市场营销规律、市场组织管理、产品定价策略、市场承发包体制等问题的研究，为市场活动提供理论指导。

4. 国际工程承包

国际工程承包是研究国际通过商务方式进行经济技术交往过程的科学。通过对承包市场的变化、承包方式、承包交易过程、承包风险及营利的研究，为进行国际工程承包提供指导。

5. 工程项目管理

工程项目管理是研究工程项目在实施阶段的组织与管理规律的科学。通过对工程实施阶段的管理思想、管理组织、管理方法、管理手段和实施阶段费用、工期、质量三大目标的研究，工程项目通过投资控制、进度控制、质量控制、合同管理、信息管理和组织协调实现总目标最佳的效果。

6. 合同经济学

合同经济学是研究社会各类组织或商品经营在经济往来的活动中，当事人之间的权利、责任和义务的科学。通过对人们在经济交往中人际关系、经营范围、商品目标的要求及所形成的责、权、利的研究，经济活动有序、依法地进行。

7. 相关匹配的学科及应用工具

如运筹学、网络计划技术、全面质量管理、计算机应用等。

2.3.2 监理工程师的培养途径

监理工程师是有专业知识、通晓管理又有丰富工程建设经验的人才。普通高等学校难以培养出这样的人才，因为在四年学制内要学完一门技术专业的全部课程，又学完经济、管理、法律等方面的课程是困难的，而且工程经验只能在实践中获得。比较好的是采取再教育的方式，即对从事过工程设计、施工和管理工作的有工程经验的工程技术和工程经济人员再教育和培训，使他们掌握监理工作所需的各方面知识，完善其知识结构。

对监理工程师继续教育的内容集中在以下几个方面：

1. 更新专业技术知识。随着科学的进步、知识的更新，各类学科每年都会增加不少新的内容。作为监理工程师，应随着时代的发展，了解本专业范围内新产生的应用科学理论知识和技术。

2. 充实管理知识。从一定意义上说，建设监理是一门管理学科。监理工程师要及时地了解掌握有关管理的新知识，包括新的管理思想、体制、方法和手段等。

3. 加强法律、法规等方面的知识。监理工程师尤其要及时学习和掌握有关工程建设方面的法律、法规，并能准确、熟练地运用。

4. 掌握计算机的使用。计算机在工程建设监理领域有着广泛应用，监理工程师应熟练掌握这种工具，将计算机作为技术控制和管理的手段运用到监理工作中。

5. 提高外语水平。监理工程师应具有一定的外语水平，以了解国外有关工程建设监理法规的知识，借鉴国外工程监理的成功经验，有能力胜任国内、国外工程监理任务。

结合工程建设监理的发展，我国采取了多途径的监理培训模式，开展了各种形式的监理培训，有关高等院校开设了监理选修课、双学位、监理专业教育、研究生教育和函授教育等。这些培养方式对我国监理队伍的建设具有十分重要的意义。

2.4　监理工程师的考试和管理

担任监理工程师应获得执业资格，必须参加全国统一的监理工程师执业资格考试，经考试合格获得资格证书，再经注册后，才能取得岗位证书，具有监理工程师称号。

2.4.1　监理工程师执业资格考试

1. 监理工程师考试的意义

通过考试确认执业资格的做法是一种国际惯例。监理工程师资格考试有助于促进监理人员努力钻研监理业务，提高业务水平；有利于统一监理工程师的基本水准，公正地确认监理人员是否具备监理工程师的资格，保证全国各地方、各部门监理队伍的素质；通过考试，确认已掌握监理知识的有关人员，可以形成监理人才库；监理工程师考试还有助于我国监理队伍进入国际工程建设监理市场。

2. 监理工程师执业资格考试报考条件

凡遵守《中华人民共和国宪法》、法律、法规，具有良好的业务素质和道德品行，具备下列条件之一者，可以申请参加监理工程师职业资格考试：

（1）具有各工程大类专业大学专科学历（或高等职业教育），从事工程施工、监理、设计等业务工作满6年；

（2）具有工学、管理科学与工程类专业大学本科学历或学位，从事工程施工、监理、设计等业务工作满4年；

（3）具有工学、管理科学与工程一级学科硕士学位或专业学位，从事工程施工、监理、设计等业务工作满2年；

（4）具有工学、管理科学与工程一级学科博士学位。

经批准同意开展试点的地区，申请参加监理工程师职业资格考试的，应当具有大学本科及以上学历或学位。

上述报考条件主要是学历和从业经历要求,体现了对监理工程师的基本素质要求,即要有相关的专业技术知识和较为丰富的工程实践经验。

3. 监理工程师执业资格考试内容

监理工程师执业资格考试的内容包括工程建设监理的基本概念、工程建设合同管理、工程建设质量控制、工程建设进度控制、工程建设投资控制和工程建设信息管理等六方面的理论知识和技能。

监理工程师职业资格考试设置基础科目和专业科目。《建设工程监理基本理论和相关法规》和《建设工程合同管理》为基础科目,《建设工程目标控制》和《建设工程监理案例分析》为专业科目。专业科目分为土木建筑工程、交通运输工程、水利工程 3 个专业类别,考生在报名时可根据实际工作需要选择。其中,土木建筑工程专业由住房和城乡建设部负责;交通运输工程专业由交通运输部负责;水利工程专业由水利部负责。

已取得监理工程师一种专业职业资格证书的人员,报名参加其他专业科目考试的,可免考基础科目。已取得公路水运工程监理工程师资格证书和已取得水利工程建设监理工程师资格证书的人员,可免考基础科目。申请免考部分科目的人员在报名时应提供相应材料。

4. 考试组织与管理

监理工程师职业资格考试实行全国统一大纲、统一命题、统一组织。

住房和城乡建设部牵头组织,交通运输部、水利部参与,拟定监理工程师职业资格考试基础科目的考试大纲,组织监理工程师基础科目命、审题工作。

住房和城乡建设部、交通运输部、水利部按照职责分工分别负责拟定监理工程师职业资格考试专业科目的考试大纲,组织监理工程师专业科目命、审题工作。

人力资源和社会保障部负责审定监理工程师职业资格考试科目和考试大纲,负责监理工程师职业资格考试考务工作,并会同住房和城乡建设部、交通运输部、水利部对监理工程师职业资格考试工作进行指导、监督、检查。

监理工程师职业资格考试原则上每年一次,分 4 个半天进行。

符合监理工程师职业资格考试报名条件的报考人员,按当地人事考试机构规定的程序和要求完成报名。参加考试人员凭准考证和有效证件在指定的日期、时间和地点参加考试。

中央和国务院各部门所属单位、中央管理企业的人员按属地原则报名参加考试。

考点原则上设在直辖市、自治区首府和省会城市的大、中专院校或者高考定点学校。

人力资源和社会保障部会同住房和城乡建设部、交通运输部、水利部确定监理工程师职业资格考试合格标准。

监理工程师职业资格考试成绩实行 4 年为一个周期的滚动管理办法,在连续的 4 个考试年度内通过全部考试科目,方可取得监理工程师职业资格证书。免考基础科目和增加专业类别的人员,专业科目成绩按照 2 年为一个周期滚动管理。

监理工程师职业资格考试合格者,由各省、自治区、直辖市人力资源和社会保障行政主管部门颁发中华人民共和国监理工程师职业资格证书(或电子证书)。该证书由人力资源和社会保障部统一印制,住房和城乡建设部、交通运输部、水利部按专业类别分别与人力资源和社会保障部用印，在全国范围内有效。

2.4.2　监理工程师注册

对专业技术人员实行注册执业管理制度，是国际上的通行做法。国家对监理工程师职业资格实行执业注册管理制度。取得资格证书的人员，经过注册方能以注册监理工程师的名义执业。未取得注册证书和执业印章的人员，不得以注册监理工程师的名义从事工程监理及相关业务活动。

监理工程师执业资格考试合格者，并不一定意味着取得了监理工程师岗位资格。因为考试仅仅是对考试者知识含量的检验，只有经过政府建设主管部门注册机关注册才是对申请注册者素质和岗位责任能力的全面考查认可。

1. 监理工程师注册条件

（1）注册条件

初始注册者，可自资格证书签发之日起3年内提出申请。逾期未申请者，须符合继续教育的要求后方可申请初始注册。

申请初始注册，应当具备以下条件：

1）经全国注册监理工程师执业资格统一考试合格，取得资格证书。

2）受聘于一个相关单位。

3）达到继续教育要求。

申请人有下列情形之一的，不予初始注册、延续注册或者变更注册：

1）不具有完全民事行为能力的。

2）刑事处罚尚未执行完毕或者因从事工程监理或者相关业务受到刑事处罚，自刑事处罚执行完毕之日起至申请注册之日止不满2年的。

3）未达到监理工程师继续教育要求的。

4）在两个或者两个以上单位申请注册的。

5）以虚假的职称证书参加考试并取得资格证书的。

6）年龄超过65周岁的。

7）法律、法规规定不予注册的其他情形。

（2）初始注册需要提交的材料

1）申请人的注册申请表。

2）申请人的资格证书和身份证复印件。

3）申请人与聘用单位签订的聘用劳动合同复印件。

4）所学专业、工作经历、工程业绩、工程类中级及中级以上职称证书等有关证明材料。

5）逾期初始注册的，应当提供达到继续教育要求的证明材料。

2. 监理工程师的注册管理

（1）分级管理

国务院建设主管部门对全国注册监理工程师的注册、执业活动实施统一监督管理。

县级以上地方人民政府建设主管部门对本行政区域内的注册监理工程师的注册、执业活动实施监督管理。

注册监理工程师依据其所学专业、工作经历、工程业绩，按照《工程监理企业资质管理规定》划分的工程类别，按专业注册。每人最多可以申请两个专业注册。

（2）注册程序

申请注册有申请初始注册、申请变更注册、申请延续注册之分，程序均相同。取得资格证书并受聘于一个建设工程勘察、设计、施工、监理、招标代理、造价咨询等单位的人员，应当通过聘用单位向单位工商注册所在地的省、自治区、直辖市人民政府建设主管部门提出注册申请；省、自治区、直辖市人民政府建设主管部门受理后提出初审意见，并将初审意见和全部申报材料报国务院建设主管部门审批；符合条件的，由国务院建设主管部门核发注册证书和执业印章，审批完毕并作出书面决定，在公众媒体上公告审批结果。

（3）延续注册

注册监理工程师每一注册有效期为 3 年，注册有效期满需继续执业的，应当在注册有效期满 30 日前，按照规定的程序申请延续注册。延续注册有效期为 3 年。

（4）变更注册

在注册有效期内，注册监理工程师变更执业单位，应当与原聘用单位解除劳动关系，并按规定的程序办理变更注册手续，变更注册后仍延续原注册有效期。

（5）注册证书和执业印章管理

1）注册证书和执业印章的保管与使用

注册证书和执业印章是注册监理工程师的执业凭证，由注册监理工程师本人保管、使用。

2）注册证书和执业印章的失效

注册监理工程师有下列情形之一的，其注册证书和执业印章失效：

① 聘用单位破产的。

② 聘用单位被吊销营业执照的。

③ 聘用单位被吊销相应资质证书的。

④ 已与聘用单位解除劳动关系的。

⑤ 注册有效期满且未延续注册的。

⑥ 年龄超过 65 周岁的。

⑦ 死亡或者丧失行为能力的。

⑧ 其他导致注册失效的情形。

3）注册证书和执业印章的注销

注册监理工程师有下列情形之一的，负责审批的部门应当办理注销手续，收回注册证书和执业印章或者公告其注册证书和执业印章作废：

① 不具有完全民事行为能力的。

② 申请注销注册的。

③ 发生了注册证书和执业印章的失效情形的。

④ 依法被撤销注册的。

⑤ 依法被吊销注册证书的。

⑥ 受到刑事处罚的。

⑦ 法律、法规规定应当注销注册的其他情形。

被注销注册者或者不予注册者，在重新具备初始注册条件，并符合继续教育要求后，可以按照规定的程序重新申请注册。

3. 注册监理工程师的权利与义务

工程建设项目的总监理工程师一般由资深的注册监理工程师担任。

（1）注册监理工程师享有下列权利

1）使用注册监理工程师称谓。

2）在规定范围内从事执业活动。

3）依据本人能力从事相应的执业活动。

4）保管和使用本人的注册证书和执业印章。

5）对本人执业活动进行解释和辩护。

6）接受继续教育。

7）获得相应的劳动报酬。

8）对侵犯本人权利的行为进行申诉。

（2）注册监理工程师应当履行下列义务

1）遵守法律、法规和有关管理规定。

2）履行管理职责，执行技术标准、规范和规程。

3）保证执业活动成果的质量，并承担相应责任。

4）接受继续教育，努力提高执业水准。

5）在本人执业活动所形成的工程监理文件上签字、加盖执业印章。

6）保守在执业中知悉的国家秘密和他人的商业、技术秘密。

7）不得涂改、倒卖、出租、出借或者以其他形式非法转让注册证书或者执业印章。

8）不得同时在两个或者两个以上单位受聘或者执业。

9）在规定的执业范围和聘用单位业务范围内从事执业活动。

10）协助注册管理机构完成相关工作。

2.4.3 监理工程师的执业

注册监理工程师可以从事工程监理、工程经济与技术咨询、工程招标与采购咨询、工程项目管理服务以及国务院有关部门规定的其他业务。从事工程监理执业活动的，应当受聘并注册于一个具有工程监理资质的单位。

工程监理活动中形成的监理文件由注册监理工程师按照规定签字盖章后方可生效。

修改经注册监理工程师签字盖章的工程监理文件，应当由该注册监理工程师进行；因特殊情况，该注册监理工程师不能进行修改的，应当由其他注册监理工程师修改，并签字、加盖执业印章，对修改部分承担责任。

注册监理工程师从事执业活动，由所在单位接受委托并统一收费。

因工程监理事故及相关业务造成的经济损失，聘用单位应当承担赔偿责任；聘用单位承担赔偿责任后，可依法向负有过错的注册监理工程师追偿。

2.4.4 监理工程师的继续教育

1. 继续教育的目的

注册监理工程师在执业过程中需要不断提高业务素质和执业水平，以适应开展工程监理业务和工程监理事业发展的需要，国务院建设主管部门规定了继续教育要求。继续教育使注册监理工程师及时掌握与工程监理有关的法律法规、标准规范和政策，熟悉工程监理与工程项目管理的新理论、新方法，了解工程建设新技术、新材料、新设备及新工艺，实时更新业务知识。

注册监理工程师在每一注册有效期内应当达到国务院建设主管部门规定的继续教育要求。继续教育作为注册监理工程师逾期初始注册、延续注册和重新申请注册的条件之一。

2. 继续教育的学时

注册监理工程师在每一注册有效期（3年）内应接受96学时的继续教育，其中必修课和选修课各为48学时。必修课48学时每年可安排16学时。选修课48学时按注册专业安排学时，只注册一个专业的，每年接受该注册专业选修课16学时的继续教育；注册两个专业的，每年接受相应两个注册专业选修课各8学时的继续教育。

在一个注册有效期内，注册监理工程师根据工作需要可集中安排或分年度安排继续教育的学时。

注册监理工程师申请变更注册专业和申请跨省、自治区、直辖市变更执业单位时，在提出申请之前，应接受规定的继续教育。

3. 继续教育的内容

中国建设监理协会于每年12月底向社会公布下一年度的继续教育的具体内容。其中继续教育必修课的内容包括：

（1）国家近期颁布的与工程监理有关的法律法规、标准规范和政策。

（2）工程监理与工程项目管理的新理论、新方法。

（3）工程监理案例分析。

（4）注册监理工程师职业道德。

具体内容由建设部有关司局、中国建设监理协会和行业专家共同制定，必修课的培训教材由中国建设监理协会负责编写和推荐。

继续教育选修课的内容包括：

（1）地方及行业近期颁布的与工程监理有关的法规、标准规范和政策。

（2）工程建设新技术、新材料、新设备及新工艺。

（3）专业工程监理案例分析。

（4）需要补充的其他与工程监理业务有关的知识。

具体内容由专业监理协会和地方监理协会负责提出，并于每年的11月底前报送中国建设监理协会确认，选修课培训教材由专业监理协会和地方监理协会负责编写和推荐。

4. 继续教育监督管理

中国建设监理协会负责组织开展全国注册监理工程师继续教育工作，各专业监理协会负责本专业注册监理工程师继续教育相关工作，地方监理协会在当地建设行政主管部门的监督指导下，负责本行政区域内注册监理工程师继续教育相关工作。

复 习 思 考 题

1. 何谓监理工程师？

2. 监理工程师应具备哪些素质？

3. 监理工程师应遵循的职业道德是什么？

4. 为何要实行监理工程师资格考试制度？

5. 具备什么条件方可报考监理工程师资格考试？

6. 监理工程师注册应具备什么条件？

7. 注册监理工程师有哪些权利和义务？

8. 注册监理工程师的执业范围？

第3章 工程监理单位

提要： 工程监理单位的概念；设立工程监理单位的条件和程序；工程监理单位的资质及其管理；工程监理单位的服务内容与道德准则；监理单位的选择方式以及建设工程监理合同。

3.1 工程监理单位的概念

3.1.1 工程监理单位的概念

工程监理单位，一般是指依法成立并取得建设主管部门颁发的工程监理企业资质证书，从事建设工程监理与相关服务活动的服务机构。

建设工程监理，是一种高智能的有偿技术服务。监理单位与项目法人之间是委托与被委托的合同关系；与被监理单位是监理与被监理的关系。监理单位按照"公正、独立、自主"的原则，开展工程建设监理工作，公平地维护项目法人和被监理单位的合法权益。

3.1.2 工程监理单位的地位

1. 监理单位是建筑市场的三大主体之一

一个发育完善的市场，不仅要有具备法人资格的交易双方，而且要有协调交易双方、为交易双方提供交易服务的第三方。就建筑市场而言，建设单位和承包单位是买卖的双方，承包单位以物的形式出售自己的劳动，是卖方；建设单位以支付货币的形式购买承包单位的产品，是买方。一般说来，建筑产品的买卖交易不是瞬时间就可以完成的，往往经历较长的时间。交易的时间越长，或者说，阶段性交易的次数越多，买卖双方产生矛盾的概率就越高，需要协调的问题就越多。而且，建筑市场中的交易活动的专业性都很强，没有相当高的专业技术水平，就难以圆满完成建筑市场中的交易活动。在市场经济发达的资本主义国家，监理单位是建筑市场中完成交易活动必不可少的媒介。

2. 监理单位和建设单位、承包单位之间的关系

监理单位和建设单位、承包单位之间是平等的关系。作为法人，他们都是建筑市场的主体，只有社会分工的不同、经营性质的不同和业务范围的不同，没有主仆关系，也没有领导与被领导的关系。

监理单位和建设单位的关系是通过建设工程监理委托合同来建立的，两者是合同关系。在建设工程监理委托合同中，建设单位将其进行项目管理的一部分权力授予监理单位，因而双方又是一种委托与被委托、授权与被授权的关系。

监理单位与承包单位的关系则不是建立在合同基础上的，而且他们之间根本就不应有任何合同关系及其他经济关系。在工程项目建设中，他们是监理与被监理的关系。这种关系的建立首先是我国的建设法律制度所赋予的，《中华人民共和国建筑法》明确规定：国家推行建筑工程监理制，即只要是在国家或地方政府规定实行强制监理的建筑工程的范围内，承包单位就有义务接受监理，监理单位就有权进行监理；其次是在工程建设有关合同中加以确定的，施工合同和建设工程监理委托合同中都有监理方面的具体条款。监理单位与承包单位的关系就是以建设监理制和有关合同为基础的监理与被监理的关系。工程开工前，建设单位应将工程监理单位的名称，监理的范围、内容和权限及总监理工程师的姓名书面通知施工单位。

《中华人民共和国建筑法》和《建设工程质量管理条例》中有关工程建设监理的条款相当多，表明国家对工程建设监理的重视和对监理单位地位的肯定。

随着我国建筑市场的不断完善和建设监理制的推行，监理单位在建筑市场中发挥了越来越大的作用，并上升到不可替代的程度。建设单位、监理单位和承包单位构成了建筑市场的三大主体。

3.2 工程监理单位的设立

3.2.1 设立工程监理单位的基本条件

1. 设立工程监理单位的基本条件

（1）有自己的名称和固定的办公场所。

（2）有自己的组织机构，如领导机构、财务机构、技术机构等；有一定数量的专门从事监理工作的工程经济、技术人员，而且专业基本配套、技术人员数量和职称符合要求。

（3）有符合国家规定的注册资金。

（4）拟订有监理单位的章程。

（5）有主管单位的，要有主管单位同意设立监理单位的批准文件。

（6）拟从事监理工作的人员中，有一定数量的人已取得国家建设行政主管部门颁发的监理工程师资格证书，并有一定数量的人取得了监理工程师培训结业合格证书。

2. 设立工程监理有限责任公司的条件

除应符合上述6点基本条件外，还必须同时符合下列条件：

（1）股东数量符合法定人数。一般情况由2个以上50个以下股东共同出资设立，特殊情况下，国家和外商可单独设立。

（2）有限责任公司名称中必须标有有限责任公司字样。

（3）有限责任公司的内部组织机构必须符合有限责任公司的要求。其权力机构为股东会，经营决策和业务执行机构为董事会，监督机构为监事会或监事。

3. 设立工程监理股份有限公司的条件

除应符合上述6点基本条件外，还必须同时符合下列条件：

（1）发起人数符合法定人数。一般应有5人以上为发起人，其中须有过半数的发起人在中国境内有住所。国有企业改建为股份有限公司的发起人可以少于5人，但应当采取募集设立方式，即发起人认购的股份数额至少为公司股份总数的35%，其余股份可向社会公开募集（若为发起设立方式，发起人必须认购公司应发行的全部股份）。

（2）股份发行、筹办事项符合法律规定。

（3）按照组建股份有限公司的要求组建机构。

3.2.2　设立工程监理单位的程序

工程监理单位的设立应先申领企业法人营业执照，再申报资质。设立工程监理单位的申报、审批程序一般分为两步：

1. 新设立的工程监理单位，应根据法人必须具备的条件，先到工商行政管理部门登记注册并取得企业法人营业执照。

2. 取得企业法人营业执照后，即可向建设监理行政主管部门申请资质。

申请工程监理企业资质，应当提交以下材料：

（1）工程监理企业资质申请表（一式三份）及相应电子文档。

（2）企业法人、合伙企业营业执照。

（3）企业章程或合伙人协议。

（4）企业法定代表人、企业负责人和技术负责人的身份证明、工作简历及任命（聘用）文件。

（5）工程监理企业资质申请表中所列注册监理工程师及其他注册执业人员的注册执业证书。

（6）有关企业质量管理体系、技术和档案等管理制度的证明材料。

（7）有关工程试验检测设备的证明材料。

取得专业资质的企业申请晋升专业资质等级或者取得专业甲级资质的企业申请综合资质的，除上述规定的材料外，还应当提交企业原工程监理企业资质证书正、副本复印件，企业《监理业务手册》及近两年已完成代表工程的监理合同、监理规划、工程竣工验收报告及监理工作总结。

3.2.3　资质审批

1. 资质申请与审批

（1）申请综合资质、专业甲级资质的，应当向企业工商注册所在地的省、自治区、直辖市人民政府建设主管部门提出申请。

省、自治区、直辖市人民政府建设主管部门应当自受理申请之日起 20 日内初审完毕，并将初审意见和申请材料报国务院建设主管部门。

国务院建设主管部门应当自省、自治区、直辖市人民政府建设主管部门受理申请材料之日起 60 日内完成审查，公示审查意见，公示时间为 10 日。其中，涉及铁路、交通、水利、通信、民航等专业工程监理资质的，由国务院建设主管部门送国务院有关部门审核。国务院有关部门应当在 20 日内审核完毕，并将审核意见报国务院建设主管部门。国务院建设主管部门根据初审意见审批。

（2）申请专业乙级、丙级资质和事务所资质的，由企业所在地省、自治区、直辖市人民政府建设主管部门审批。专业乙级、丙级资质和事务所资质许可、延续的实施程序，由省、自治区、直辖市人民政府建设主管部门依法确定。

省、自治区、直辖市人民政府建设主管部门应当自作出决定之日起 10 日内，将准予资质许可的决定报国务院建设主管部门备案。

2. 资质证书管理

工程监理企业资质证书分为正本和副本，每套资质证书包括一本正本，四本副本。正、副本具有同等法律效力。工程监理企业资质证书的有效期为 5 年。工程监理企业资质证书由国务院建设主管部门统一印制并发放。

3. 资质延续

资质有效期届满，工程监理企业需要继续从事工程监理活动的，应当在资质证书有效期届满 60 日前，向原资质许可机关申请办理延续手续。

对在资质有效期内遵守有关法律、法规、规章、技术标准，信用档案中无不良记录，且专业技术人员满足资质标准要求的企业，经资质许可机关同意，有效期延续 5 年。

4. 资质证书变更

工程监理企业在资质证书有效期内名称、地址、注册资本、法定代表人等发生变更的，应当在工商行政管理部门办理变更手续后 30 日内办理资质证书变更手续。

涉及综合资质、专业甲级资质证书中企业名称变更的，由国务院建设主管部门负责办理，并自受理申请之日起 3 日内办理变更手续。

上述规定以外的资质证书变更手续，由省、自治区、直辖市人民政府建设主管部门负责办理。省、自治区、直辖市人民政府建设主管部门应当自受理申请之日起 3 日内办理变更手续，并在办理资质证书变更手续后 15 日内将变更结果报国务院建设主管部门备案。

申请资质证书变更，应当提交以下材料：

（1）资质证书变更的申请报告。

（2）企业法人营业执照副本原件。

（3）工程监理企业资质证书正、副本原件。

工程监理企业改制的，除前款规定材料外，还应当提交企业职工代表大会或股东大会关于企业改制或股权变更的决议、企业上级主管部门关于企业申请改制的批复文件。

工程监理企业合并的，合并后存续或者新设立的工程监理企业可以承继合并前各方中较高的资质等级，但应当符合相应的资质等级条件。

工程监理企业分立的，分立后企业的资质等级，根据实际达到的资质条件，按照规定的审批程序核定。

企业需增补工程监理企业资质证书的（含增加、更换、遗失补办），应当持资质证书增补申请及电子文档等材料向资质许可机关申请办理。遗失资质证书的，在申请补办前应当在公众媒体刊登遗失声明。资质许可机关应当自受理申请之日起 3 日内予以办理。

5. 工程监理企业不得有下列行为

（1）与建设单位串通投标或者与其他工程监理企业串通投标，以行贿手段谋取中标。

（2）与建设单位或者施工单位串通弄虚作假、降低工程质量。

（3）将不合格的建设工程、建筑材料、建筑构配件和设备按照合格签字。

（4）超越本企业资质等级或以其他企业名义承揽监理业务。

（5）允许其他单位或个人以本企业的名义承揽工程。

（6）将承揽的监理业务转包。

（7）在监理过程中实施商业贿赂。

（8）涂改、伪造、出借、转让工程监理企业资质证书。

（9）其他违反法律法规的行为。

3.3 工程监理单位的资质和管理

3.3.1 工程监理单位的资质和构成要素

1. 工程监理单位的资质

工程监理单位的资质，主要体现在监理能力及其监理的效果上。所谓监理能力，是指能够监理的工程建设项目的规模和复杂程度；监理效果，是指对工程建设项目实施监理后，在工程投资控制、工程质量控制、工程进度控制等方面取得的成果。

工程监理单位的监理能力和监理效果主要取决于：监理人员素质、专业配套能力、技术装备、监理经历和管理水平等。正因为如此，我国的建设监理法规规定，按照这些要素的状况来划分与审定监理单位的资质等级。

2. 工程监理单位的资质构成要素

工程监理单位是智能型企业，提供的是高智能的技术服务，较之一般物质生产企业来说，监理单位对人才的素质的要求更高，其资质构成要素主要有以下几方面：

（1）监理人员要具备较高的工程技术或经济专业知识

监理单位的监理人员应有较高的学历，一般应为大专以上学历，且应以本科及以上学历者为大多数。

技术职称方面，监理单位拥有中级以上专业技术职称的人员应在 70% 左右，具有初级专业技术职称的人员在 20% 左右，没有专业技术职称的其他人员应在 10% 以下。

对监理单位技术负责人的素质要求则更高一些，应具有较高的专业技术职称，应具有较强的组织协调和领导才能，应当取得国家认可的监理工程师资格证书。

每一个监理人员不仅要具备某一专业技能，而且还要掌握与自己本专业相关的其他专业方面以及经营管理方面的基本知识，成为一专多能的复合型人才。

（2）专业配套能力

建设工程监理活动的开展需要多专业监理人员的相互配合。一个监理单位，应当按照它的监理业务范围的要求来配备专业人员。同时，各专业都应当拥有素质较高、能力较强的骨干监理人员。

审查监理单位资质的重要内容是看它的专业监理人员的配备是否与其所申请的监理业务范围相一致。例如，从事一般工业与民用建筑工程监理业务的监理单位，应当配备建筑、结构、电气、通信、给水排水、暖通空调、工程测量、建筑经济、设备工艺等专业的监理人员。

从建设工程监理的基本内容要求出发，监理单位还应当在质量控制、进度控制、投资控制、合同管理、信息管理和组织协调方面具有专业配套能力。

（3）技术装备

监理单位应当拥有一定数量的检测、测量、交通、通信、计算等方面的技术装备。例如应有一定数量的计算机，以用于计算机辅助监理；应有一定的测量、检测仪器，以用于监理中的检查、检测工作；应有一定数量的交通、通信设备，以便于高效率地开展监理活动；应拥有一定的照相、录像设备，以便于及时、真实地记录工程实况等。

监理单位用于工程项目监理的大量设施、设备可以由建设单位提供，或由有关检测单位代为检查、检测。

（4）管理水平

监理单位的管理水平，首先要看监理单位负责人和技术负责人的素质和能力。其次，要看监理单位的规章制度是否健全完善，例如有没有组织管理制度、人事管理制度、财务管理制度、经济管理制度、设备管理制度、技术管理制度、档案管理制度等，并且能否有效执行。

监理单位的管理水平主要反映在能否将本单位的人、财、物的作用充分发挥出来，做到人尽其才、物尽其用；监理人员能否做到遵纪守法，遵守监理工程师职业道德准则；能否沟通各种渠道，占领一定的监理市场；能否在工程项目监理中取得良好的业绩。

（5）监理经历和业绩

一般而言，监理单位开展监理业务的时间越长，监理的经验越丰富，监理能力也会越高，注册监理的业绩就会越大。监理经历是监理单位的宝贵财富，是构成其资质的因素之一。

监理业绩主要是指监理在开展项目监理业务中所取得的成效。其中，包括监理业务量的多少和监理效果的好坏。因此，有关部门把监理单位监理过多少工程，监理过什么等级的工程，以及取得什么样的效果作为监理单位重要的资质要素。

3.3.2　工程监理单位的资质等级条件和监理范围

按照建设部令第 158 号《工程监理企业资质管理规定》的要求，工程监理企业资质分为综合资质、专业资质和事务所资质。其中，专业资质按照工程性质和技术特点划分为若干工程类别。

综合资质、事务所资质不分级别。专业资质分为甲级、乙级；其中，房屋建筑、水利水电、公路和市政公用专业资质可设立丙级。

3.3.2.1　工程监理企业的资质等级标准

1. 综合资质标准

（1）具有独立法人资格且注册资本不少于 600 万元。

（2）企业技术负责人应为注册监理工程师，并具有 15 年以上从事工程建设工作的经历或者具有工程类高级职称。

（3）具有 5 个以上工程类别的专业甲级工程监理资质。

（4）注册监理工程师不少于 60 人，注册造价工程师不少于 5 人，一级注册建造师、一级注册建筑师、一级注册结构工程师或者其他勘察设计注册工程师合计不少于 15 人次。

（5）企业具有完善的组织结构和质量管理体系，有健全的技术、档案等管理制度。

（6）企业具有必要的工程试验检测设备。

（7）申请工程监理资质之日前一年内没有规定禁止的行为。

（8）申请工程监理资质之日前一年内没有因本企业监理责任造成重大质量事故。

（9）申请工程监理资质之日前一年内没有因本企业监理责任发生三级以上工程建设重大安全事故或者发生两起以上四级工程建设安全事故。

2. 专业资质标准

（1）甲级

1）具有独立法人资格且注册资本不少于 300 万元。

2）企业技术负责人应为注册监理工程师，并具有 15 年以上从事工程建设工作的经历或者具有工程类高级职称。

3）注册监理工程师、注册造价工程师、一级注册建造师、一级注册建筑师、一级注册结构工程师或者其他勘察设计注册工程师合计不少于 25 人次；其中，相应专业注册监理工程师不少于《专业资质注册监理工程师人数配备表》（表 3-1）中要求配备的人数，注册造价工程师不少于 2 人。

4）企业近 2 年内独立监理过 3 个以上相应专业的二级工程项目，但是，具有甲级设计资质或一级及以上施工总承包资质的企业申请本专业工程类别甲级资质的除外。

5）企业具有完善的组织结构和质量管理体系，有健全的技术、档案等管理制度。

6）企业具有必要的工程试验检测设备。

7）申请工程监理资质之日前一年内没有规定禁止的行为。

8）申请工程监理资质之日前一年内没有因本企业监理责任造成重大质量事故。

9）申请工程监理资质之日前一年内没有因本企业监理责任发生三级以上工程建设重大安全事故或者发生两起以上四级工程建设安全事故。

（2）乙级

1）具有独立法人资格且注册资本不少于 100 万元。

2）企业技术负责人应为注册监理工程师，并具有 10 年以上从事工程建设工作的经历。

3）注册监理工程师、注册造价工程师、一级注册建造师、一级注册建筑师、一级注册结构工程师或者其他勘察设计注册工程师合计不少于 15 人次；其中，相应专业注册监理工程师不少于《专业资质注册监理工程师人数配备表》（表 3-1）中要求配备的人数，注册造价工程师不少于 1 人。

4）有较完善的组织结构和质量管理体系，有技术、档案等管理制度。

5）有必要的工程试验检测设备。

6）申请工程监理资质之日前一年内没有规定禁止的行为。

7）申请工程监理资质之日前一年内没有因本企业监理责任造成重大质量事故。

8）申请工程监理资质之日前一年内没有因本企业监理责任发生三级以上工程建设重大安全事故或者发生两起以上四级工程建设安全事故。

（3）丙级

1）具有独立法人资格且注册资本不少于 50 万元。

2）企业技术负责人应为注册监理工程师，并具有 8 年以上从事工程建设工作的经历。

3）相应专业的注册监理工程师不少于《专业资质注册监理工程师人数配备表》（表 3-1）中要求配备的人数。

4）有必要的质量管理体系和规章制度。

5）有必要的工程试验检测设备。

专业资质注册监理工程师人数配备表（单位：人）　　表 3-1

序号	工程类别	甲级	乙级	丙级
1	房屋建筑工程	15	10	5
2	冶炼工程	15	10	
3	矿山工程	20	12	
4	化工石油工程	15	10	
5	水利水电工程	20	12	5
6	电力工程	15	10	
7	农林工程	15	10	
8	铁路工程	23	14	
9	公路工程	20	12	5
10	港口与航道工程	20	12	
11	航天航空工程	20	12	
12	通信工程	20	12	
13	市政公用工程	15	10	5
14	机电安装工程	15	10	

注：表中各专业资质注册监理工程师人数配备是指企业取得本专业工程类别注册的注册监理工程师人数。

3. 事务所资质标准

（1）取得合伙企业营业执照，具有书面合作协议书。

（2）合伙人中有 3 名以上注册监理工程师，合伙人均有 5 年以上从事建设工程监理的工作经历。

（3）有固定的工作场所。

（4）有必要的质量管理体系和规章制度。

（5）有必要的工程试验检测设备。

3.3.2.2　工程监理企业资质相应许可的业务范围

1. 综合资质

可以承担所有专业工程类别建设工程项目的工程监理业务。

2. 专业资质

（1）专业甲级资质

可承担相应专业工程类别建设工程项目的工程监理业务。

（2）专业乙级资质：

可承担相应专业工程类别二级以下（含二级）建设工程项目的工程监理业务。

（3）专业丙级资质：

可承担相应专业工程类别三级建设工程项目的工程监理业务。

3. 事务所资质

可承担三级建设工程项目的工程监理业务，但是，国家规定必须实行强制监理的工程除外。

工程监理企业可以开展相应类别建设工程的项目管理、技术咨询等业务。

3.3.3　监理单位资质的监督管理

1. 国务院建设主管部门负责全国工程监理企业资质的统一监督管理工作。国务院铁路、交通、水利、信息产业、民航等有关部门配合国务院建设主管部门实施相关资质类别工程监理企业资质的监督管理工作。

省、自治区、直辖市人民政府建设主管部门负责本行政区域内工程监理企业资质的统一监督管理工作。省、自治区、直辖市人民政府交通、水利、信息产业等有关部门配合同级建设主管部门实施相关资质类别工程监理企业资质的监督管理工作。

工程监理行业组织应当加强工程监理行业自律管理。政府鼓励工程监理企业加入工程监理行业组织。

县级以上人民政府建设主管部门和其他有关部门应当依照有关法律、法规和规定，加强对工程监理企业资质的监督管理。

2. 建设主管部门履行监督检查职责时，有权采取下列措施：

（1）要求被检查单位提供工程监理企业资质证书、注册监理工程师注册执业证书，有关工程监理业务的文档，有关质量管理、安全生产管理、档案管理等企业内部管理制度的文件。

（2）进入被检查单位进行检查，查阅相关资料。

（3）纠正违反有关法律、法规和本规定及有关规范和标准的行为。

3. 建设主管部门进行监督检查时，应当有两名以上监督检查人员参加，并出示执法证件，不得妨碍被检查单位的正常经营活动，不得索取或者收受财物、谋取其他利益。

有关单位和个人对依法进行的监督检查应当协助与配合，不得拒绝或者阻挠。

监督检查机关应当将监督检查的处理结果向社会公布。

工程监理企业违法从事工程监理活动的，违法行为发生地的县级以上地方人民政府建设主管部门应当依法查处，并将违法事实、处理结果或处理建议及时报告该工程监理企业资质的许可机关。

工程监理企业取得工程监理企业资质后不再符合相应资质条件的，资质许可机关根据利害关系人的请求或者依据职权，可以责令其限期改正；逾期不改的，可以撤回其资质。

4. 有下列情形之一的，资质许可机关或者其上级机关，根据利害关系人的请求或者依据职权，可以撤销工程监理企业资质：

（1）资质许可机关工作人员滥用职权、玩忽职守作出准予工程监理企业资质许可的。

（2）超越法定职权作出准予工程监理企业资质许可的。

（3）违反资质审批程序作出准予工程监理企业资质许可的。

（4）对不符合许可条件的申请人作出准予工程监理企业资质许可的。

（5）依法可以撤销资质证书的其他情形。

以欺骗、贿赂等不正当手段取得工程监理企业资质证书的，应当予以撤销。

5. 有下列情形之一的，工程监理企业应当及时向资质许可机关提出注销资质的申请，交回资质证书，国务院建设主管部门应当办理注销手续，公告其资质证书作废：

（1）资质证书有效期届满，未依法申请延续的。

（2）工程监理企业依法终止的。

（3）工程监理企业资质依法被撤销、撤回或吊销的。

（4）法律、法规规定的应当注销资质的其他情形。

6. 工程监理企业应当按照有关规定，向资质许可机关提供真实、准确、完整的工程监理企业的信用档案信息。工程监理企业的信用档案应当包括基本情况、业绩、工程质量和安全、合同违约等情况。被投诉举报和处理、行政处罚等情况应当作为不良行为记入其信用档案。工程监理企业的信用档案信息按照有关规定向社会公示，公众有权查阅。

3.3.4 资质管理的法律责任

1. 申请人隐瞒有关情况或者提供虚假材料申请工程监理企业资质的，资质许可机关不予受理或者不予行政许可，并给予警告，申请人在1年内不得再次申请工程监理企业资质。

2. 以欺骗、贿赂等不正当手段取得工程监理企业资质证书的，由县级以上地方人民政府建设主管部门或者有关部门给予警告，并处1万元以上2万元以下的罚款，申请人3年内不得再次申请工程监理企业资质。

3. 工程监理企业有在监理过程中实施商业贿赂或涂改、伪造、出借、转让工程监理企业资质证书行为之一的，由县级以上地方人民政府建设主管部门或者有关部门予以警告，责令其改正，并处1万元以上3万元以下的罚款；造成损失的，依法承担赔偿责任；构成犯罪的，依法追究刑事责任。

4. 违反规定，工程监理企业不及时办理资质证书变更手续的，由资质许可机关责令限期办理；逾期不办理的，可处以1千元以上1万元以下的罚款。

5. 工程监理企业未按照规定要求提供工程监理企业信用档案信息的，由县级以上地方人民政府建设主管部门予以警告，责令限期改正；逾期未改正的，可处以1千元以上1万元以下的罚款。

6. 县级以上地方人民政府建设主管部门依法给予工程监理企业行政处罚的，应当将行政处罚决定以及给予行政处罚的事实、理由和依据，报国务院建设主管部门备案。

7. 县级以上人民政府建设主管部门及有关部门有下列情形之一的，由其上级行政主管部门或者监察机关责令改正，对直接负责的主管人员和其他直接责任人员依法给予处分；构成犯罪的，依法追究刑事责任：

（1）对不符合本规定条件的申请人准予工程监理企业资质许可的。

（2）对符合本规定条件的申请人不予工程监理企业资质许可或者不在法定期限内作出准予许可决定的。

（3）对符合法定条件的申请不予受理或者未在法定期限内初审完毕的。

（4）利用职务上的便利，收受他人财物或者其他好处的。

（5）不依法履行监督管理职责或者监督不力，造成严重后果的。

3.4　工程监理单位的服务内容与道德准则

3.4.1　工程监理单位的服务内容

建设工程监理与相关服务是指监理人接受发包人的委托，提供建设工程施工阶段的质量、进度、费用控制管理和安全生产监督管理、合同、信息等方面的协调管理服务，以及勘察、设计、保修等阶段的相关服务。各阶段的工作内容见表3-2。

建设工程监理与相关服务的主要工作内容　　　　　　　　表 3-2

服务阶段	具体服务范围构成	备注
勘察阶段	协助发包人编制勘察要求、选择勘察单位，核查勘察方案并监督实施和进行相应的控制，参与验收勘察成果	建设工程勘察、设计、施工、保修等阶段监理与相关服务的具体工作内容执行国家、行业有关规范、规定
设计阶段	协助发包人编制设计要求、选择设计单位，组织评选设计方案，对各设计单位进行协调管理，监督合同履行，审查设计进度计划并监督实施，核查设计大纲和设计深度、使用技术规范合理性，提出设计评估报告（包括各阶段设计的核查意见和优化建议），协助审核设计概算	
施工阶段	施工过程中的质量、进度、费用控制，安全生产监督管理、合同、信息等方面的协调管理	
保修阶段	检查和记录工程质量缺陷，对缺陷原因进行调查分析并确定责任归属，审核修复方案，监督修复过程并验收，审核修复费用	

　　监理单位接受建设单位的委托，为其提供服务。根据委托要求进行以下各阶段全过程或阶段性的监理工作。各阶段监理工作的主要内容如下：

1. 建设工程勘察阶段

（1）协助编制勘察任务书。

（2）协助确定委托任务方式。

（3）协助选择勘察队伍。

（4）协助签订合同。

（5）勘察过程中的质量、进度、费用管理及合同管理。

（6）审定勘察报告，验收勘察成果。

2. 建设工程设计阶段

（1）协助编制设计大纲。

（2）协助确定设计任务委托方式。

（3）协助选择设计单位。

（4）协助签订合同。

（5）与设计单位共同选定在投资限额内的最佳方案。

（6）设计中的投资、质量、进度控制，设计付酬管理，合同管理。

（7）设计方案与政府有关部门规定的协调统一。

（8）设计方案审核与报批。

（9）设计文件的验收。

3. 建设工程施工阶段

（1）协助建设单位与承包单位编写开工申请报告。

（2）察看工程项目建设现场，向承包单位办理移交手续。

（3）审查、确认承包单位选择的分包单位。

（4）审查承包单位的施工组织设计或施工技术方案，下达单位工程施工开工令。

（5）审查承包单位提出的建筑材料、建筑物配件和设备的采购清单。

（6）检查工程使用的材料、构件、设备的规格和质量。

（7）检查施工技术措施和安全防护设施。

（8）主持协商建设单位或设计单位，或施工单位，或监理单位本身提出的设计变更。

（9）监督管理工程施工合同的履行，主持协商合同条款的变更，调解合同双方的争议，处理索赔事项。

（10）核查完成的工程量，验收分项分部工程，签署工程付款凭证。

（11）督促施工单位整理施工文件的归档工作。

（12）参与工程竣工预验收，并签署监理意见。

（13）审查工程结算。

（14）编写竣工验收申请报告、参加竣工验收、协助办理工程移交。

4. 建设工程保修阶段

（1）在规定的工程质量保修期限内，负责检查工程质量状况，组织鉴定质量问题责任，督促责任单位维修。

（2）审核修复方案，监督修复过程并验收。

（3）审核修复费用。

监理单位除承担工程建设监理方面的业务之外，还可以在其资质范围内承担工程建设方面的咨询业务。属于工程建设方面的咨询业务有：

（1）工程建设投资风险分析。

（2）工程建设立项评估。

（3）编制工程建设项目可行性研究报告。

（4）编制工程施工招标标底。

（5）编制工程建设各种估算。

（6）各类建筑物（构筑物）的技术检测、质量鉴定。

（7）有关工程建设的其他专项技术咨询服务。

以上是从一个行业整体而言，总结监理单位可以承担的各项监理业务和咨询业务。具体到每一个工程项目，监理的业务范围视工程项目建设单位的委托而定，建设单位往往把工程项目建设不同阶段的监理业务分别委托不同的监理单位承担，甚至把同一阶段的监理业务分别委托几个不同专业的监理单位监理。

3.4.2 监理单位道德准则

监理单位从事工程建设监理活动，应当遵循"守法、诚信、公正、科学"的道德准则。

1. 守法

守法，这是任何一个具有民事行为能力的单位或个人最起码的行为准则。监理单位的守法，就是要依法经营。

（1）监理单位只能在核定的业务范围内经营活动。

核定的业务范围，是指监理单位资质证书中填写的、经建设监理资质管理部门审查确认的经营范围。核定的业务范围有两层内容，一是监理业务的性质；二是监理业务的等级。核定的经营业务范围以外的任何业务，监理单位不得承接。否则，就是违法经营。

（2）监理单位不得伪造、涂改、出租、出借、转让、出卖资质等级证书。

（3）工程建设监理合同一经双方签订，即具有一定的法律约束力（违背国家法律、法规的合同，即无效合同除外），监理单位应按照合同的规定认真履行，不得无故或故意违背自己的承诺。

（4）监理单位离开原住所地承接监理业务，要自觉遵守当地人民政府颁发的监理法规的有关规定，并要主动向监理工程所在地的省、自治区、直辖市建设行政主管部门备案登记，接受其指导和监督管理。

（5）遵守国家关于企业法人的其他法律、法规的规定，包括行政的、经济的和技术的。

2. 诚信

所谓诚信，就是忠诚老实、讲信用，它是考核企业信誉的核心内容。没有向建设单位提供与其监理水平相适应的技术服务；或者本来没有较高的监理能力，却在竞争承揽监理业务时，有意夸大自己的能力；或者借故不认真履行监理合同规定的义务和职责等，都是不讲诚信的行为。

监理单位，甚至每一个监理人员能否做到诚信，都会给自己和单位的声誉带来很大影响。

3. 公正

公正，主要是指监理单位在协调建设单位与承包单位之间的矛盾和纠纷时，要站在公正的立场，是谁的责任，就由谁承担；该维护谁的权益，就维护谁的权益。决不能因为监理单位是受建设单位的委托进行监理，就偏袒建设单位。

一般来说，监理单位维护建设单位的合法权益容易做到，而维护承包单位的合法权益比较困难，要真正做到公正地处理问题也不容易。监理单位要做到公正，必须要做到以下几点：

（1）要培养良好的职业道德，不为私利而违心地处理问题。

（2）要坚持实事求是的原则，不唯上级或建设单位的意见是从。

（3）要提高综合分析问题的能力，不为局部问题或表面现象而迷惑。

（4）要不断提高自己的专业技术能力，尤其是要尽快提高综合理解、熟练运用工程建设有关合同条款的能力，以便以合同条款为依据，恰当地协调、处理问题。

4. 科学

科学，是指监理单位的监理活动要依据科学的方案，运用科学的手段，采取科学的方法。工程项目结束后，还要进行科学的总结。

（1）科学的方案：在实施监理前，要尽可能地把各种问题都列出来，并拟订解决办法，使各项监理活动都纳入计划管理的轨道。要集思广益，充分运用已有的经验和智能，制定出切实可行、行之有效的监理方案，指导监理活动顺利地进行。

（2）科学的手段：借助于先进的科学仪器，如使用计算机、各种检测、试验仪器等开展监理工作。

（3）科学的方法：监理工作的科学方法主要体现在监理人员在掌握大量的、确凿的有关监理对象及其外部环境实际情况的基础上，适时、妥善、高效地处理有关问题，要依据事实，尽量采用书面文字交流，争取定量分析问题，利用计算机进行辅助监理。

3.5　工程监理单位的选择

3.5.1　监理单位选择方式

按照市场经济体制的观念，建设单位把监理业务委托给哪个监理单位是建设单位的自由，监理单位愿意接受哪个建设单位的监理委托是监理单位的权利。

建设工程监理与相关服务，应当遵循公开、公平、公正、自愿和诚实守信的原则。依法须招标的建设工程，应通过招标方式确定监理单位。监理服务招标应优先考虑监理单位的资信程度、监理方案的优劣等技术因素。

监理单位承揽监理业务的方式有两种：一是通过投标竞争取得监理业务；二是由建设单位直接委托取得监理业务。

通过投标竞争取得监理业务，这是市场经济体制下比较普遍的形式。所以，我国有关法规规定：建设单位一般通过招标投标的方式择优选择监理单位。在不宜公开招标的机密工程或没有投标竞争对手的情况下，或者是工程规模比较小、比较单一的监理业务，或者是对原监理单位的续用等情况下，建设单位可以不采用招标的形式而把监理业务直接委托给监理单位。

无论是通过投标承揽监理业务，还是由建设单位直接委托取得监理业务，都有一个共同的前提，即监理单位的资质能力和社会信誉得到建设单位的认可。从这个意义上讲，当市场经济发展到一定程度，企业的信誉比较稳固的情况下，建设单位直接委托监理单位承担监理业务的方式会增加。

3.5.2　建设工程监理招标投标

1. 监理招标的特点

监理招标的标的是监理服务。与工程项目建设中其他各类招标的最大区别表现为监理单位不承担物质生产任务，只是受招标人委托对生产建设过程提供监督、管理、协调、咨询等服务。

2. 招标宗旨

鉴于监理招标的标的特殊性，招标人选择中标人的基本原则是"根据质量选择咨询服务"。监理服务是监理单位的高智能投入，服务工作完成的好坏不仅依赖于执行监理业务是否遵循了规范化的管理程序和方法，更多地取决于参与监理工作人员的业务专长、经验、判断能力、创新想象力，以及风险意识。因此招标选择监理单位时，鼓励的是能力竞争，而不是价格竞争。如果对监理单位的资质和能力不给予足够重视，只依据报价高低确定中标人，就忽视了高质量服务，报价最低的投标人不一定就是最能胜任的工作者。

3. 报价的选择

工程项目的施工、物资供应招标，选择中标人的原则是，在技术上达到要求标准的前提下，主要考虑价格的竞争性。而监理招标对服务质量的选择放在第一位，因为当价格过低时监理单位很难把招标人的利益放在第一位，为了维护自己的经济利益采取减少监理人员数量或多派业务水平低、工资低的人员，其后果必然导致对工程项目的损害。另外，监理单位提供高质量的服务，往往能使招标人获得节约工程投资和提前投产的实际效益，因此过多考虑报价因素得不偿失，一般报价的选择居于次要地位。从另一个角度来看，服务质量与价格之间应有相应的平衡关系，所以招标人应在服务质量相当的投标人之间再进行价格比较。

按照国家发展改革委、建设部关于印发《建设工程监理与相关服务收费管理规定》的通知（发改价格〔2007〕670 号）规定，建设工程监理与相关服务收费根据建设项目性质的不同情况，分别实行政府指导价或市场调节价。依法必须实行监理的建设工程施工阶段的监理收费实行政府指导价；其他建设工程施工阶段的监理收费和其他阶段的监理与相关服务收费实行市场调节价。

实行政府指导价的建设工程施工阶段监理收费，其基准价根据《建设工程监理与相关服务收费标准》计算，浮动幅度为上下 20％。发包人和监理人应当根据建设工程的实际情况在规定的浮动幅度内协商确定收费额。实行市场调节价的建设工程监理与相关服务收费，由发包人和监理人协商确定收费额。建设工程监理与相关服务收费，应当体现优质优价的原则。在保证工程质量的前提下，由于监理人提供的监理与相关服务而节省投资，缩短工期，取得显著经济效益的，发包人可根据合同约定奖励监理人。

监理人应当按照《关于商品和服务实行明码标价的规定》，告知发包人有关服务项目、服务内容、服务质量、收费依据及收费标准。建设工程监理与相关服务的内容、质量要求和相应的收费金额以及支付方式，由发包人和监理人在合同中约定。

监理人提供的监理与相关服务，应当符合国家有关法律、法规和标准规范，满足合同约定的服务内容和质量等要求。监理人不得违反规定或合同约定，通过降低服务质量、减少服务内容等手段进行恶性竞争，扰乱正常市场秩序。

4. 监理费用

建设工程监理与相关服务收费包括建设工程施工阶段的工程监理服务收费和勘察、设计、保修等阶段的相关服务收费。

施工监理服务收费按照下列公式计算：

（1）施工监理服务收费＝施工监理服务收费基准价×（1±浮动幅度值）

（2）施工监理服务收费基准价＝施工监理服务收费基价×专业调整系数×工程复杂程度调整系数×高程调整系数

其他阶段的相关服务收费一般按相关服务工作所需工日和建设工程监理与相关服务人员人工日费用标准（表 3-3）收费。

建设工程监理与相关服务人员人工日费用标准　　　　　　表 3-3

建设工程监理与相关服务人员职级	工日费用标准（元）
一、高级专家	1000～1200
二、高级专业技术职称的监理与相关服务人员	800～1000
三、中级专业技术职称的监理与相关服务人员	600～800
四、初级及以下专业技术职称监理与相关服务人员	300～600

注：本表适用于提供短期服务的人工费用标准。

5. 招标方式

选择监理单位一般采用邀请招标，且邀请数量以 3～5 家为宜。因为监理招标是对知识、技能和经验等方面综合能力的选择，每一份标书内都会提出具有独特见解或创造性的实施建议，但又各有长处或短处。如果邀请过多投标人参与竞争，不仅要增大评标工作量，而且定标后还要给予未中标人一定补偿费，与在众多投标人中好中求好的目的比较，往往产生事倍功半的效果。

6. 委托监理工作的范围

监理招标发包的工作范围，可以是整个工程项目的全过程，也可以将整个工程分为几个合同履行。划分合同发包的工作范围时，通常考虑的因素包括：

（1）工程规模

中小型工程项目，有条件时可将全部监理工作委托给一个单位；大型或复杂工程，则可按设计、施工等不同阶段及监理工作的专业性质分别委托给几家单位。

（2）工程项目的专业特点

不同的施工内容对监理人员的素质、专业技能和管理水平的要求不同，应充分考虑专业特点的要求。

（3）被监理合同的难易程度

工程项目建设期间，招标人与第三方签订的合同较多，对易于履行合同的监理工作可并入相关工作的委托监理内容之中。如将采购通用建筑材料购销合同的监理工作并入施工监理的范围之内，而设备制造合同的监理工作则需委托专门的监理单位。

7. 招标文件

监理招标实际上是征询投标人实施监理工作的方案建议。为了指导投标人正确编制投标书，招标文件应包括以下几方面内容，并提供必要的资料：

（1）投标须知。

1）工程项目综合说明，包括项目的主要建设内容、规模、工程等级、地点、总投资、现场条件、开竣工日期。

2）委托的监理范围和监理业务。

3）投标文件的格式、编制、递交。

4）无效投标文件的规定。

5）投标起止时间、开标、评标、定标时间和地点。

6）招标文件、投标文件的澄清与修改。

7）评标的原则等。

（2）合同条件。

（3）建设单位提供的现场办公条件（包括交通、通信、住宿、办公用房等）。

（4）对监理单位的要求，包括对现场监理人员、检测手段、工程技术难点等方面的要求。

（5）有关技术规定。

（6）必要的设计文件、图纸和有关资料。

（7）其他事项。

8. 评标

（1）对投标文件的评审

评标委员会对各投标书进行审查评阅，主要考察以下几方面的合理性：

1）工程监理单位的基本素质。包括：工程监理单位资质、技术及服务能力、社会信誉和企业诚信度，以及类似工程的监理业绩和经验。

2）工程监理人员配备。项目监理机构监理人员的数量和素质，特别是总监理工程师的综合能力和业绩是建设工程监理评标需要考虑的重要内容。对工程监理人员配备的评价内容具体包括：项目监理机构的组织形式是否合理；总监理工程师人选是否符合招标文件规定的资格及能力要求；监理人员的数量、专业配置是否符合工程专业特点要求；工程监理整体力量投入是否能满足工程需要；工程监理人员年龄结构是否合理；现场监理人员进退场计划是否与工程进展相协调等。

3）建设工程监理大纲。建设工程监理大纲是反映投标人技术、管理和服务综合水平的文件，反映了投标人对工程的分析和理解程度，评标时应重点评审建设工程监理大纲的全面性、针对性和科学性。

① 建设工程监理大纲内容是否全面，工作目标是否明确，组织机构是否健全，工作计划是否可行，质量、造价、进度控制措施是否全面、得当，安全生产管理、合同管理、信息管理等方法是否科学，以及项目监理机构的制度建设规划是否到位，监督机制是否健全等。

② 建设工程监理大纲中应对工程特点、监理重点与难点进行识别。在对招标工程进行透彻分析的基础上，结合自身工程经验，从工程质量、造价、进度控制及安全生产管理等方面确定监理工作的重点和难点，提出针对性措施和对策。

③ 除常规监理措施外，建设工程监理大纲中应对招标工程的关键工序及分部分项工程制定有针对性的监理措施；制定针对关键点、常见问题的预防措施；合理设置旁站清单和保障措施等。

4）试验检测仪器设备及其应用能力。重点评审投标人在投标文件中所列的设备、仪器工具等能否满足建设工程监理要求。对于建设单位在现场另建试验、检测等中心的工程项目，应重点考查投标人评价分析、检验测量数据的能力。

5）建设工程监理费用报价。建设工程监理费用报价所对应的服务范围、服务内容、服务期限应与招标文件中的要求相一致。要重点评审监理费用报价水平和构成是否合理、完整，分析说明是否明确，监理服务费用的调整条件和办法是否符合招标文件要求等。

在审查过程中对投标书不明确之处可采用澄清问题会的方式请投标人予以说明。通过与拟担任总监理工程师的人员会谈，考察他对建设单位建设意图的理解、应变能力、管理水平等综合素质的高低。

（2）对投标文件的比较

建设工程监理评标通常采用"综合评标法"，即通过衡量投标文件是否最大限度地满足招标文件中规定的各项评价标准，对技术、企业资信、服务报价等因素进行综合评价从而确定中标人。

根据具体分析方式不同，综合评标法可分为定性综合评估法和定量综合评估法两种。

1）定性综合评估法。定性综合评估法是对投标人的资质条件、人员配备、监理方案、投标价格等评审指标分项进行定性比较分析、全面评审，综合评议较优者作为中标人，也可采取举手表决或无记名投票方式决定中标人。

定性综合评估法的特点是不量化各项评审指标，简单易行，能在广泛深入地开展讨论分析的基础上集中各方面观点，有利于评标委员会成员之间的直接对话和深入交流，集中体现各方意见，能使综合实力强、方案先进的投标单位处于优势地位。缺点是评估标准弹性较大，衡量尺度不具体，透明度不高，受评标专家人为因素影响较大，可能会出现评标意见相差悬殊的情况，使定标决策左右为难。

2) 定量综合评估法。定量综合评估法又称打分法、百分制计分评价法。通常是在招标文件中明确规定需量化的评价因素及其权重，评标委员会根据投标文件内容和评分标准逐项进行分析记分、加权汇总，计算出各投标单位的综合评分，然后按照综合评分由高到低的顺序确定中标候选人或直接选定得分最高者为中标人。

定量综合评估法是目前我国各地广泛采用的评标方法，其特点是量化所有评标指标，由评标委员会专家分别打分，减少了评标过程中的相互干扰，增强了评标的科学性和公正性。需要注意的是，评标因素指标的设置和评分标准分值或权重的分配，应能充分评价工程监理单位的整体素质和综合实力，体现评标的科学、合理性。

【例】某工程施工监理招标的评分内容及分值分配　　　　表 3-4

评分项目	分值分配	评分内容和评分办法	最高分
监理大纲	20分	1. 工程质量控制 1.0~3.0 分	3
		2. 工程进度控制 1.0~3.0 分	3
		3. 工程投资控制 1.0~3.0 分	3
		4. 安全、文明施工控制 1.0~3.0 分	3
		5. 合同管理、信息管理、资料管理措施 1.0~2.0 分	2
		6. 工程组织协调措施 1.0~3.0 分	3
		7. 重点、难点分析、处理方法及监理对策 1.0~3.0 分	3
总监理工程师	10分	注册专业为市政公用工程的得 4 分	4
		职称为高级工程师的得 3 分，工程师的得 2 分	3
		年龄在 30~50 周岁的得 3 分，其他的得 2 分	3
项目监理组织机构（不含总监理工程师）	20分	监理组人员不少于 5 人，专业配置齐全得 10 分，专业配置指：路桥 2 人、给排水 1 人、测量 1 人、安全 1 人，少一人扣 2 分	10
		监理组人员中具有工程师及以上职称的每一位得 2 分，最多得 4 分	4
		年龄结构合理，从业资历搭配合理，监理人员的平均年龄在 25~50 周岁之间的得 2 分	2
		项目组监理人员均有建设主管部门颁发的监理上岗证书的得 3 分（少一证扣 1 分，扣完为止），其中安全监理具有国家注册安全工程师证书的再加 1 分	4
监理费	20分	施工监理服务收费基准价为 196.04 万元，基准价下浮 20% 的得 20 分，低于或高于此标准的，按不得分处理。（本工程监理满分报价为：156.83 万元），施工合同估价暂按 8800 万元考虑。报价以万元为单位，小数点后保留 2 位	20

评分项目	分值 分配	评分内容和评分办法	最高分
检测设备	10分	能满足工程检测需要的委托检测协议的得5分；投标单位的检测设备中要有全站仪、经纬仪、水准仪、测距仪、混凝土回弹仪，并提供仪器的有效鉴定证书，得5分，缺一项扣1分	10
企业业绩和 社会信誉	20分	1. 企业具有ISO 9001质量管理体系、职业健康安全管理体系、环境管理体系的每个得1分	3
		2. 企业获得省级及以上政府部门颁发的"AAA"信誉咨询证书的得1分	1
		3. 2011年以来（2011—2016年度）企业所在市监理企业综合考评中连续六次都被评为A类监理企业的得4分，获评过A类的得2分	4
		4. 2011年以来企业获得省级及以上建设主管部门颁发的示范监理企业得4分，获得市级建设主管部门颁发的示范监理企业称号的得2分。最高得4分	4
		5. 企业监理过的路桥类市政项目获得全国市政金杯奖的得4分，有效期3年；省优质工程奖的得2分，有效期2年；市优质工程奖的得1分，有效期1年；以获奖证书或文件发布时间为准（限评一个项目，提供获奖证书或文件、监理合同、竣工验收证明书）	4
		6. 2015年至今监理过的路桥类市政工程获得省级及以上示范监理项目的得3分，市级的得1分（限评一个项目，提供获奖证书或文件、监理合同、竣工验收证明书）	3
		7. 企业承担过类似及以上工程的得1分，类似工程为3年内承担过施工造价7000万元及以上的市政道路改造工程监理（含横截面积不小于4平方米的电力沟涵），时间为2015年3月29日至今，以竣工验收报告验收时间为准	1

从以上实例（表3-4）表明，监理招标的评标主要侧重于监理单位的资质能力、实施监理任务的计划和派驻现场监理人员的素质。

3.5.3　FIDIC《根据质量选择咨询服务》介绍

选择一个合格的咨询工程师是非常重要的。建设单位及其他负责选择咨询工程师的人在进行选择时，首先要选择一个能够提供高效的工作规划与经济的咨询服务公司，其次，建设单位必须能肯定自己支付给咨询服务的酬金是合理的。国际咨询工程师联合会（FIDIC）有一套有关咨询工程师的选择的方法，这种方法是基于对咨询工程师能力的评估之上的。

1. 咨询工程师选择的基本原则

（1）用招标投标的方法选择咨询工程师是很困难的，甚至是不可能的。因为对咨询工程师的职业行为很难精确地加以规范说明，用竞争的原则公平地招标，则价格是重要因素，而不同的咨询工程师可能根据不同的价格预先计划提供不同水平的服务。

（2）监理费用不能太低。费用不足，将导致服务质量的降低及服务范围的减少，常常导致更高的施工成本、更高的材料费及更高的生命周期费用。成功的工程咨询服务取决于资历相应的咨询人员花费足够的工作时间。

（3）选择的方法应该着眼于发展委托方与被委托方之间的相互信任。在客户与咨询工程师之间相互完全信赖的情况下，项目往往才能达到最好的结果，这是因为咨询工程师必须在所有的时间里都以委托人的最佳利益作为其作出决定和采取行动的出发点。

2. 根据质量选择咨询服务的选择标准

FIDIC 认为，判断一个咨询公司是否适合于特定项目的最重要标准包括：业务能力、管理能力、可用的人力财力资源、公正性、费用结构的合理性、职业诚信和质量保证体系。

（1）业务能力

有资格的专业咨询工程师应能为客户提供一支受过教育、训练，具有实际经验和技术判断力的工作团队来承担此项目。

（2）管理能力

要成功地实现一个项目，咨询工程师必须具有与项目的规模及类型相匹配的管理技能。咨询人员需要安排熟练的技术人员和足够的人力、财力，遵守进度要求，确保以最有效的方式制定出工作计划。在项目实施过程中，咨询工程师要善于与承包单位、供应商、贷款机构及政府打交道，同时必须向客户报告项目的进展，使其能及时和准确地作出决定。

（3）可用的人力、财力资源

当选择咨询工程师时，重要的是确定这个公司是否有足够的人力和财力资源承担项目，能否在规定的时间和费用条件下，达到必需的服务内容和标准。客户应该核查咨询公司是否具有足够的有一定经验和水平的人员，并具有足够财力承担项目。

（4）公正性

当客户聘用一个身为 FIDIC 成员之一的咨询工程师时，他必定确信该咨询工程师是赞成"FIDIC"的道德规范，是有能力的，并能提供公正的咨询意见。一个独立的咨询工程师与可能影响他职业判断的商业制造业或承包活动不得有直接或间接的利益，他唯一的报酬是其客户支付给他的酬金。这样，他就能客观地完成所有的委派任务，并且通过应用合理的技术与经济原理为客户提供获得最佳利益的咨询。

（5）费用结构的合理性

咨询工程师需要得到足够的报酬，以确保提供高质量的服务，充分重视任务细节、方案比选、技术创新和提高投资效益。费用应能满足实现项目目标和客户意愿的要求。同时，费用应为咨询公司带来合理的利润，以便随时做好准备，派出训练有素、经验丰富的人员和最新的技术为客户服务。

（6）职业诚信

信任是客户与咨询工程师相互关系这一"机器"运转的润滑油。没有信任，这一"机器"将变得低效率、摩擦发热直到最后停下来。如果信任存在于客户与咨询工程师之间，并且双方都具有诚实性，那么项目就会运行得更顺畅，结果就会更好，而且双方都会更愉快。信任这一特定的因素，是咨询工程师为什么被同一客户连续雇佣的原因。

（7）质量保证体系

从客户的观点出发，得到的服务质量是最重要的。质量就是要符合客户的要求，双方都应清楚了解质量的要求。鼓励客户了解咨询人员在履行业务中的质量管理体系，以及会给项目带来的效益。

在进行以上几点评价时，客户应该通过下列方法搜集有关信息：从咨询公司获取全面的、与委托任务相应的资格预审书面资料；同指派承担委托任务的高级人员交谈；如有必要，拜访咨询公司所在地，实地考察其工作系统和工作方法以及软、硬件能力；如有可能，同老客户进行交谈。

3.6　建设工程监理合同

2012年3月27日，住房和城乡建设部和国家工商行政管理总局联合发布了《建设工程监理合同（示范文本）》GF—2012—0202，该合同是现阶段我国建设单位委托监理任务的主要合同文本形式。

3.6.1　监理合同文件的组成、词语定义

1. 合同文件的组成

监理合同文件包括：

（1）协议书。

（2）中标通知书（适用于招标工程）或委托书（适用于非招标工程）。

（3）投标文件（适用于招标工程）或监理与相关服务建议书（适用于非招标工程）。

（4）专用条件。

（5）通用条件。

（6）附录，即：

附录A　相关服务的范围和内容；

附录B　委托人派遣的人员和提供的房屋、资料、设备。

合同签订后，双方依法签订的补充协议也是合同文件的组成部分。

2. 词语定义

（1）"工程"是指按照合同约定实施监理与相关服务的建设工程。

（2）"委托人"是指合同中委托监理与相关服务的一方，及其合法的继承人或受让人。

（3）"监理人"是指合同中提供监理与相关服务的一方，及其合法的继承人。

（4）"承包人"是指在工程范围内与委托人签订勘察、设计、施工等有关合同的当事人，及其合法的继承人。

（5）"监理"是指监理人受委托人的委托，依照法律法规、工程建设标准、勘察设计文件及合同，在施工阶段对建设工程质量、进度、造价进行控制，对合同、信息进行管理，对工程建设相关方的关系进行协调，并履行建设工程安全生产管理法定职责的服务活动。

（6）"相关服务"是指监理人受委托人的委托，按照本合同约定，在勘察、设计、保修等阶段提供的服务活动。

（7）"正常工作"指合同订立时通用条件和专用条件中约定的监理人的工作。

（8）"附加工作"是指合同约定的正常工作以外监理人的工作。

（9）"项目监理机构"是指监理人派驻工程负责履行合同的组织机构。

（10）"总监理工程师"是指由监理人的法定代表人书面授权，全面负责履行合同、主持项目监理机构工作的注册监理工程师。

（11）"酬金"是指监理人履行合同义务，委托人按照合同约定给付监理人的金额。

（12）"正常工作酬金"是指监理人完成正常工作，委托人应给付监理人并在协议书中载明的签约酬金额。

（13）"附加工作酬金"是指监理人完成附加工作，委托人应给付监理人的金额。

（14）"一方"是指委托人或监理人；"双方"是指委托人和监理人；"第三方"是指除委托人和监理人以外的有关方。

（15）"书面形式"是指合同书、信件和数据电文（包括电报、电传、传真、电子数据交换和电子邮件）等可以有形地表现所载内容的形式。

（16）"天"是指第一天零时至第二天零时的时间。

（17）"月"是指按公历从一个月中任何一天开始的一个公历月时间。

（18）"不可抗力"是指委托人和监理人在订立合同时不可预见，在工程施工过程中不可避免发生并不能克服的自然灾害和社会性突发事件，如地震、海啸、瘟疫、水灾、骚乱、暴动、战争和专用条件约定的其他情形。

3.6.2 合同双方当事人的义务

1. 委托人的义务

（1）委托人应在委托人与承包人签订的合同中明确监理人、总监理工程师和授予项目监理机构的权限。如有变更，应及时通知承包人。

（2）委托人应按照附录 B 约定，无偿向监理人提供工程有关的资料。在合同履行过程中，委托人应及时向监理人提供最新的与工程有关的资料。

（3）委托人应为监理人完成监理与相关服务提供必要的条件。

1）委托人应按照附录 B 约定，派遣相应的人员，提供房屋、设备，供监理人无偿使用。

2）委托人应负责协调工程建设中所有外部关系，为监理人履行合同提供必要的外部条件。

（4）委托人应授权一名熟悉工程情况的代表，负责与监理人联系。委托人应在双方签订合同后 7 天内，将委托人代表的姓名和职责书面告知监理人。当委托人更换委托人代表时，应提前 7 天通知监理人。

（5）在合同约定的监理与相关服务工作范围内，委托人对承包人的任何意见或要求应通知监理人，由监理人向承包人发出相应指令。

（6）委托人应在专用条件约定的时间内，对监理人以书面形式提交并要求作出决定的事宜，给予书面答复。逾期未答复的，视为委托人认可。

（7）委托人应按合同约定，向监理人支付酬金。

2. 监理人义务与工作内容

（1）收到工程设计文件后编制监理规划，并在第一次工地会议 7 天前报委托人。根据有关规定和监理工作需要，编制监理实施细则。

（2）熟悉工程设计文件，并参加由委托人主持的图纸会审和设计交底会议。

（3）参加由委托人主持的第一次工地会议；主持监理例会并根据工程需要主持或参加专题会议。

（4）审查施工承包人提交的施工组织设计，重点审查其中的质量安全技术措施、专项施工方案与工程建设强制性标准的符合性。

（5）检查施工承包人工程质量、安全生产管理制度及组织机构和人员资格。

（6）检查施工承包人专职安全生产管理人员的配备情况。

（7）审查施工承包人提交的施工进度计划，核查承包人对施工进度计划的调整。

（8）检查施工承包人的试验室。

（9）审核施工分包人资质条件。

（10）查验施工承包人的施工测量放线成果。

（11）审查工程开工条件，对条件具备的签发开工令。

（12）审查施工承包人报送的工程材料、构配件、设备质量证明文件的有效性和符合性，并按规定对用于工程的材料采取平行检验或见证取样方式进行抽检。

（13）审核施工承包人提交的工程款支付申请，签发或出具工程款支付证书，并报委托人审核、批准。

（14）在巡视、旁站和检验过程中，发现工程质量、施工安全存在事故隐患的，要求施工承包人整改并报委托人。

（15）经委托人同意，签发工程暂停令和复工令。

（16）审查施工承包人提交的采用新材料、新工艺、新技术、新设备的论证材料及相关验收标准。

（17）验收隐蔽工程、分部分项工程。

（18）审查施工承包人提交的工程变更申请，协调处理施工进度调整、费用索赔、合同争议等事项。

（19）审查施工承包人提交的竣工验收申请，编写工程质量评估报告。

（20）参加工程竣工验收，签署竣工验收意见。

（21）审查施工承包人提交的竣工结算申请并报委托人。

（22）编制、整理工程监理归档文件并报委托人。

相关服务的范围和内容在附录A中约定。

3.6.3　监理依据

1. 适用的法律、行政法规及部门规章。

2. 与工程有关的标准。

3. 工程设计及有关文件。

4. 监理合同及委托人与第三方签订的与实施工程有关的其他合同。

双方根据工程的行业和地域特点，在专用条件中具体约定监理依据。

3.6.4　项目监理机构和人员

1. 监理人应组建满足工作需要的项目监理机构，配备必要的检测设备。项目监理机构的主要人员应具有相应的资格条件。

2.合同履行过程中，总监理工程师及重要岗位监理人员应保持相对稳定，以保证监理工作正常进行。

3.监理人可根据工程进展和工作需要调整项目监理机构人员。监理人更换总监理工程师时，应提前7天向委托人书面报告，经委托人同意后方可更换；监理人更换项目监理机构其他监理人员，应以相当资格与能力的人员替换，并通知委托人。

4.监理人应及时更换有下列情形之一的监理人员：

（1）有严重过失行为的。

（2）有违法行为不能履行职责的。

（3）涉嫌犯罪的。

（4）不能胜任岗位职责的。

（5）严重违反职业道德的。

（6）专用条件约定的其他情形。

5.委托人可要求监理人更换不能胜任本职工作的项目监理机构人员。

3.6.5 履行职责

监理人应遵循职业道德准则和行为规范，严格按照法律法规、工程建设有关标准及合同履行职责。

1.在监理与相关服务范围内，委托人和承包人提出的意见和要求，监理人应及时提出处置意见。当委托人与承包人之间发生合同争议时，监理人应协助委托人、承包人协商解决。

2.当委托人与承包人之间的合同争议提交仲裁机构仲裁或人民法院审理时，监理人应提供必要的证明资料。

3.监理人应在专用条件约定的授权范围内，处理委托人与承包人所签订合同的变更事宜。如果变更超过授权范围，应以书面形式报委托人批准。

在紧急情况下，为了保护财产和人身安全，监理人所发出的指令未能事先报委托人批准时，应在发出指令后的24小时内以书面形式报委托人。

4.除专用条件另有约定外，监理人发现承包人的人员不能胜任本职工作的，有权要求承包人予以调换。

5.提交报告

监理人应按专用条件约定的种类、时间和份数向委托人提交监理与相关服务的报告。

6 文件资料

在合同履行期内，监理人应在现场保留工作所用的图纸、报告及记录监理工作的相关文件。工程竣工后，应当按照档案管理规定将监理有关文件归档。

7.使用委托人的财产

监理人无偿使用附录B中由委托人派遣的人员和提供的房屋、资料、设备。除专用条件另有约定外，委托人提供的房屋、设备属于委托人的财产，监理人应妥善使用和保管，在本合同终止时将这些房屋、设备的清单提交委托人，并按专用条件约定的时间和方式移交。

3.6.6 合同双方当事人的责任

1.委托人责任

（1）委托人违反合同约定造成监理人损失的，委托人应予以赔偿。

（2）委托人向监理人的索赔不成立时，应赔偿监理人由此引起的费用。

（3）委托人未能按期支付酬金超过 28 天，应按专用条件约定支付逾期付款利息。

2. 监理人责任

（1）因监理人违反合同约定给委托人造成损失的，监理人应当赔偿委托人损失。赔偿金额的确定方法在专用条件中约定。监理人承担部分赔偿责任的，其承担赔偿金额由双方协商确定。

（2）监理人向委托人的索赔不成立时，监理人应赔偿委托人由此发生的费用。

3. 除外责任

因非监理人的原因，且监理人无过错，发生工程质量事故、安全事故、工期延误等造成的损失，监理人不承担赔偿责任。

因不可抗力导致合同全部或部分不能履行时，双方各自承担其因此而造成的损失、损害。

3.6.7　合同生效、变更、暂停、解除与终止及监理报酬

1. 合同生效、变更、暂停、解除与终止

（1）除法律另有规定或者专用条件另有约定外，委托人和监理人的法定代表人或其授权代理人在协议书上签字并盖单位章后合同生效。

（2）任何一方提出变更请求时，双方经协商一致后可进行变更。

（3）除不可抗力外，因非监理人原因导致监理人履行合同期限延长、内容增加时，监理人应当将此情况与可能产生的影响及时通知委托人。增加的监理工作时间、工作内容应视为附加工作。附加工作酬金的确定方法在专用条件中约定。

（4）合同生效后，如果实际情况发生变化使得监理人不能完成全部或部分工作时，监理人应立即通知委托人。除不可抗力外，其善后工作以及恢复服务的准备工作应为附加工作，附加工作酬金的确定方法在专用条件中约定。监理人用于恢复服务的准备时间不应超过 28 天。

（5）合同签订后，遇有与工程相关的法律法规、标准颁布或修订的，双方应遵照执行。由此引起监理与相关服务的范围、时间、酬金变化的，双方应通过协商进行相应调整。

（6）因非监理人原因造成工程概算投资额或建筑安装工程费增加时，正常工作酬金应作相应调整。调整方法在专用条件中约定。

（7）因工程规模、监理范围的变化导致监理人的正常工作量减少时，正常工作酬金应作相应调整。调整方法在专用条件中约定。

（8）在合同有效期内，由于双方无法预见和控制的原因导致合同全部或部分无法继续履行或继续履行已无意义，经双方协商一致，可以解除合同或监理人的部分义务。在解除之前，监理人应作出合理安排，使开支减至最小。

因解除合同或解除监理人的部分义务导致监理人遭受的损失，除依法可以免除责任的情况外，应由委托人予以补偿，补偿金额由双方协商确定。

解除合同的协议必须采取书面形式，协议未达成之前，合同仍然有效。

（9）在合同有效期内，因非监理人的原因导致工程施工全部或部分暂停，委托人可通知监理人要求暂停全部或部分工作。监理人应立即安排停止工作，并将开支减至最小。除不可抗力外，由此导致监理人遭受的损失应由委托人予以补偿。

暂停部分监理与相关服务时间超过 182 天，监理人可发出解除合同约定的该部分义务的通知；暂停全部工作时间超过 182 天，监理人可发出解除合同的通知，合同自通知到达委托人时解除。委托人应将监理与相关服务的酬金支付至合同解除日，且应承担相应的责任。

（10）当监理人无正当理由未履行合同约定的义务时，委托人应通知监理人限期改正。若委托人在监理人接到通知后的 7 天内未收到监理人书面形式的合理解释，则可在 7 天内发出解除合同的通知，自通知到达监理人时合同解除。委托人应将监理与相关服务的酬金支付至限期改正通知到达监理人之日，但监理人应承担相应的责任。

（11）监理人在专用条件中约定的支付之日起 28 天后仍未收到委托人按合同约定应付的款项，可向委托人发出催付通知。委托人接到通知 14 天后仍未支付或未提出监理人可以接受的延期支付安排，监理人可向委托人发出暂停工作的通知并可自行暂停全部或部分工作。暂停工作后 14 天内监理人仍未获得委托人应付酬金或委托人的合理答复，监理人可向委托人发出解除合同的通知，自通知到达委托人时合同解除。委托人应承担相应的责任。

（12）因不可抗力致使合同部分或全部不能履行时，一方应立即通知另一方，可暂停或解除合同。

（13）合同解除后，合同约定的有关结算、清理、争议解决方式的条件仍然有效。

（14）监理人完成合同约定的全部工作后可终止合同。

（15）委托人与监理人结清并支付全部酬金后可终止合同。

2. 监理报酬

（1）除专用条件另有约定外，酬金均以人民币支付。涉及外币支付的，所采用的货币种类、比例和汇率在专用条件中约定。

（2）监理人应在合同约定的每次应付款时间的 7 天前，向委托人提交支付申请书。支付申请书应当说明当期应付款总额，并列出当期应支付的款项及其金额。

（3）支付的酬金包括正常工作酬金、附加工作酬金、合理化建议奖励金额及费用。

（4）委托人对监理人提交的支付申请书有异议时，应当在收到监理人提交的支付申请书后 7 天内，以书面形式向监理人发出异议通知。无异议部分的款项应按期支付，有异议部分的款项按约定办理。

3. 其他

（1）经委托人同意，监理人员外出考察发生的费用由委托人审核后支付。

（2）委托人要求监理人进行的材料和设备检测所发生的费用，由委托人支付，支付时间在专用条件中约定。

（3）经委托人同意，根据工程需要由监理人组织的相关咨询论证会以及聘请相关专家等发生的费用由委托人支付，支付时间在专用条件中约定。

（4）监理人在服务过程中提出的合理化建议，使委托人获得经济效益的，双方在专用条件中约定奖励金额的确定方法。奖励金额在合理化建议被采纳后，与最近一期的正常工作酬金同期支付。

（5）监理人及其工作人员不得从与实施工程有关的第三方处获得任何经济利益。

（6）双方不得泄露对方申明的保密资料，亦不得泄露与实施工程有关的第三方所提供的保密资料，保密事项在专用条件中约定。

（7）合同涉及的通知均应采用书面形式，并在送达对方时生效，收件人应书面签收。

（8）监理人对其编制的文件拥有著作权。

监理人可单独或与他人联合出版有关监理与相关服务的资料。除专用条件另有约定外，如果监理人在合同履行期间及合同终止后两年内出版涉及本工程的有关监理与相关服务的资料，应当征得委托人的同意。

【案例】

背景材料：某建设项目由三个独立的单项工程构成，由某总承包商负责建设项目的施工。该项目属于房屋建筑工程，某监理单位具有公路工程监理的乙级资质，经业主同意承接了该项目施工阶段的监理任务。总承包商将 A 单项工程中的柱基础、B 单项工程中的高级装修、C 单项工程中的幕墙分包了出去。在监理过程中，该监理单位借用了其他监理单位的资质证书，因为所借用监理单位具有房屋建筑工程的监理资质。业主与监理单位签订的监理合同有关内容如下：

① 对工程设计中的技术问题，监理人有权要求设计人变更。

② 按照安全和优化的原则，监理人审批工程施工组织设计和技术方案。

③ 监理人选择工程总承包人。

④ 监理人选择工程分包人。

⑤ 监理人应承担一部分对承包人的误期罚款。

⑥ 监理人可自主地发布开工令、停工令及复工令。

⑦ 合同当事人一方违约时，应按实际损失赔付对方。

⑧ 业主责任的延期，监理人的合同责任期相应延长；承包人责任的延期，监理人的合同责任期不延长。

【问题】

1. 监理单位违反了哪项经营活动准则？

2. 请改正监理合同的错误之处。

【参考答案】

1. 监理单位违反了"守法、诚信、公平、科学"的准则。作为监理单位，要依法经营，在核定的业务范围内开展经营活动，该监理单位具有公路工程的监理资质，不具有房屋建筑工程的监理资质，超越了经营范围，违反了"守法"准则。该监理单位借用其他监理单位的资质证书，违反了"诚信"准则。

2. 监理合同的错误之处如下：

（1）对工程设计中的技术问题，监理人无权要求设计人更改，而只能向设计人提出建议。

（2）按照保质量、保工期和降低成本的原则，监理人审批工程施工组织设计和技术方案。

（3）监理人无权选择工程总承包人，而只能提出建议，工程总承包人应由业主选定。

（4）监理人无权选择分包人，分包人应由总承包人选择，但应经监理人确认。

（5）监理人不应承担业主对承包人的误期罚款，因为监理人不对承包人因违反合同规定的质量要求和完工时限承担责任。

（6）监理人应在取得业主同意的前提下，发布开工令、停工令及复工令。

（7）合同当事人一方违约时，不是全部按照实际损失赔付对方。

（8）业主责任的延期，监理人的合同责任期相应延长；承包人责任的延期，监理人的合同责任期也应相应延长。

附录 A　相关服务的范围和内容

A-1 勘察阶段：_____

_____。

A-2 设计阶段：_____

_____。

A-3 保修阶段：_____

_____。

A-4 其他（专业技术咨询、外部协调工作等）：_____

_____。

附录 B　委托人派遣的人员和提供的房屋、资料、设备

B-1　委托人派遣的人员

名称	数量	工作要求	提供时间
1. 工程技术人员			
2. 辅助工作人员			
3. 其他人员			

B-2　委托人提供的房屋

名称	数量	面积	提供时间
1. 办公用房			
2. 生活用房			
3. 试验用房			
4. 样品用房			
用餐及其他生活条件			

B-3　委托人提供的资料

名称	份数	提供时间	备注
1. 工程立项文件			
2. 工程勘察文件			
3. 工程设计及施工图纸			
4. 工程承包合同及其他相关合同			
5. 施工许可文件			
6. 其他文件			

B-4　委托人提供的设备

名称	数量	型号与规格	提供时间
1. 通信设备			
2. 办公设备			
3. 交通工具			
4. 检测和试验设备			

复 习 思 考 题

1. 简述设立监理单位的基本条件和申报审批程序。

2. 监理单位的资质要素包括哪些内容?

3. 工程监理企业的业务范围有哪些?

4. 建设行政主管部门对监理单位的资质实行动态管理的内容包括哪些?

5. 监理单位经营活动的基本准则是什么?

6. 试述监理单位与业主、承包商的关系。

7. 施工监理服务收费的构成有哪些?

8. 案例题

【背景】某工程项目的一工业厂房于 2013 年 9 月 25 日开工,2014 年 4 月 18 日竣工,验收合格后即投产使用。2017 年 2 月,该厂房供热系统的部分供热管道出现漏水,业主进行了停产检修,经检查发现漏水的原因是原施工单位所用管材壁太薄,与原设计文件要求不符。监理单位进一步检查发现施工单位向监理工程师报验的管材与其在工程上实际使用的管材不相符。如果全部更换厂房供热管道,所需造价为人民币 50 万元,同时造成该厂部分车间停产,损失为人民币 30 万元。

业主就此事提出如下要求:

要求监理单位对全部返工工程免费监理,并对停产损失承担连带赔偿责任,赔偿停产损失的 40%(计人民币 12 万元)。

监理单位对业主的要求答复如下:

　　监理工程师已对施工单位报验的管材进行了检查，符合质量标准，已履行了监理职责。施工单位擅自更换管材，由施工单位负责，监理单位不承担任何责任。

【问题】

1. 依据现行法律和行政法规，请指出监理单位的答复中有哪些错误，为什么？

2. 简述监理单位应承担哪些责任，为什么？

第4章 工程建设监理的组织

提要：组织的概念；工程建设监理的组织机构；项目监理组织的人员结构及其基本职责。

4.1 组 织 的 概 念

4.1.1 组织的概念、职能与组织活动的基本原理

1. 组织的概念

组织，是指人们为了实现系统的目标，通过明确分工协作关系，建立权力责任体系，而构成的能够一体化支付的人的组合体及其运行的过程。

组织有两种含义：一是作为名词出现的，指组织机构。组织机构是按一定领导体制、部门设置、层次划分、职责分工、规章制度和信息系统等构成的有机整体，是社会人的结合形式，可以完成一定的任务，并为此而处理人和人、人和事及人和物的关系。二是作为动词出现的，指组织行为，即通过一定的权力和影响力，为达到一定目标，对所需资源进行合理配置，处理人和人、人和事以及人和物关系的行为。

与上述的组织的含义相应，组织理论分为两个相互联系的分支学科，即组织结构学和组织行为学。前者以研究如何建立精干、高效的组织结构为目的；后者以研究如何建立良好的人际关系，提高行动效率为目的。

2. 组织职能

组织职能的目的是通过合理的组织设计和职权关系结构使各方面的工作协同一致，以高效、高质量地完成任务。组织职能包括5个方面。

（1）组织设计。是指选定一个合理的组织系统，划分各部门的权限和职责，确立各种基本的规章制度。

（2）组织联系。是指确定组织系统中各部门的相互关系，明确信息流通和反馈的渠道，以及各部门的协调原则和方法。

（3）组织运行。是指组织系统中各部门根据规定的工作顺序，按分担的责任完成各自的工作。

（4）组织行为。是指应用行为科学、社会学及社会心理学原理来研究、理解和影响组织中人们的行为、语言、组织过程以及组织变更等。

（5）组织调整。是指根据工作的需要、环境的变化，分析原有的项目组织系统的缺陷、适应性的效率状况，对原组织系统进行调整和重新组合，包括组织形式的变化、人员的变动、规章制度的修订或废止、责任系统的调整以及信息系统的调整等。

3. 组织活动的基本原理

（1）要素合理利用性原理

一个组织系统中的基本要素有人力、财力、物力、信息、时间等，这些要素都是有用

的，但每个要素的作用大小是不一样的，而且会随着时间、场合的变化而变化。所以在组织活动过程中应根据各要素在不同情况下的不同作用进行合理安排、组合和使用，做到人尽其才、财尽其利、物尽其用，尽最大可能提高各要素的利用率。这就是组织活动的要素合理利用性原理。

（2）动态相关性原理

组织系统内部各要素之间既相互联系，又相互制约，既相互依存，又相互排斥。这种相互作用的因子称为相关因子，充分发挥相关因子的作用，是提高组织管理效率的有效途径。事物在组合过程当中，由于相关因子的作用，可以发生质变。一加一可以等于二，也可以大于二，还可以小于二。整体效应不等于各局部效应的简单加和，各局部效应之和与整体效应不一定相等，这就是动态相关性原理。

（3）主观能动性原理

人是生产力中最活跃的因素，因为人是有生命的、有感情的、有创造力的。组织管理者应该努力把人的主观能动性发挥出来，只有当主观能动性发挥出来时才会取得最佳效果。

（4）规律效应性原理

规律就是客观事物内部的、本质的、必然的联系。一个成功的管理者应懂得，只有努力掌握过程中的客观规律，按规律办事，才能取得好的效应。

4.1.2 组织行为学和组织结构

1. 组织行为学

组织行为学是一个研究领域，它探讨个体、群体以及结构对组织内部行为的影响，以便应用这些知识来改善组织的有效性。

组织的有效性主要体现在 4 个方面：第一，生产效率高。即以最低的成本实现输入和输出的转换。第二，缺勤率低。缺勤直接影响生产效率，使支出费用增加，应努力降低缺勤率，当然在出勤带来的损失反而更大时，缺勤也是必要的。第三，合理的流动。合理的流动可使有能力的人找到适合自己的位置，增加组织内部的晋升机会，给组织添加新生力量，不合理的流动则使人才流失和重新招募培训费的增加。第四，工作满意度。工作满意的员工比工作不满意的员工生产效率要高，而且工作满意度还与缺勤率、流动率是负相关的。组织有责任给员工提供富有挑战性的工作，使员工从工作中获得满足。

决定生产效率、缺勤率、流动率和工作满意度高低的因素是个体水平变量、群体水平变量和组织系统水平变量。

第一，人们带着不同的特点进入组织，这些特点将影响他们在工作中的行为。比较明显的特点有：年龄、性别、婚姻状况、人格特征、价值观和态度、基本能力水平等。

第二，人在群体中的行为远比个人单独活动的总和要复杂。个人的行为会受群体行为标准的影响，群体的效率会受领导方式、沟通模式等的影响。

第三，当将正式的结构加到群体中，组织行为就达到了极其复杂的最高水平。正像群体比个体成员之和大一样，组织也比构成群体之和大。组织的工作效率受组织的设计、技术和工作过程、组织的人力资源政策和实践、内部文化、工作压力的影响。

2. 组织结构

组织结构是指对工作任务进行分工、分组和协调合作。管理者在进行组织结构设计时，必须考虑 6 个关键因素：工作专业化、部门化、命令链、管理跨度、集权与分权和正规化。

（1）工作专业化。其实质就是每一个人专门从事工作活动的一部分，而不是全部。重复性的工作使员工的技能得到提高，从而提高组织的运行效率。

（2）部门化。工作通过专业化细分后，就需要按照类别对它们进行分组以便共同的工作可以进行协调，即为部门化。部门可以根据职能来划分，可以根据产品类型来划分，可以根据地区来划分，也可以根据顾客类型来划分。

（3）命令链。这是一种不间断的权力路线，从组织的最高层到最基层。为了促进协作，每个管理职位在命令链中都有自己的位置，每个管理者为完成自己的职责任务，都要被授予一定的权力。同时命令要求统一性，它意味着，一个人应该只对一个主管负责。

（4）管理跨度。它是指一个主管直接管理下属人员的数量。跨度大，管理体制人员的接触关系增多，处理人与人之间关系的数量随之增大。跨度太大时，领导者和下属接触频率太高。因此，在组织结构设计时，必须强调跨度适当。跨度的大小又和分层多少有关。一般来说，管理层次增多，跨度会小；反之，层次少，跨度会大。

（5）集权与分权。这是一个决策权应该放在哪一级的问题。高度的集权造成盲目和武断，过分的分权则会导致失控、不协调和总目标的难以实现。所以应合理地做好集权与分权。

（6）正规化。是指组织中的工作标准化的程度。应该通过提高正规化的程度来提高组织的运行效率。

4.2　工程建设监理组织机构

4.2.1　建设项目监理组织的形式及其特点

监理工作是针对每一个具体项目而言的。监理单位受项目法人的委托开展监理工作，必须建立相应的监理组织。建设监理的组织机构即项目监理机构，是指监理人派驻工程现场实施监理业务的组织。这与监理单位的组织是不同的，监理单位是公司的组织，项目监理组织是临时的，一旦项目完成，组织即宣告结束。

组织形式是组织结构形式的简称，是指一个组织以什么样的结构方式去处理层次、跨度、部门设置和上下级关系。《建设工程监理规范》GB/T 50319—2013 中指出，项目监理机构的组织形式和规模，可根据建设工程监理合同约定的服务内容、服务期限，以及工程特点、规模、技术复杂程度、环境等因素确定。因此，项目监理组织形式多种多样，通常有以下几种典型形式。

1. 直线制监理组织

直线制监理组织是最早出现的一种企业管理机构的组织形式，它是一种线性组织结构，其本质就是使命令线性化，即每一个工作部门，每一个工作人员都只有一个上级。整个组织结构中自上而下实行垂直领导，指挥与管理职能基本上由主管领导者自己执行，各级主管人对所属单位的一切问题负责，不设职能机构，只设职能人员协助主管人工作。图 4-1 所示为按建设子项目分解设立的直线制监理组织形式。图 4-2 所示为按建设阶段分解设立的直线制监理组织形式。

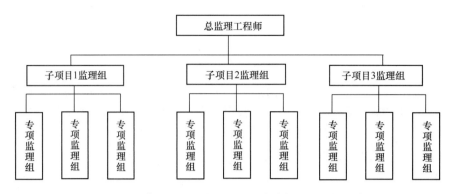

图 4-1　按建设子项目分解设立的直线制监理组织形式

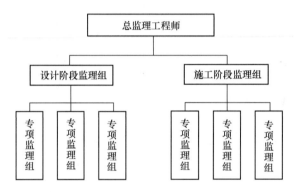

图 4-2　按建设阶段分解设立的直线制监理组织形式

这种监理组织结构的主要特点为：

（1）机构简单，权责分明，能充分调动各级主管人的积极性。

（2）权力集中，命令统一，决策迅速，下级只接受一个上级主管人的命令和指挥，命令单一严明。

（3）对主管领导者在管理知识和专业技能方面的要求较高。要求总监理工程师通晓各种业务，通晓多种知识技能，成为"全能"式人物。

2. 职能制监理组织

这种监理组织形式，是在总监理工程师下设一些职能机构，分别从职能角度对基层监理组织进行业务管理，并在总监理工程师授权的范围内，向下下达命令和指示。这种组织系统强调管理职能的专业化，即将管理职能授权给不同的专业部门。按职能制设立的监理组织结构的形式如图 4-3 所示。

职能制监理组织的主要特点为：

（1）有利于发挥专业人才的作用，有利于专业人才的培养和技术水平、管理水平的提高，能减轻总监理工程师的负担。

（2）命令系统多元化，各个工作部门界限不易分清，发生矛盾时，协调工作量较大。

（3）不利于责任制的建立和工作效率的提高。

职能制监理组织形式适用于工程项目在地理位置上相对集中的工程。

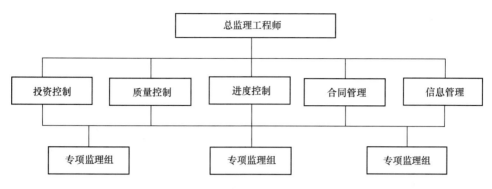

图 4-3 职能制监理组织形式

3. 直线职能制监理组织

这种组织系统吸收了直线制和职能制的优点，并形成了它自身的特点。它把管理机构和管理人员分为两类：一类是直线主管，即直线制的指挥机构和主管人员，他们只接受一个上级主管的命令和指挥，并对下级组织发布命令和进行指挥，而且对该单位的工作全面负责。另一类是职能参谋，即职能制的职能机构和参谋人员，他们只能给同级主管充当参谋、助手，提出建议或提供咨询。直线职能制组织形式如图 4-4 所示。

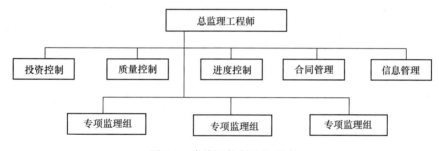

图 4-4 直线职能制组织形式

这种监理组织结构的主要特点为：

（1）既能保持指挥统一、命令一致，又能发挥专业人员的作用。

（2）管理组织结构系统比较完整，隶属关系分明。

（3）重大的问题研究和设计有专人负责，能发挥专业人员的积极性，提高管理水平。

（4）职能部门与指挥部门易产生矛盾，信息传递路线长，不利于互通情报。

（5）管理人员多、管理费用大。

4. 矩阵制监理组织

矩阵制监理组织亦称目标-规划制，是美国在 20 世纪 50 年代创立的一种新的管理组织形式。从系统论的观点来看，解决质量控制和成本控制等问题都不能只靠某一部门的力量，需要集中各方面的人员共同协作。因此，该组织结构在直线职能组织结构中，为完成某种特定的工程项目，从各部门抽调专业人员形成专门项目组织，同有关部门进行平行联系，协调各有关部门活动并指挥参与工作的人员。

按矩阵制设立的监理组织由两套管理系统组成，一套是纵向的职能系统，另一套为横向的子项目系统。如图 4-5 所示。

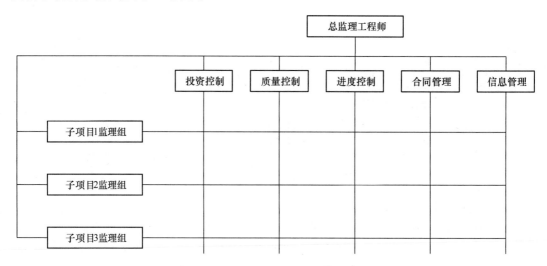

图 4-5　矩阵制监理组织形式

矩阵制组织形式的优点表现在：

（1）它解决了传统模式中企业组织和项目组织相互矛盾的状况，把职能原则与对象原则融为一体，实现了企业长期例行性管理和项目一次性管理的统一。

（2）以尽可能少的人力，实现多个项目（或多项任务）的高效管理。因为通过职能部门的协调，可根据项目的需求配置人才，防止人才短缺或无所事事，项目组织因而有较好的弹性应变能力。

（3）有利于人才的全面培养。不同知识背景的人员在一个项目上合作，可以使他们在知识结构上取长补短，拓宽知识面，提高解决问题的能力。

矩阵制组织形式的缺点表现在：

（1）由于人员来自职能部门，且仍受职能部门控制，这影响了他们在项目上积极性的发挥，项目的组织作用大为削弱。

（2）项目上的工作人员既要接受项目上的指挥，又要受到原职能部门的领导，当项目和职能部门的领导发生矛盾，当事人就难以适从。要防止这一问题的产生，必须加强项目和职能部门的沟通，还要有严格的规章制度和详细的计划，使工作人员尽可能明确干什么和如何干。

（3）管理人员若管理多个项目，往往难以确定管理项目的先后顺序，有时难免会顾此失彼。

矩阵制组织形式适用于在一个组织内同时有几个项目需要完成，而每个项目又需要有不同专长的人在一起工作才能完成这一特殊要求的工程项目。

4.2.2　组织机构设置的原则

（1）目的性原则。项目组织机构设置的根本目的，是为了产生组织功能，实现管理总目标。从这一根本目标出发，就要求因目标设事，因事设岗，按编制设定岗位人员，以职责定制度和授予权力。

（2）高效精干的原则。组织机构的人员配置，以能实现管理所要求的工作任务为原则，尽量简化机构，做到高效精干。配备人员要严格控制二、三线人员，力求一专多能，一人多职。

（3）管理跨度和分层统一的原则。要根据领导者的能力和建设项目规模大小、复杂程度等因素综合考虑，确定适当的管理跨度和管理层次。

（4）专业分工与协作统一的原则。分工就是按照提高管理专业化程度和工作效率的要求，把管理总目标和任务分解成各级、各部门、各人的目标和任务。当然，在组织中有分工也必须有协作，应明确各级、各部门、各人之间的协调关系与配合办法。

（5）弹性和流动的原则。建设项目的单一性、流动性、阶段性是其生产活动的特点，这必然会导致生产对象数量、质量和地点上的变化，带来资源配置上品种和数量的变化。这就要求管理工作和管理组织机构随之进行相应调整，以使组织机构适应生产的变化，即要求按弹性和流动的原则来建立组织机构。

（6）权责一致的原则。就是在组织管理中明确划分职责、权力范围，同等的岗位职务赋予同等的权力，做到权责一致。权大于责，会滥用权力；责大于权，会影响积极性。

（7）才职相称的原则。使每个人的才能与其职务上的要求相适应，做到才职相称，即人尽其才、才得其用、用得其所。

4.2.3　建设项目监理组织建立的步骤

监理单位在建立项目监理组织时，一般按以下步骤进行：

1. 确定建设监理目标

建设监理目标是项目监理组织设立的前提，为了使目标控制工作具有可操作性，应将工程建设监理合同确定的监理总目标进行分解，明确划分为分解目标。

分解目标可以按建设项目组成分解为单项工程分目标、单位工程分目标、分部工程分目标等；也可以按建设计划期分解为期、年度、季度、月、旬分目标。

2. 确定工作内容并进行分类归并及组合

根据监理目标和监理合同中规定的监理任务，明确列出监理工作内容，并进行分类归并及组合，是一项重要的组织工作。

对各项工作进行归并及组合应以便于控制监理目标为目的，并考虑监理项目的规模、性质、工期、工程复杂程度以及监理单位自身技术业务水平、监理人员数量、组织管理水平等因素。

如果实施阶段全过程监理，监理工作内容可按设计阶段和施工阶段分别归并和组合，再进一步按投资、进度、质量目标进行归并和组合。

3. 组织结构设计

（1）确定组织结构形式

前述的四种组织结构形式各具特点，应根据工程项目规模、性质、建设阶段等不同，选择不同的监理组织结构形式以适应监理工作需要。结构形式的选择应有利于项目合同管理，有利于控制目标，有利于决策指挥，有利于信息沟通。

（2）合理确定管理层次

监理组织结构中一般应有3个层次：

1）决策层：由总监理工程师和其助手组成。要根据工程项目的监理活动特点与内容进行科学化、程序化决策。

2）中间控制层（协调层和执行层）：由专业监理工程师组成。具体负责监理规划的落实、目标控制及合同管理。属承上启下管理层次。

3）作业层（操作层）：由监理员组成，具体负责监理工作的操作。

（3）制定岗位职责与考核标准

岗位职务及职责的确定，要有明确的目的性，不可因人设事。不同的岗位具有不同的职责，根据权责一致的原则，应进行适当的授权，以承担相应的职责；同时应制定相应的考核标准，对监理人员的工作进行定期或不定期考核。

（4）选派监理人员

根据监理工作的任务，选择相应专业和数量的各层次人员时，除应考虑监理人员个人素质外，还应考虑总体的合理性与协调性。

4. 制定工作流程

为使监理工作科学、有序进行，应按监理工作的客观规律性制定工作流程，规范化地开展监理工作。可分阶段编制设计阶段监理工作流程和施工阶段监理工作流程。

各阶段内还可进一步编制若干细部监理工作流程。如施工阶段监理工作流程可以进一步细化出工序交接检查程序、隐蔽工程验收程序、工程变更处理程序、索赔处理程序、工程质量事故处理程序、工程支付核签程序、工程竣工验收程序等。

4.3 项目监理组织的人员结构及其基本职责

4.3.1 项目监理组织的人员结构

监理组织的人员配备要根据工作的特点、监理任务及合理的监理深度与密度，优化组织，形成整体素质高的监理组织。项目监理组织的人员一般包括总监理工程师、专业监理工程师、监理员以及必要的行政管理人员，必要时可配备总监理工程师代表。在组建时要注意合理的专业结构、技术结构和年龄结构，项目监理机构的监理人员应专业配套、数量满足工程项目监理工作的需要。

1. 人员结构

（1）合理的专业结构

项目监理组应当由与监理项目的性质及业主对项目监理的要求相适应的各专业人员组成。

监理组织应具备与所承担的监理任务相适应的专业人员。如一般的民用建筑工程需要配备土建专业、给水排水专业、电气专业、设备安装专业、装饰专业、建材专业、概预算专业等人员；而公路工程则需要配备公路专业、桥梁专业、交通工程专业、测量专业、试验检测专业等人员。当监理项目局部具有某些特殊性，或业主提出某些特殊的监理要求需要借助于某种特殊的监控手段时，可将这些局部的、专业性很强的监控工作另委托给相应的咨询监理机构来承担，这也应视为保证了人员合理的专业结构。

（2）合理的技术层次

合理的技术层次是指监理组织中各专业监理人员应有与监理工作要求相称的高级职称、中级职称和初级职称人员比例。监理工作是一种高智能的技术性劳动服务，要根据监理项目的要求确定技术层次。一般来说，决策阶段、设计阶段的监理，具有中级及中级以上职称的人员在整个监理人员构成中应占绝大多数，初级职称人员仅占少数。施工阶段监理的职称结构应以中级职称为主，初级职称人员为辅。这里所说的初级职称指助理工程师、助理经济师、技术员等，他们主要从事实际操作，如旁站、填写日记、现场检查、计量等。

（3）合理的年龄结构

合理的年龄结构是指监理组织中的老中青的构成比例。老年人有较丰富的经验和阅历，但身体条件受到一定限制，特别是高空作业和夜间作业。而青年人有朝气、精力充沛，但缺乏实际经验。为此，现场监理团队应以中年为主，他们有一定的经验和良好的身体条件，加上适当的老年人和青年人，形成一个合理的年龄结构。

2. 监理人员数量的确定

现场监理组织人员数量的确定，要视工程规模、技术复杂程度、监理人员自身的素质等确定。一般要考虑以下因素：

（1）工程建设强度

工程建设强度是指单位时间内投入的工程建设资金的数量，它是衡量一项工程紧张程度的标准。

工程建设强度＝投资/工期

其中，投资是指由监理单位所承担的那部分工程的建设投资，工期也是指这部分工程的工期。投资费用一般可按工程估算、概算或合同价计算，工期根据进度总目标及其分目标计算。

工程建设强度越大，需投入的监理人员越多。

（2）工程复杂程度

根据工程项目的特点，每项工程都具有不同的具体条件，如地点、位置、规模、空间范围、自然条件、施工条件、后勤供应等。工程项目的技术难度越大、越复杂，需要的人员就越多。

国外咨询专家曾向我国提供了亚太地区监理人员数额配置的经验。东南亚各国的经验认为：投资密度以每年完成 100 万美元为单位，将工程复杂程度分为简单、一般、较复杂、复杂、极复杂五个等级。复杂程度的等级由工程的以下 9 个方面特征决定：

1）工程设计：简单到复杂。

2）工地位置：方便到偏僻。

3）工地气候：温和到恶劣。

4）工地地形：平坦到崎岖。

5）工地地质：简单到复杂。

6）施工方法：简单到复杂。

7）工地供应：方便到困难。

8）施工工期：由短到长。

9）工程种类（分项目的数量）：由少到多。

工程复杂程度定级可采用定量办法，即将构成工程复杂程度的各项因素再划分为各种不同情况，根据工程实际情况予以评分，累计平均后看分值大小以确定它的复杂程度等级。如每一项因素均按 10 分制计算，将各项因素的得分累计平均后，平均分值 1～3 分者为简单工程，平均分值为 3～5、5～7、7～9 分别依次为一般、较复杂、复杂工程，9 分以上者为极复杂工程。每完成 100 万美元的工程量所需监理人员可参考表 4-1。

监理人员需要量定额（每 100 万美元/年）　　　表 4-1

工程复杂程度	监理工程师	监理员	行政人员
简单	0.20	0.75	0.10
一般	0.25	1.00	0.10
较复杂	0.35	1.10	0.25
复杂	0.50	1.50	0.35
极复杂	0.50	1.50	0.35

若试验、取样、计量等工作由承包商承担，表中所列监理员的数目可适当减少。以上所列的监理需要量定额不是绝对的，只是参考数字，实际配备要以满足监理工作的需要为准。

（3）工程的专业种类

工程所需要的专业种类越多，所需要的人员就越多。

（4）监理人员的业务素质

每个监理单位的业务水平有所不同，派驻现场的人员素质、专业能力、管理水平、工程经验、设备手段等方面的差异影响监理工作效率的高低。整个监理组人员有较高的业务水平，都能独立承担各自权限范围内的工作，甚至一专多能，兼任各项工作，则需要的人员就少，反之，则需要的监理人员就多。

（5）监理组织结构和任务职能分工

监理组织情况牵涉具体人员配置，务必使监理机构与任务职能分工的要求得到满足。因而还要根据组织机构中设定的岗位职责将人员作进一步的调整。

3. 确定监理人员的数量示例

（1）工程概况

某高速公路工程，全长 43km，大桥 1 座，中小桥梁 21 座，通道 20 处，涵洞 86 座，路基土方 360 万 m^3，路面层 98.4 万 m^2，该工程地点位于市郊平面地区，交通方便，气候与地质情况较好，合同工期为 46 个月，合同总价为 1.4674 亿美元。

（2）确定工程复杂程度等级

工程复杂等级为一般复杂工程（表 4-2）。

工程特征种类及特征值　　　表 4-2

序号	工程特征种类	特征值	备注
1	工程范围	7	工程规模较大
2	工地位置	2	位于市郊
3	工地气候	5	一般性海洋气候
4	工地地形	2	平原地区
5	工程地质	5	地质情况一般

序号	工程特征种类	特征值	备注
6	施工方法	6	属于中等复杂程度
7	后勤供应	1	后勤供应条件较好
8	施工工期	4	不属于紧急工程
9	工程性质	7	重点工程
	合计	39	
	平均值	4.33	

（3）确定监理人员需要量

1）确定各类监理人员的密度系数 λ：根据工程复杂程度等级从表4-1中查出各类监理人员的密度系数为：监理工程师0.25；监理人员1.0；行政人员0.1。

2）计算工程投资密度 M：

$$M = \frac{P}{T} = \frac{146.07}{46/12} = 38.1（百万美元/年）$$

式中：P——本工程的合同总价；

T——合同工期折算年数。

3）计算各类监理人员的数量 R：

$$R_i = \lambda_i M \qquad R = M \sum \lambda_i$$

式中：R_i——某类监理人员的所需数量；

λ_i——某类监理人员的密度系数。

监理工程师数量：$0.25 \times 38.1 = 9.5$ 人，取 9 人；

监理人员数量：$1.0 \times 38.1 = 38.1$ 人，取 38 人；

行政人员数量：$0.1 \times 38.1 = 3.81$ 人，取 4 人。

以上的人员数量均为估算，实际工作中，可以此为基础，结合监理机构的设置情况、承包商机构的设置情况及现场试验和中间计量的分担情况等加以调整。

4.3.2　项目监理组织各类人员的基本职责

1. 总监理工程师的职责（见4.3.3节）

2. 总监理工程师代表的职责

总监理工程师代表是经工程监理单位法定代表人同意，由总监理工程师书面授权，代表总监理工程师行使其部分职责和权力，具有工程类注册执业资格或具有中级及以上专业技术职称、3年及以上工程实践经验并经过监理业务培训的人员。

3. 专业监理工程师的职责

专业监理工程师是由总监理工程师授权，负责实施某一专业或某一岗位的监理工作，有相应监理文件签发权，具有工程类注册执业资格或具有中级及以上专业技术职称、2年及以上工程实践经验并经过监理业务培训的人员。

专业监理工程师应履行以下职责：

（1）参与编制监理规划，负责编制监理实施细则。

（2）审查施工单位提交的涉及本专业的报审文件，并向总监理工程师报告。

（3）参与审核分包单位资格。

（4）指导、检查监理员工作，定期向总监理工程师报告本专业监理工作实施情况。

（5）检查进场的工程材料、构配件、设备的质量。

（6）验收检验批、隐蔽工程、分项工程，参与验收分部工程。

（7）处置发现的质量问题和安全事故隐患。

（8）进行工程计量。

（9）参与工程变更的审查和处理。

（10）组织编写监理日志，参与编写监理月报。

（11）收集、汇总、参与整理监理文件资料。

（12）参与工程竣工预验收和竣工验收。

4. 监理员的职责

监理员是从事具体监理工作，具有中专及以上学历并经过监理业务培训的人员。

监理员应履行以下职责：

（1）检查施工单位投入工程的人力、主要设备的使用及运行状况。

（2）进行见证取样。

（3）复核工程计量有关数据。

（4）检查工序施工结果。

（5）发现施工作业中的问题，及时指出并向专业监理工程师报告。

4.3.3 总监理工程师负责制

1. 总监理工程师的概念

由工程监理单位法定代表人书面任命，负责履行建设工程监理合同、主持项目监理机构工作的注册监理工程师，是监理单位法定代表人在该建设项目上的代表人。总监理工程师由监理单位派驻工地，全面负责和领导项目的监理工作，代表监理单位全面履行建设工程监理合同。对外，总监理工程师向业主负责；对内，总监理工程师向监理单位负责。

2. 总监理工程师负责制

我国建设监理实行总监理工程师负责制。总监理工程师负责制的内涵包括：

（1）总监理工程师是项目监理的责任主体。总监理工程师是实现项目监理目标的最高责任者。责任是总监理工程师负责制的核心，它构成了总监理工程师的工作压力和动力，也是确定总监理工程师权力和利益的依据。

（2）总监理工程师是项目监理的权力主体。总监理工程师的权力来源于监理委托合同和有关法律法规。总监理工程师在承担所应负的责任的同时，也获得了相应的权力。

（3）总监理工程师是项目监理的利益主体。主要体现在他要对国家的利益负责，对业主的投资效益负责，同时也对监理单位的效益负责，并负责项目监理机构内所有监理人员利益的分配。

3. 总监理工程师的资质

关于总监理工程师的任职资格，《建设工程监理规范》GB/T 50319—2013 提出了一些基本要求，各地方可以根据实际情况提出具体性的要求。

总监理工程师应由具有三年以上同类工程监理工作经验的人员担任；总监理工程师代表应由具有两年以上同类工程监理工作经验的人员担任；专业监理工程师应由具有一年以上同类工程监理工作经验的人员担任。

监理单位应于委托监理合同签订后十天内将项目监理机构的组织形式、人员构成及对总监理工程师的任命书面通知建设单位。当总监理工程师需要调整时，监理单位应征得建设单位同意并书面通知建设单位；当专业监理工程师需要调整时，总监理工程师应书面通知建设单位和承包单位。

一名总监理工程师只宜担任一项委托监理合同的项目总监理工程师工作。当需要同时担任多项委托监理合同的项目总监理工程师工作时，须经建设单位书面同意，且最多不得超过三项。

4. 总监理工程师的职责

（1）确定项目监理机构人员及其岗位职责。

（2）组织编制监理规划，审批监理实施细则。

（3）根据工程进展及监理工作情况调配监理人员，检查监理人员工作。

（4）组织召开监理例会。

（5）组织审核分包单位资格。

（6）组织审查施工组织设计、（专项）施工方案。

（7）审查工程开复工报审表，签发工程开工令、暂停令和复工令。

（8）组织检查施工单位现场质量、安全生产管理体系的建立及运行情况。

（9）组织审核施工单位的付款申请，签发工程款支付证书，组织审核竣工结算。

（10）组织审查和处理工程变更。

（11）调解建设单位与施工单位的合同争议，处理工程索赔。

（12）组织验收分部工程，组织审查单位工程质量检验资料。

（13）审查施工单位的竣工申请，组织工程竣工预验收，组织编写工程质量评估报告，参与工程竣工验收。

（14）参与或配合工程质量安全事故的调查和处理。

（15）组织编写监理月报、监理工作总结，组织整理监理文件资料。

5. 总监理工程师的授权

总监理工程师可以将其部分权力授予其代表，但不得将下列工作委托总监理工程师代表：

（1）组织编制监理规划，审批监理实施细则。

（2）根据工程进展及监理工作情况调配监理人员。

（3）组织审查施工组织设计、（专项）施工方案。

（4）签发工程开工令、暂停令和复工令。

（5）签发工程款支付证书，组织审核竣工结算。

（6）调解建设单位与施工单位的合同争议，处理工程索赔。

（7）审查施工单位的竣工申请，组织工程竣工预验收，组织编写工程质量评估报告，参与工程竣工验收。

（8）参与或配合工程质量安全事故的调查和处理。

【案例】

某实施监理的建设项目分为二期建设工程，业主与一监理公司签订了监理委托合同。委托工作范围包括一期工程施工阶段的监理和二期工程设计与施工阶段的监理。

总监理工程师在该项目上配备了设计阶段监理工程师8人，施工阶段监理工程师20人，并分别为设计阶段和施工阶段制定了监理规划。

在某次监理工作例会上，总监理工程师强调了设计阶段监理工程师下周的工作重点是审查二期工程的施工图预算。子项目监理工程师小张在一期工程的施工监理中发现承包方未经申报，擅自将催化设备安装工程分包给某工程公司并进行施工，立即向承包方下达了停工指令，要求承包方上报分包单位资质材料。承包方随后送来了该分包单位资质证明。小张审查后向承包方签署了同意该分包单位分包的文件。小张还审核了承包方送来的催化设备安装工程施工进度的保证措施，并提出了改进建议。承包方抱怨说，由于业主供应的部分材料尚未到场，有些保证措施无法落实会影响工程进度。小张说："我负责给你们协调合同争议。我去施工现场巡视一下就去找业主。"

【问题】

(1) 项目监理公司应派出几名总监理工程师？为什么？总监理工程师建立项目监理机构应选择什么样的结构形式？总监理工程师分阶段制定监理规划是否妥当？为什么？

(2) 根据监理人员的职责分工指出哪些是小张应履行的职责，哪些不属于小张应履行的职责，不属于小张履行的职责应由谁履行？

【参考答案】

(1) 该项目监理单位应派一名总监理工程师，因项目只有1份监理委托合同（或1个项目监理组织）。总监理工程师建立项目监理机构应选择按建设阶段分解的直线制监理机构形式。总监理工程师分阶段制定监理规划妥当，因该工程包含设计监理和施工监理。

(2) 属于小张的职责：要求承包方上报分包单位资质材料；审查进度保证措施，提出改进建议；巡视现场。不属于小张的职责：下达停工令；向承包方签署了同意该分包单位分包的文件；协调业主与承包方合同争议。不属于小张履行的职责应由总监理工程师履行。

复 习 思 考 题

1. 组织的职能有哪些？

2. 建设项目监理组织的形式有哪些？各有何特点？

3. 建立项目监理组织的步骤有哪些？

4. 确定监理组织人员数量时通常要考虑哪些因素？

5. 试述各层次监理人员的基本职责。

6. 总监理工程师负责制的内涵是什么？

7. 案例题

某工程实施过程中发生如下事件：

事件1：监理委托合同签订后，监理单位按照下列步骤组建项目监理机构：①确定项目监理机构目标；②确定监理工作内容；③制定监理工作流程和信息流程；④进行项目监理机构组织设计，根据项目特点，决定采用矩阵制组织形式组建项目监理机构。

事件 2：总监理工程师对项目监理机构的部分工作安排如下：

造价控制组：①研究制定预防索赔措施；②审查确认分包单位资格；③审查施工组织设计与施工方案；质量控制组：④检查成品保护措施；⑤审查分包单位资格；⑥审批工程延期。

请指出事件 1 中项目监理机构组建步骤的不妥之处和采用矩阵制组织形式的优点。逐项指出事件 2 中总监理工程师对造价控制组和质量控制组的工作安排是否妥当。

第5章 建设监理规划

提要：监理规划的概念与作用；监理规划的主要内容；监理规划的编制与实施；监理实施细则的内容；工程项目监理规划实例。

5.1 监理规划的概念与作用

5.1.1 监理规划的概念

监理规划是项目监理机构全面开展建设工程监理工作的指导性文件。监理规划应针对建设工程实际情况进行编制，应在签订建设工程监理合同及收到工程设计文件后开始编制。此外，还应结合施工组织设计、施工图审查意见等文件资料进行编制。一个监理项目应编制一个监理规划。监理规划由总监理工程师组织专业监理工程师编制，经工程监理单位技术负责人审批后执行，目的在于提高项目监理工作效果，保证项目监理合同得到全面实施。

5.1.2 监理规划的作用

1. 监理规划是项目监理机构全面开展监理工作的指导性文件

工程建设监理的中心任务是协助建设单位实现项目总目标，它需要制定计划，建立组织，配备监理人员，进行有效的领导，实施目标控制。项目监理规划就是对项目监理机构开展的各项监理工作作出全面、系统的组织与安排。

监理规划应结合工程实际情况，明确项目监理机构的工作目标，确定具体的监理工作制度、内容、程序、方法和措施。

监理规划应当明确地指出项目监理机构在工程实施过程中，应当做哪些工作，由谁来做这些工作，在什么时间和什么阶段做这些工作，如何做这些工作，它是项目监理机构工作的依据，也是监理业务工作的依据。

2. 监理规划是建设主管部门对监理单位实施监督管理的重要依据

建设主管部门对监理单位要实施监督、管理和指导，对其管理水平、人员素质、专业配套和监理业绩要进行核查和考评，以确认监理单位的资质和资质等级。因此，建设主管部门对监理单位进行考核时应当充分重视对监理规划和其实施情况的检查，它是建设主管部门监督、管理和指导监理单位开展工程建设监理活动的重要依据。

3. 监理规划是建设单位确认监理单位履行建设工程监理合同的主要依据

监理单位如何履行建设工程监理合同，如何落实建设单位委托监理单位所承担的各项监理服务工作，作为监理任务的委托方，建设单位不但需要而且应当加以了解和确认。同时，建设单位有权监督监理单位执行工程监理合同。监理规划正是建设单位了解和确认这些问题的最好资料，是建设单位确认监理单位是否履行建设工程监理合同的主要说明性文件。监理规划应当能够全面而详细地为建设单位监督工程监理合同的履行提供依据。实际上，监理规划的前期文件，即监理大纲，就是监理规划的框架性文件，而且，经由谈判确定了的监理大纲应当纳入建设工程监理合同的附件之中，成为建设工程监理合同文件的组成部分。

4. 监理规划是监理单位重要的存档资料

监理规划作为工程监理单位的技术文件，其内容随着工程的进展而逐步调整、补充和完善，它在一定程度上真实地反映了一个工程项目监理的全貌，是最好的监理过程记录。因此，它是每一家监理单位的重要存档资料。

5.1.3 监理规划与监理大纲、监理实施细则、旁站监理方案

监理大纲是监理单位为获得监理任务在投标阶段编制的项目监理方案性文件，它是监理投标书的组成部分。其目的是要使建设单位相信采用本监理单位的监理方案，能实现建设单位的投资目标和建设意图，从而赢得竞争，获取监理任务。监理大纲的作用是为监理单位经营目标服务，起着承接监理任务的作用。

监理规划是在总监理工程师的主持下编制，经监理单位技术负责人审批，用来指导项目监理机构全面开展建设工程监理工作的指导性文件。由于它是在明确监理委托关系，以及确定项目总监理工程师以后，在更详细占有有关资料基础上编制的，所以，其包括的内容与深度比监理大纲更为具体和详细，它起着指导监理内部自身业务工作的作用。

监理实施细则是针对某一专业或某一方面建设工程监理工作的操作性文件。监理实施细则是在监理规划指导下，在相应工程施工开始前由专业监理工程师编制，并经总监理工程师审批的文件，它起着具体指导监理实务作业的作用。

旁站是项目监理机构对工程的关键部位或关键工序的施工质量进行的监督活动。旁站是建设工程监理工作中用以监督工程质量的一种手段，可以起到及时发现问题、第一时间采取措施、防止偷工减料、确保施工工艺工序按施工方案进行、避免其他干扰正常施工的因素发生等作用。项目监理机构应当结合具体情况，根据监理规划要求制定旁站方案，明确旁站监理的范围、内容、程序和旁站监理人员职责等。

监理大纲、监理规划、监理实施细则、旁站方案文件的比较见表5-1。

监理大纲、监理规划、监理实施细则、旁站方案文件的比较　　　　表5-1

监理文件名称	编制对象	编制人员	编制时间和作用	内容		
				为什么做?	做什么?	如何做?
监理大纲	项目整体	监理单位技术负责人	在监理招标阶段编制的，目的是使建设单位信服，进而获得监理任务。起着"方案设计"的作用	◎	○	
监理规划	项目整体	总监理工程师 监理单位技术负责人审批	在监理合同签订后制订，目的是指导项目监理工作，起着"初步设计"的作用	○	◎	◎
监理实施细则	某项专业具体监理工作	专业监理工程师 总监理工程师审批	在完善项目监理组织，落实监理责任后制订，目的是具体实施各项监理工作，起着"施工图设计"的作用		○	◎

监理文件名称	编制对象	编制人员	编制时间和作用	内容		
				为什么做？	做什么？	如何做？
旁站方案	关键部位、关键工序	专业监理工程师 总监理工程师审批	在监理规划和监理实施细则完成后制订，提出对关键部位和关键工序从施工材料检验到施工质量验收进行全过程现场跟班旁站监理的要求		○	◎

注：◎为重点内容。

5.2 监理规划的内容

监理规划通常应包括工程概况、监理工作的范围、内容、目标、监理工作依据、监理组织形式、人员配备及进退场计划、监理人员岗位职责、监理工作制度、工程质量控制、工程造价控制、工程进度控制、安全生产管理的监理工作、合同与信息管理、组织协调、监理工作设施等主要内容。

5.2.1 工程概况

（1）工程项目名称

（2）工程项目建设地点

（3）工程项目组成及建设规模

（4）主要建筑结构类型

（5）工程投资额

工程投资额可分两部分费用编列：

1）工程项目投资总额。

2）分项工程投资组成。

（6）工程项目计划工期

工程项目计划工期可以以工程项目的计划持续时间或以工程项目的具体日历时间表示：

1）以工程项目的计划持续时间表示：工程项目计划工期为__个月或__天。

2）以工程项目的具体日历时间表示：工程项目计划工期由__年__月__日至__年__月__日。

（7）工程质量目标

按照合同提出的质量目标要求。

（8）工程项目参建单位

包括建设单位、设计单位、施工单位等。

5.2.2 监理工作范围、内容、目标

工程项目建设监理阶段是指监理单位所承担监理任务的工程项目建设阶段。可以按照监理合同中确定的监理阶段划分。

（1）工程项目勘察设计阶段的监理。

（2）工程项目设备采购与监造阶段的监理。

（3）工程项目施工阶段的监理。

（4）工程项目保修阶段的监理。

1. 监理工作范围

监理工作范围是指监理单位所承担任务的工程项目建设监理的范围，应根据建设工程监理合同约定的监理工作范围编写。如果监理单位承担全部工程项目的工程建设监理任务，监理的范围为全部工程项目，否则应按照监理单位所承担的项目的建设标段或子项目划分确定监理工作范围。

2. 监理工作内容

建设工程监理工作基本内容包括：工程质量、投资（造价）、进度三大目标控制，合同管理和信息管理，组织协调，以及履行建设工程安全生产管理的法定职责。监理规划需要根据建设工程监理合同约定进一步细化监理工作内容。

（1）工程项目立项阶段监理工作主要内容

1）协助建设单位准备项目报建手续。

2）项目可行性研究咨询。

3）技术经济论证。

4）编制工程建设估算。

5）组织设计任务书编制。

（2）设计阶段监理工作主要内容

1）结合工程项目特点，收集设计所需的技术经济资料。

2）编写设计要求文件。

3）组织工程项目设计方案竞赛或设计招标，协助建设单位选择好勘测设计单位。

4）拟定和商谈设计委托合同内容。

5）向设计单位提供设计所需基础资料。

6）配合设计单位开展技术经济分析，搞好设计方案的比选，优化设计。

7）配合设计进度，组织设计单位与有关部门，如消防、环保、土地、人防、防汛、园林，以及供水、供电、供气、供热、电信等部门的协调工作。

8）做好各设计单位之间的协调工作。

9）参与主要设备、材料的选型。

10）审核工程概算。

11）审核主要设备、材料清单。

12）审核工程项目设计图纸。

13）检查和控制设计进度。

14）组织设计文件的报批。

（3）施工招标阶段监理工作主要内容

1）拟定工作项目施工招标方案并征得建设单位同意。

2）准备工程项目施工招标条件。

3）办理施工招标申请。

4）编写施工招标文件。

5）组织工程项目施工招标工作。

6）协助建设单位与中标单位签订施工合同。

（4）设备采购与设备监造阶段监理工作主要内容

对于由建设单位负责采购供应的材料、设备等物资，监理工程师应负责制定计划、监督合同执行和供应工作。具体监理工作的主要内容有：

1）编制设备采购与设备监造工作计划，协助建设单位编制设备采购与设备监造方案。

2）通过质量、价格、供货期、售后服务等条件的分析和比选，确定材料、设备等物资的供应厂家。重要设备应访问现有使用用户，并考察制造单位的质量管理系统。

3）协助建设单位进行设备采购合同谈判，并应协助签订设备采购合同。

4）监督合同的实施，确保材料设备的及时供应。

（5）施工阶段监理工作主要内容

1）工程质量控制。

2）工程进度控制。

3）工程造价控制。

4）安全生产管理的监理工作。

5）合同管理。

6）信息管理。

7）组织协调等。

（6）相关服务工作主要内容

工程监理单位应根据建设工程监理合同约定的相关服务范围，开展相关服务工作，编制相关服务工作计划。工程监理单位应按规定汇总整理、分类归档相关服务工作的文件资料。

承担工程保修阶段的服务工作时，工程监理单位应定期回访。

对建设单位或使用单位提出的工程质量缺陷，工程监理单位应安排监理人员进行检查和记录，并应要求施工单位予以修复，同时监督实施，合格后应予以签认。

工程监理单位应对工程质量缺陷原因进行调查，并应与建设单位、施工单位协商确定责任归属。对非施工单位原因造成的工程质量缺陷，应核实施工单位申报的修复工程费用，并应签认工程款支付证书，同时应报建设单位。

3. 监理工作目标

工程项目监理工作目标是指监理单位所承担的工程项目的监理目标。通常以工程项目的建设投资（造价）、进度、质量三大控制目标来表示。

（1）造价目标：合同承包价为＿万元。

（2）工期目标：＿个月或自＿年＿月＿日至＿年＿月＿日。

（3）质量目标：工程项目质量应按设计图纸和质量验收标准通过验收。

在建设工程监理实际工作中，应进行工程质量、造价、进度目标的分解，运用动态控制原理对分解的目标进行跟踪检查，对实际值与计划值进行比较、分析和预测，发现问题时，及时采取组织、技术、经济和合同措施进行纠偏和调整，以确保工程质量、造价、进度目标的实现。

5.2.3　监理工作依据

编制监理规划的依据主要包括工程建设法律法规及标准、设计文件、合同文件以及有关资料。主要内容有：

（1）现行国家和地方有关工程建设的法律、法规。

（2）现行国家和地方有关工程建设的标准、规范和规程。

（3）经有关部门批准的工程建设文件和设计文件。

（4）现行国家和地方的预算定额，取费标准。

（5）建设单位与施工单位签订的建设工程施工合同。

（6）建设单位与监理单位签订的建设工程监理合同。

5.2.4　监理组织形式、人员配备及进退场计划、监理人员岗位职责

1. 项目监理机构组织形式

项目监理机构应根据项目情况和监理目标确定合适的组织形式。项目监理机构的组织形式和规模，应根据工程委托监理合同规定的服务内容、服务期限，以及工程特点、规模、技术复杂程度、环境等因素确定。一般可用组织机构图表示。

2. 项目监理机构人员配备计划

项目监理机构监理人员应由总监理工程师、专业监理工程师和监理员组成，必要时可配备总监理工程师代表。项目监理机构的监理人员应专业配套、数量应满足工程项目监理工作的需要。

3. 项目监理人员岗位职责

项目监理机构监理人员岗位职责应根据监理合同约定的监理工作范围和内容以及相关规定，由总监理工程师安排和明确。总监理工程师应根据项目监理机构监理人员的专业、技术水平、工作能力、实践经验等细化和落实相应的岗位职责，并应督促和考核监理人员职责的履行。

5.2.5　监理工作制度

为全面履行建设工程监理职责、确保建设工程监理服务质量，根据工程特点和监理工作要求，项目监理机构应制定相关工作制度规范监理工作。主要包括项目监理机构现场监理工作制度、项目监理机构内部工作制度及相关服务工作制度。

1. 项目监理机构现场监理工作制度

（1）图纸会审及设计交底制度。

（2）施工组织设计审核制度。

（3）工程开工、复工审批制度。

（4）监理文件报送制度。

（5）平行检验、见证取样、巡视检查和旁站制度。

（6）工程材料、半成品质量检验制度。

（7）隐蔽工程、分项、分部和单位工程质量验收制度。

（8）安全生产监督检查制度。

（9）质量安全事故报告和处理制度。

（10）技术经济签证制度。

（11）工程变更处理制度。

（12）现场协调会及会议纪要签发制度。

（13）施工备忘录签发制度。

（14）工程款支付审核、签认制度。

（15）工程索赔审核、签认制度等。

2. 项目监理机构内部工作制度

（1）项目监理机构工作会议制度。

（2）项目监理机构人员岗位职责制度。

（3）监理工作日志制度。

（4）监理周报、月报制度。

（5）监理人员考勤与考核制度。

（6）资料管理及档案制度等。

3. 相关服务工作制度

提供相关服务时，还需要建立以下制度：

（1）项目立项阶段。包括可行性研究报告评审制度和工程估算审核制度等。

（2）设计阶段。包括设计要求编写及审核制度、设计合同管理制度、设计方案评审制度、工程概算审核制度、施工图纸审核制度、设计费用支付签认制度、设计协调会制度等。

（3）施工招标阶段。包括招标管理制度、合同文件拟定及审核制度等。

（4）设备采购与设备监造阶段。包括设备采购合同管理制度、设备制造检验和质量管理制度、设备费用支付签认制度等。

5.2.6 工程质量控制

工程项目的建设监理工作目标应重点围绕造价控制、质量控制、进度控制三大目标，进行目标分析并制定相关工作流程和控制措施等。

质量管理的原则是质量第一、以人为核心、预防为主、坚持质量标准。工程质量控制重在预防，即在合同目标的前提下，遵循质量控制原则、制定总体质量控制措施、专项工程预控方案，以及质量问题处理方案。

1. 质量控制目标描述

（1）设计质量控制目标。

（2）材料质量控制目标。

（3）设备质量控制目标。

（4）土建施工质量控制目标。

（5）设备安装质量控制目标。

（6）质量目标实现的风险分析：项目监理机构宜根据工程特点、施工合同、工程设计文件及经过批准的施工组织设计对工程质量目标控制进行风险分析，并提出防范性对策。

2. 质量控制的工作流程与措施

监理工作流程及措施是监理规划的重要内容，应根据监理目标拟定监理原则、监理方法和主要项目的控制措施，编制监理工作流程图。

（1）工作流程图

1）监理工作程序应根据专业工程特点，并按工作内容分别制定。

2）监理工作程序应体现事前控制和主动控制的要求。

3）监理工作程序应结合工程项目的特点，注重监理工作的效果。监理工作程序中应明确工作内容、行为主体、考核标准、工作时限。

4）当涉及建设单位和施工单位的工作时，监理工作程序应符合委托监理合同和施工合同的规定。

5）在监理工作实施过程中，应根据实际情况的变化对监理工作程序进行调整和完善。

（2）质量控制的具体措施

1）质量控制的组织措施

建立健全项目监理机构组织，完善职责分工，制定有关质量监督制度，落实质量控制的责任。

2）质量控制的技术措施

设计阶段，协助设计单位开展优化设计和完善设计质量保证体系。

材料设备供应阶段，通过质量价格比选，正确选择生产厂家，并协助其完善质量保证体系。

施工阶段，协助完善质量保证体系，严格事前、事中和事后的质量检查监督。

3）质量控制的经济措施及合同措施

严格质量检查和验收，不符合合同规定质量要求的拒付工程款；达到质量目标要求的，按合同支付质量补偿金或奖金等。

（3）质量目标状况动态分析

对影响质量目标的监理工作重点和难点进行分析。

（4）质量控制表格

3. 工程质量控制主要任务

（1）施工准备阶段的监理工作

1）在设计交底前，总监理工程师应组织监理人员熟悉设计文件，并对图纸中存在的问题通过建设单位向设计单位提出书面意见和建议。

2）项目监理人员应参加由建设单位组织的设计技术交底会，总监理工程师应对设计技术交底会议纪要进行签认。

3）工程项目开工前，总监理工程师应组织专业监理工程师审查施工单位报送的施工组织设计（方案）报审表，提出审查意见，并经总监理工程师审核、签认后报建设单位。

4）工程项目开工前，总监理工程师应审查施工单位现场项目管理机构的质量管理体系、技术管理体系和质量保证体系，确能保证工程项目施工质量时予以确认。对质量管理体系、技术管理体系和质量保证体系应审核以下内容：

A. 质量管理、技术管理和质量保证的组织机构。

B. 质量管理、技术管理制度。

C. 专职管理人员和特种作业人员的资格证、上岗证。

5）分包工程开工前，专业监理工程师应审查施工单位报送的分包单位资格报审表和分包单位有关资质资料，符合有关规定后，由总监理工程师予以签认。

6）对分包单位资格应审核以下内容：

A. 分包单位的营业执照、企业资质等级证书、安全生产许可证、国外（境外）企业在国内承包工程许可证。

  B. 分包单位的业绩。

  C. 拟分包工程的内容和范围。

  D. 专职管理人员和特种作业人员的资格证、上岗证。

  7）专业监理工程师应按以下要求对施工单位报送的测量放线控制成果及保护措施进行检查，符合要求时，专业监理工程师对施工单位报送的施工测量成果报验申请表予以签认：

  A. 检查施工单位专职测量人员的岗位证书及测量设备检定证书。

  B. 复核控制桩的校核成果、控制桩的保护措施以及平面控制网、高程控制网和临时水准点的测量成果。

  8）专业监理工程师应审查施工单位报送的工程开工报审表及相关资料，具备以下开工条件时，由总监理工程师签发，并报建设单位：

  A. 施工许可证已获政府主管部门批准。

  B. 征地拆迁工作能满足工程进度的需要。

  C. 施工组织设计已获总监理工程师批准。

  D. 施工单位现场管理人员已到位，机具、施工人员已进场，主要工程材料已落实。

  E. 进场道路及水、电、通信等已满足开工要求。

  9）工程项目开工前，监理人员应参加由建设单位主持召开的第一次工地会议。

  （2）施工阶段的监理工作

  1）在施工过程中，当施工单位对已批准的施工组织设计进行调整、补充或变动时，应经专业监理工程师审查，并应由总监理工程师签认。

  2）专业监理工程师应要求施工单位报送重点部位、关键工序的施工工艺和确保工程质量的措施，审核同意后予以签认。

  3）当施工单位采用新材料、新工艺、新技术、新设备时，专业监理工程师应要求施工单位报送相应的施工工艺措施和证明材料，组织专题论证，经审定后予以签认。

  4）项目监理机构应对施工单位在施工过程中报送的施工测量放线成果进行复验和确认。

  5）专业监理工程师应从以下方面对施工单位的实验室进行考核：

  A. 实验室的资质等级及其试验范围。

  B. 法定计量部门对试验设备出具的计量检定证明。

  C. 实验室的管理制度。

  D. 试验人员的资格证书。

  E. 工程的试验项目及其要求。

  6）专业监理工程师应对施工单位报送的拟进场工程材料、构配件和设备的工程材料/构配件/设备报审表及其质量证明资料进行审核，并对进场的实物按照委托监理合同约定或有关工程质量管理文件规定的比例采用平行检验或见证取样方式进行抽检。

  对未经监理人员验收或验收不合格的工程材料、构配件、设备，监理人员应拒绝签认，并应签发监理工程师通知单，书面通知施工单位限期将不合格的工程材料、构配件、设备撤出现场。

7）项目监理机构应定期检查施工单位的直接影响工程质量的计量设备的技术状况。

8）总监理工程师应安排监理人员对施工过程进行巡视和检查。对隐蔽工程的隐蔽过程、下道工序施工完成后难以检查的重点部位，专业监理工程师应安排监理员进行旁站。

9）专业监理工程师应根据施工单位报送的隐蔽工程报验申请表和自检结果进行现场检查，符合要求予以签认。对未经监理人员验收或验收不合格的工序，监理人员应拒绝签认，并要求施工单位严禁进行下一道工序的施工。

10）专业监理工程师应对施工单位报送的分项工程质量验评资料进行审核，符合要求后予以签认；总监理工程师应组织监理人员对施工单位报送的分部工程和单位工程质量验评资料进行审核和现场检查，符合要求后予以签认。

11）对施工过程中出现的质量缺陷，专业监理工程师应及时下达监理工程师通知单，要求施工单位整改，并检查整改结果。

12）监理人员发现施工存在重大质量隐患，可能造成质量事故或已经造成质量事故，应通过总监理工程师及时下达工程暂停令，要求施工单位停工整改。整改完毕并经监理人员复查，符合规定要求后，总监理工程师应及时签署工程复工报审表。总监理工程师下达工程暂停令和签署工程复工报审表，宜事先向建设单位报告。

13）对需要返工处理或加固补强的质量事故，总监理工程师应责令施工单位报送质量事故调查报告和经设计单位等相关单位认可的处理方案，项目监理机构应对质量事故的处理过程和处理结果进行跟踪检查和验收。

总监理工程师应及时向建设单位及监理单位提交有关质量事故的书面报告，并应将完整的质量事故处理记录整理归档。

（3）竣工验收阶段的监理工作

1）总监理工程师应组织专业监理工程师，依据有关法律、法规、工程建设强制性标准、设计文件及施工合同，对施工单位报送的竣工资料进行审查，并对工程质量进行竣工预验收。对存在的问题，应及时要求施工单位整改。整改完毕由总监理工程师签署工程竣工报验单，并应在此基础上提出工程质量评估报告。工程质量评估报告应经总监理工程师和监理单位技术负责人审核签字。

2）项目监理机构应参加由建设单位组织的竣工验收，并提供相关监理资料。对验收中提出的整改问题，项目监理机构应要求施工单位进行整改。工程质量符合要求，由总监理工程师会同参加验收的各方签署竣工验收报告。

（4）保修期阶段的监理工作

1）监理单位应依据委托监理合同约定的工程质量保修期监理工作的时间、范围和内容开展工作。

2）承担质量保修期监理工作时，监理单位应安排监理人员对建设单位提出的工程质量缺陷进行检查和记录，对施工单位进行修复的工程质量进行验收，合格后予以签认。

3）监理人员应对工程质量缺陷原因进行调查分析并确定责任归属，对非施工单位原因造成的工程质量缺陷，监理人员应核实修复工程的费用和签署工程款支付证书，并报建设单位。

5.2.7　工程造价控制

项目监理机构应全面了解工程施工合同文件、工程设计文件、施工进度计划等内容，熟悉合同价款的计价方式、施工投标报价及组成等情况，明确工程造价控制的目标和要求，制定工程造价控制工作流程、方法和措施，以及针对工程特点确定工程造价控制的重点和目标值，将工程实际造价控制在计划造价范围内。

1. 造价控制目标分解

（1）按基本建设投资的费用组成分解。

（2）按年度、季度（月度）分解。

（3）按项目实施的阶段分解：

1）设计准备阶段投资分解。

2）设计阶段投资分解。

3）施工阶段投资分解。

4）动用前准备阶段投资分解。

2. 造价控制的工作流程与措施

（1）工作流程图

（2）造价控制的具体措施：

1）造价控制的组织措施

建立健全项目监理机构，完善职责分工及有关制度，落实造价控制的责任。

2）造价控制的技术措施

在设计阶段，推选限额设计和优化设计。

招标投标阶段，合理确定标底及合同价。

材料设备供应阶段，通过质量价格比选，合理确定生产供应厂家。

施工阶段，通过审核施工组织设计和施工方案，合理开支施工措施费以及按合理工期组织施工，避免不必要的赶工费。

3）造价控制的经济措施

除及时进行计划费用与实际开支费用的比较分析外，监理人员对原设计或施工方案提出合理化建议被采用，由此产生的投资节约，可按工程委托监理合同规定予以一定的奖励。

4）造价控制的合同措施

按合同条款支付工资，防止过早、过量的现金支付；全面履约，减少对方提出索赔的条件和机会；正确地处理索赔等。

（3）造价控制的动态比较

1）造价目标分解值与造价实际值的比较。

2）造价目标值的预测分析。

（4）工程造价目标实现的风险分析

项目监理机构宜根据工程特点、施工合同、工程设计文件及经过批准的施工组织设计，对政策性、市场变化、工程变更及环境等影响造价目标实现的因素进行分析，并提出防范性对策。

（5）造价控制表格

3. 工程造价控制工作

（1）项目监理机构应按下列程序进行工程计量和工程款支付工作：

1) 施工单位统计经专业监理工程师质量验收合格的工程量，按施工合同的约定填报工程量清单和工程款支付申请表。

2) 专业监理工程师进行现场计量，按施工合同的约定审核工程量清单和工程款支付申请表，并报总监理工程师审定。

3) 总监理工程师签署工程款支付证书，并报建设单位。

(2) 项目监理机构应按下列程序进行竣工结算：

1) 施工单位按施工合同规定填报竣工结算报表。

2) 专业监理工程师审核施工单位报送的竣工结算报表。

3) 总监理工程师审定竣工结算报表，与建设单位、施工单位协商一致后，签发竣工结算文件和最终的工程款支付证书报建设单位。

(3) 项目监理机构应依据施工合同有关条款、施工图，对工程项目造价目标进行风险分析，并应制定防范性对策。

(4) 总监理工程师应从造价、项目的功能要求、质量和工期等方面审查工程变更的方案，并宜在工程变更实施前与建设单位、施工单位协商确定工程变更的价款。

(5) 项目监理机构应按施工合同约定的工程量计算规则和支付条款进行工程量计量和工程款支付。

(6) 专业监理工程师应及时建立月完成工程量和工作量统计表，对实际完成量与计划完成量进行比较、分析，制定调整措施，并应在监理月报中向建设单位报告。

(7) 专业监理工程师应及时收集、整理有关的施工和监理资料，为处理费用索赔提供证据。

(8) 项目监理机构应及时按施工合同的有关规定进行竣工结算，并应对竣工结算的价款总额与建设单位和施工单位进行协商。当无法协商一致时，应按有关规定进行处理。

(9) 未经监理人员质量验收合格的工程量，或不符合施工合同规定的工程量，监理人员应拒绝计量和该部分的工程款支付申请。

5.2.8　工程进度控制

项目监理机构应全面了解工程施工合同文件、施工进度计划等内容，明确施工进度控制的目标和要求，制定施工进度控制工作流程、方法和措施，以及针对工程特点确定工程进度控制的重点和目标值，将工程实际进度控制在计划工期范围内。

1. 工程总进度目标分解

(1) 年度、季度进度目标。

(2) 各阶段的进度目标：

1) 设计准备阶段进度分解。

2) 设计阶段进度分解。

3) 施工阶段进度分解。

4) 动用前准备阶段进度分解。

(3) 各子项目的进度目标。

2. 进度控制的工作流程与措施

(1) 工作流程图

(2) 进度控制的具体措施

1）进度控制的组织措施

落实进度控制的责任，建立进度控制协调制度。

2）进度控制的技术措施

建立多级网络计划和施工作业计划体系；增加同时作业的施工工作面；采用高效能的施工机械设备；采用施工新工艺、新技术，缩短工艺过程间和工序间的技术间歇时间。

3）进度控制的经济措施

对工期提前者实行奖励；对应急工程实行较高的计件单价；确保资金的及时供应等。

4）进度控制的合同措施

按合同要求及时协调各方进度，以确保项目进度。

（3）进度控制的动态比较

1）进度目标分解值与项目进度实际值的比较。

2）项目进度目标值预测分析。

（4）进度目标实现的风险分析

对影响进度实现的各种因素进行预先分析和估计，并提出对策。

（5）进度控制表格

3. 工程进度控制工作

（1）项目监理机构应按下列程序进行工程进度控制：

1）总监理工程师审批施工单位报送的施工总进度计划。

2）总监理工程师审批施工单位编制的年、季、月度施工进度计划。

3）专业监理工程师对进度计划实施情况检查、分析。

4）当实际进度符合计划进度时，应要求施工单位编制下一期进度计划；当实际进度滞后于计划进度时，专业监理工程师应书面通知施工单位采取纠偏措施并监督实施。

（2）专业监理工程师应依据施工合同有关条款、施工图及经过批准的施工组织设计制定进度控制方案，对进度目标进行风险分析，制定防范性对策，经总监理工程师审定后报送建设单位。

（3）专业监理工程师应检查进度计划的实施，并记录实际进度及其相关情况，当发现实际进度滞后于计划进度时，应签发监理工程师通知单指令施工单位采取调整措施。当实际进度严重滞后于计划进度时应及时报总监理工程师，由总监理工程师与建设单位商定采取进一步措施。

（4）总监理工程师应在监理月报中向建设单位报告工程进度和所采取进度控制措施的执行情况，并提出合理预防由建设单位原因导致的工程延期及其相关费用索赔的建议。

5.2.9 安全生产管理的监理工作

项目监理机构应根据法律法规、工程建设强制性标准，履行建设工程安全生产管理的监理职责。项目监理机构应根据工程项目的实际情况，加强对施工组织设计中涉及安全技术措施的审核，加强对专项施工方案的审查和监督，加强对现场安全事故隐患的检查，发现问题及时处理，防止和避免安全事故的发生。

1. 安全生产管理的监理工作目标

履行法律法规赋予工程监理单位的法定职责，尽可能防止和避免施工安全事故的发生。

2. 安全生产管理的监理方法和措施

（1）通过审查施工单位现场安全生产规章制度的建立和实施情况，督促施工单位落实安全技术措施和应急救援预案，加强风险防范意识，预防和避免安全事故发生。

（2）通过项目监理机构安全管理责任风险分析，制定监理实施细则，落实监理人员，加强日常巡视和安全检查，发现安全事故隐患时，项目监理机构应当履行监理职责，采取会议、告知、通知、停工、报告等措施向施工单位管理人员指出；预防和避免安全事故发生。

（3）安全生产管理监理工作表格。

3. 安全生产管理的监理工作

（1）编制建设工程监理实施细则，落实相关监理人员。

（2）审查施工单位现场安全生产规章制度的监理和实施情况。

（3）审查施工单位安全生产许可证及施工单位项目经理、专职安全生产管理人员和特种作业人员的资格，核查施工机械和设施的安全许可验收手续。

（4）审查施工单位提交的施工组织设计，重点审查其中的安全技术措施、专项施工方案与工程建设强制性标准的符合性。

（5）审查包括施工起重机械和整体提升脚手架、模板等自升式架设设施在内的施工机械和设施的安全许可验收手续情况。

（6）巡视检查危险性较大的分部分项工程专项施工方案实施情况。

（7）对施工单位拒不整改或不停止施工时，应及时向有关主管部门报告。

4. 专项施工方案的编制、审查和实施的监理要求

（1）专项施工方案的编制要求

施工单位应当在危险性较大的分部分项工程施工前组织工程技术人员编制专项施工方案。实行施工总承包的，专项施工方案应当由施工总承包单位组织编制。危险性较大的分部分项工程实行分包的，专项施工方案可以由相关专业分包单位组织编制。专项施工方案应当由施工单位技术负责人审核签字、加盖单位公章，并由总监理工程师审查签字、加盖执业印章后方可实施。危险性较大的分部分项工程实行分包并由分包单位编制专项施工方案的，专项施工方案应当由总承包单位技术负责人及分包单位技术负责人共同审核签字并加盖单位公章。

对于超过一定规模的危险性较大的分部分项工程，施工单位应当组织召开专家论证会对专项施工方案进行论证。实行施工总承包的，由施工总承包单位组织召开专家论证会。

（2）专项施工方案监理审查要求

1）对编制的程序进行符合性审查。

2）安全技术措施符合工程建设强制性标准审查。

（3）专项施工方案实施要求

1）施工单位应当严格按照专项施工方案组织施工，不得擅自修改专项施工方案。因规划调整、设计变更等原因确需调整的，修改后的专项施工方案应当按照本规定重新审核和论证。涉及资金或者工期调整的，建设单位应当按照约定予以调整。

2）监理单位应当结合危险性较大的分部分项工程专项施工方案编制监理实施细则，并对危险性较大的分部分项工程施工实施专项巡视检查。监理单位发现施工单位未按照专项施工方案施工的，应当要求其进行整改；情节严重的，应当要求其暂停施工，并及时报告建设单位。施工单位拒不整改或者不停止施工的，监理单位应当及时报告建设单位和工程所在地住房和城乡建设主管部门。

3）对于按照规定需要验收的危险性较大的分部分项工程，施工单位、监理单位应当组织相关人员进行验收。验收合格的，经施工单位项目技术负责人及总监理工程师签字确认后，方可进入下一道工序。危险性较大的分部分项工程验收合格后，施工单位应当在施工现场明显位置设置验收标识牌，公示验收时间及责任人员。

4）监理单位应当建立危险性较大的分部分项工程安全管理档案，将监理实施细则、专项施工方案审查、专项巡视检查、验收及整改等相关资料纳入档案管理。

5.2.10 合同与信息管理

1. 合同管理

合同管理主要是对建设单位与施工单位、材料设备供应单位等签订的合同进行管理，从合同执行等各个环节进行管理，督促合同双方履行合同，并维护合同订立双方的正当权益。

（1）合同结构

可以以合同结构图的形式表示，并列出合同目录一览表（表5-2）。

项目合同目录一览表　　　　　表5-2

序号	合同编号	合同名称	施工单位	合同价	合同工期	质量要求

（2）合同管理工作流程与措施

1）工作流程图。

2）合同管理的具体措施。

（3）合同管理的主要工作内容

1）处理工程暂停及复工、工程变更、索赔及施工合同争议、解除等事宜。

2）处理合同终止的有关事宜。

（4）合同执行状况的动态分析

（5）合同争议调解与索赔程序

（6）合同管理表格

2. 信息管理

信息管理是建设工程监理的基础性工作，通过对建设工程形成的信息进行收集、整理、处理、存储、传递与运用，保证能够及时、准确地获取所需要的信息。具体工作包括监理文件资料的管理内容、监理文件资料的管理原则和要求、监理文件资料的管理制度和程序、监理文件资料的主要内容、监理文件资料的归档和移交等。

（1）信息分类表（表5-3）

信息分类表　　　　　表5-3

序号	信息类别	信息名称	信息管理要求	责任人

（2）信息管理的工作流程与措施

1）工作流程图。

2）信息管理的具体措施。

（3）信息管理表格

5.2.11　组织协调

组织协调工作是指监理人员通过对项目监理机构内部人与人之间、机构与机构之间，以及监理组织与外部环境组织之间的工作进行协调与沟通，从而使工程参建各方相互理解、行动一致。具体包括编制工程项目组织管理框架、明确组织协调的范围和层次、制定项目监理机构内、外协调的范围、对象和内容，制定监理组织协调的原则、方法和措施，明确处理危机关系的基本要求等。

1. 组织协调的范围和层次

（1）组织协调的范围

组织协调的范围包括建设单位、工程建设参与各方之间的关系。

（2）组织协调的层次

1）协调工程参与各方的关系。

2）工程技术协调。

2. 组织协调的方法和措施

（1）组织协调方法

1）会议协调：监理例会、专题会议等方式。

2）交谈协调：面谈、电话、网络等方式。

3）书面协调：通知单、联系单、月报等方式。

（2）不同阶段组织协调措施

1）开工前的协调：如第一次工地会议等。

2）施工过程中的协调。

3）竣工验收阶段的协调。

3. 协调工作程序

1）造价控制协调程序。

2）进度控制协调程序。

3）质量控制协调程序。

4）其他方面协调程序。

4. 组织协调的主要工作

（1）项目监理机构的内部协调

1）总监理工程师牵头，做好项目监理机构内部人员之间的工作关系协调。

2）明确监理人员分工及各自的岗位职责。

3）监理信息沟通制度。

4）及时交流信息、处理矛盾，建立良好的人际关系。

（2）与工程建设有关单位的外部协调

1）建设工程系统内的单位：进行建设工程系统内的单位协调重点分析，主要包括建设单位、设计单位、施工单位、材料和设备供应单位、资金提供单位等。

2）建设工程系统外的单位：进行建设工程系统外的单位协调重点分析，主要包括政府管理机构、政府有关部门、工程毗邻单位、社会团体等。

5. 协调工作表格

主要对协调工作作出计划和分工安排。

5.2.12 监理工作设施

根据监理工作需要拟定项目监理的主要检测设备，制定检测计划、方法和手段。

（1）建设单位应提供委托监理合同约定的满足监理工作需要的办公、交通、生活设施。项目监理机构应妥善保管和使用建设单位提供的设施，并应在完成监理工作后移交建设单位。

（2）项目监理机构应根据工程项目类别、规模、技术复杂程度、工程项目所在地的环境条件，按委托监理合同的约定，配备满足监理工作需要的常规检测设备和工具。

（3）在大中型项目的监理工作中，项目监理机构应实施监理工作的计算机辅助管理。

在监理工作实施过程中，如实际情况或条件发生变化而需要调整监理规划时，应由总监理工程师组织专业监理工程师修改，并应经工程建设监理单位技术负责人批准后报建设单位。

5.3 监理规划的编制与实施

5.3.1 监理规划的编制

监理规划应在签订监理合同及收到设计文件后开始编制，完成后必须经监理单位技术负责人审核批准，并应在召开第一次工地会议前报送建设单位。监理规划应由总监理工程师主持、专业监理工程师参加编制。

1. 监理规划编制依据

（1）工程项目外部环境调查研究资料

1）自然条件

包括：工程地质、工程水文、历年气象、区域地形、自然灾害等。

2）社会和经济条件

包括：政治局势、社会治安、建筑市场状况、材料和设备厂家、勘察和设计单位、施工单位、工程咨询和监理单位、交通设施、通信设施、公用设施、能源和后勤供应、金融市场情况等。

（2）工程建设方面的法律、法规

1）中央、地方和部门政策、法律、法规。

2）工程所在地的法律、法规、规定及有关政策等。

3）工程建设的各种标准、规范和规程。

（3）政府批准的工程建设文件

1）可行性研究报告、立项批文。

2）规划部门确定的规划条件、土地使用条件、环境保护要求、市政管理规定等。

（4）建设工程监理合同

1）监理单位和监理工程师的权利和义务。

2）监理工作范围和内容。

3）有关监理规划方面的要求。

（5）其他工程建设合同

1）项目建设单位的权利和义务。

2）工程施工单位的权利和义务。

（6）项目建设单位的正当要求

根据监理单位应竭诚为客户服务的宗旨，在不超出合同职责范围的前提下，监理单位应最大限度地满足建设单位的正当要求。

（7）工程实施过程中输出的有关工程信息

1）方案设计、初步设计、施工图设计。

2）工程实施状况。

3）工程招标投标情况。

4）重大工程变更。

5）外部环境变化等。

（8）项目监理大纲

1）项目监理机构组织形式。

2）拟投入主要监理成员。

3）造价、进度、质量控制方案。

4）安全生产管理的监理方案。

5）信息管理、合同管理方案。

6）定期提交给建设单位的监理工作阶段性成果。

2. 监理规划的编制要求

（1）监理规划的基本构成内容应当规范化、具体化

监理规划作为监理工作的指导性文件，应当全面反映监理单位监理工作的思想、组织、方法和手段，并根据工程项目的特点具体化，因此，在编写的总体内容上要统一，在具体内容上要有针对性。

监理规划的内容是根据建设单位委托监理的服务范围来编写的，所以不同项目上的监理规划内容有所不同。但是，无论全过程监理还是阶段性监理，也无论是系统的目标控制还是单一的目标控制，监理工程师应当将目标控制作为一个核心来抓。所以，监理规划的内容首先应当把如何做好目标控制作为基本内容。同时，监理在进行目标控制的过程中离不开组织，组织是实现目标控制的基础，它是做好监理工作的前提，任何时候都不要忘记：目标决定组织，组织是为实现目标服务的。另外，合同管理与信息管理也是两项不可忽视的部分，它们对于目标控制并且使工程项目能够在预定的目标要求范围内实现都是十分重要的。所以说，项目组织、目标控制、安全生产管理的监理工作、合同管理和信息管理是构成监理规划的基本内容。这样，就可以将监理规划的内容统一起来，从而实现监理规划在内容上的规范化。

（2）监理规划的内容应具有针对性、指导性和可操作性

监理规划作为项目监理机构全面开展建设工程监理工作的指导性文件，其内容应具有很强的针对性、指导性和可操作性。监理规划基本构成内容的统一和规范化并不排除它的

针对性，每个项目的监理规划既要考虑项目自身特点，也要根据项目监理机构的实际状况，在监理规划中应明确规定项目监理机构在工程实施过程中各个阶段的工作内容、工作的具体方式方法等。只有这样，监理规划才能起到有效的指导作用，真正成为项目监理机构进行各项工作的依据。

对于建设工程，由于每个工程项目都不相同，具有单件性和一次性的特点，因此，需要在监理规划的大框架上用充实的、具有针对性的、反映出工程特点的内容来写。不仅如此，每一个监理单位和每一位监理工程师对监理的思想、方法和手段都有自己的独到见解，他们的工作经历不同，水平不一，因此在编写监理规划具体内容时应当提倡各尽所能，只要能够有效地实施监理，圆满完成监理任务，就是一个合格的切实可行的监理规划。

（3）监理规划的表达方式应当格式化、标准化

现代的科学管理应当讲究效率、效能和效益。在监理规划的内容表达上也应当考虑采用哪一种方式、方法，能够使监理规划表现得更明确、更简洁、更直观，使它便于工作。图、表和简单的文字说明应当是常被采用的基本表达方法。

（4）监理规划编写的主持人和决策者应是项目总监理工程师

监理规划应当在总监理工程师主持下编写制定，同时要广泛征求各专业监理工程师的意见并吸收他们中的一部分共同参与编写。编写之前要搜集有关工程项目的状况资料和环境资料作为规划决策的基础。监理规划在编写过程中应当听取建设单位的意见，最大程度地满足他们的合理要求，为进一步做好工程服务奠定基础。要听取被监理方的意见，不仅包括本工程项目的施工单位，还应当广泛地向有经验的施工单位征求意见。

总之，监理规划是指导整个项目监理工作的文件，它牵涉监理工作的各个方面，凡是有关的部门和人员都应该关心它，使监理规划在总监理工程师的主持下，由监理规划编写组具体完成。

（5）监理规划的编写应当强调其动态性

监理规划是针对一个具体工程项目编写的，项目的动态性决定了监理规划的形成过程也具有较强的动态性。监理规划是进行微观的工程项目管理中的规划，所以它必须考虑工程项目的发展，留有余地，才能做到对工程有效的监理。

监理规划编写的动态性主要是指随着工程项目的进展不断地对监理规划加以完善、补充和修改，最后形成一个完整的规划。同时，动态性还指它的可调性，工程项目在实施过程中，内外因素的变化使监理规划的工作内容有所改变，需要对监理规划的偏离进行反复的调整，这就必然造成监理规划本身在内容上要相应地调整，使工程项目能够得到有效控制。

监理规划编写的动态性还在于它所需要的编写信息是逐步提供的。当项目信息很少时，不可能对项目进行详尽的规划，随着设计的不断进展、工程招标方案的出台和实施，工程信息越来越多，监理规划也就越加趋于完整。随着项目的展开和环境的变化，监理规划的一些内容，如各项目标、职责分工、监理范围等也可做局部的调整和修改。

监理规划编写的动态性还指其可按项目实施的各个阶段来划分。例如，可划分为设计阶段、施工招标阶段和施工阶段等。设计的前期阶段，即设计准备阶段，应完成规划的总框架，并将设计阶段的监理工作进行"近细远粗"地规划，使规划内容与已经把握住的工

程信息紧密结合，既能有效地指导下阶段的监理工作，又为未来的工程实施进行筹划；设计阶段结束，大量的工程信息能够提供出来，所以施工招标阶段监理规划的大部分内容都能够落实；随着施工招标的进展，各施工单位逐步确定下来，工程承包合同逐步签订，施工阶段监理规划所需信息基本齐备，足以编写出完整的施工阶段监理规划。在施工阶段，监理规划工作主要是根据工程进展情况进行调整、修改，使它能够动态地控制整个工程项目正常进行。

无论监理规划的编写如何进行，它必须起到指导监理工作的作用，同时还要留出审查、修改的时间。所以，监理规划的编写要事先规定时间进行认真筹划。

（6）监理规划要用系统设计的方法编制

工程建设监理是一项复杂的系统工程。监理规划正是对这项工程所进行的设计，需要采取先进的科学方法。

监理规划所要建立的系统是目标、原则和众多实施细则组成的有机整体，其内在因素相互影响并受到外部众多条件的约束。因此，需要按照系统设计的步骤来进行：

1）分析本项目监理的任务和目标。

2）确定监理规划编写准则。

3）提出若干备选方案。

4）对各备选方案进行物质、经济和财务方面的可行性分析。

5）评价各方案并确定最优方案。

6）形成并确定方案的具体内容。

按以上步骤开展的是一个反复的过程，循环渐进的过程。所以，监理规划的制定要充分准备，要有较大的投入，包括人、物质和资金的投入，才能做到保证监理规划的针对性和指导性。

5.3.2　监理规划的实施

1. 监理规划的严肃性

（1）监理规划一经确定，进行审核并批准后，应当提交给建设单位确认和监督实施。所有监理工作和监理人员必须按此严格执行。

（2）监理单位应根据编制的监理规划建立合理的组织结构、有效的指挥系统和信息管理制度，明确和完善有关人员的职责分工，落实监理工作的责任，以保证监理规划的实现。

2. 监理规划的交底

项目总监理工程师应对编制的监理规划逐级及分专业进行交底。应使监理人员明确：

（1）监理工作的要求和目标

建设单位对监理工作的要求是什么？监理工作要达到的目标是什么？这些要通过项目的造价控制、质量控制、进度控制目标体现出来。

（2）监理工作的范围和内容

为了达到监理工作的目标，监理工作的范围和工作内容是什么？

（3）监理工作的措施

在监理工作中具体采用的监理措施，如组织方面的措施、技术方面的措施、经济方面的措施、合同方面的措施等。

在监理规划的基础上，要求各专业监理工程师对监理工作的内容、方法和措施进行具体化和补充，即根据监理项目的具体情况负责编写监理实施细则。

3. 对监理规划执行情况进行检查、分析和总结

监理规划在实施过程中要定期进行执行情况的检查，检查的主要内容有：

（1）监理工作进行情况。如建设单位为监理工作创造的条件是否具备，监理工作是否按监理规划展开，监理工作制度是否认真执行，监理工作还存在哪些问题或制约因素等。

（2）监理工作的效果。在监理工作中，监理工作的效果只能分阶段表现出来，如工程进度是否符合计划要求，工程质量及工程投资是否处于受控状态等。

根据检查中发现的问题和对其原因的分析，以及监理实施过程中各方面发生的新情况和新变化，需要对原制定的规划进行调整或修改。监理规划的调整或修改，主要是监理工作的内容和深度，以及相应的监理工作措施。凡监理目标的调整或修改，除中间过程的目标外，若影响最终的监理目标，应与建设单位协商并取得认可。监理规划的调整或修改与编制时的职责分工相同，也应按照拟订方案、审核、批准的程序进行。

实行建设监理制，实现了项目活动的专业化、社会化管理，使得监理单位可以按照项目的特点对每个不同的监理项目实行不同的管理，对每个项目单独编制和实施监理规划就是这种管理内容的一部分。监理单位为了提高监理水平，应对每个监理的项目进行认真的分析和总结，以此积累经验，并把这些经验转变为监理单位的监理规则，用以长久地指导监理工作，这样才能从根本上杜绝"只有一次教训，没有二次经验"的现象，使我国的建设监理事业逐步适应工程建设发展的需要。

【案例】

某工程，建设单位与施工单位签订了施工合同，并委托一监理单位实施施工阶段建设监理。根据监理工作需要，监理单位在项目监理机构设置了相关职能管理部门，并按专业设置若干专业监理小组。

事件1：总监理工程师安排了总监理工程师代表编制监理规划，总监理工程师对监理规划审核批准后报送建设单位。

事件2：监理规划确定的内容包括：工程概况，监理工作的范围、内容、目标，监理工作依据，监理组织形式、人员配备及进退场计划、监理人员岗位职责，工程质量控制，工程造价控制，工程进度控制，合同与信息管理，监理工作设施。

事件3：工程施工过程中，因建设单位原因发生工程变更导致监理工作内容发生重大变化，项目监理机构组织修改了监理规划。

[问题]

1. 指出事件1监理规划编制与管理的不妥之处。

2. 指出事件2中监理规划还应包括哪些内容。

3. 指出事件3中的监理规划修改及报送程序。

[参考答案]

1. 安排总监理工程师代表主持编制监理规划不妥，监理规划应由总监理工程师主持编制；监理规划经总监理工程师批准后直接报送不妥，监理规划应经监理单位技术负责人审核批准后报送。

2. 该项目监理规划还应包括的内容：

(1) 监理工作制度。

(2) 安全生产管理的监理工作。

(3) 组织协调等。

3. 监理规划修改及报送程序为：由总监理工程师组织专业工程师修改，经工程监理单位技术负责人审批后报建设单位。

5.4 监理实施细则

5.4.1 监理实施细则编写依据和要求

监理实施细则是在监理规划的基础上，落实了各专业监理责任和工作内容后，由专业监理工程师针对工程具体情况制定出更具有实施性和操作性的业务文件，其作用是具体指导监理业务的实施。

1. 编写依据

监理实施细则的编写依据主要有：

1) 已批准的建设工程监理规划。

2) 与专业工程相关的标准、设计文件和技术资料。

3) 施工组织设计、专项施工方案等。

除上述内容外，监理实施细则在编制工程中，还可以融入工程监理单位的规章制度和经认证发布的质量体系，以达到监理内容的全面、完整，有效提高工程监理自身的工作质量。

2. 编写要求

根据规定，对专业性较强、危险性较大的分部分项工程，项目监理机构应编制监理实施细则。对于工程规模较小、技术较为简单且有成熟监理经验和施工技术措施落实的情况下，可以不必编制监理实施细则。

监理实施细则应符合监理规划的要求，并应结合工程专业特点，做到详细具体、具有针对性和可操作性。监理实施细则可随工程进展编制，但应在相应工程开工前由专业监理工程师编制完成，并应报总监理工程师审批后实施。在实施建设工程监理过程中，当工程发生变化导致监理实施细则所确定的工程流程、方法和措施需要调整时，监理实施细则可根据实际情况进行补充、修改，并应经总监理工程师批准后实施。

监理实施细则编写的主要要求：

1) 内容全面。监理实施细则作为指导监理工作的操作性文件，应包括监理工作内容。在编制监理实施细则前，专业监理工程师应依据建设工程监理合同和监理规划确定的监理范围和内容，结合需要编制监理实施细则的专业工程特点，对工程质量、造价、进度等主要影响因素以及安全生产管理的监理工作的要求，制定内容细致、详实的监理实施细则，确保监理目标的实现。

2) 针对性强。单件性是工程项目的本质特征之一。因此，监理实施细则应在相关依据的基础上，结合工程项目实际建设条件、环境、技术、设计、功能等进行编制，确保监理实施细则的针对性。因此，在编制监理实施细则前，各专业监理工程师应组织本专业监理人员熟悉本专业的设计文件和施工方案，结合工程特点，分析本专业监理工作的重点、难点及其主要影响因素，制定有针对性的组织、技术、经济和合同措施。

3）可操作性强。监理实施细则应有可行的操作方法、措施，详细、明确的控制目标值和全面的监理工作计划，明确的工程流程和工作要点。

5.4.2 监理实施细则主要内容

监理实施细则包括的内容有专业工程特点、监理工作流程、监理工作要点、监理工作方法及措施。

1. 专业工程特点

专业工程特点是指需要编制监理实施细则的工程专业特点，而不是简单的工程概述。专业工程特点应对专业工程施工的重点和难点、施工方位和施工顺序、施工工艺等内容进行有针对性的阐述，体现为工程的特殊性、技术的复杂性、与其他专业的交叉以及各种环境约束条件。

除了专业工程外，新材料、新工艺、新技术以及对工程质量、造价、进度、安全生产应加以重点控制等特殊要求也需要在监理实施细则中体现。

2. 监理工作流程

监理工作流程是结合工程相应专业制定的具有可操作性和可实施性的流程图，不仅涉及最终产品的检查验收，更多地涉及施工中各个环节及中间产品的监督、检查与验收。

监理工作涉及的流程包括：开工审核工作流程、施工质量控制流程、进度控制流程、工程计量控制流程、安全生产监理流程、建筑材料审核流程、技术审核流程、工程质量问题审核流程、旁站检查工作流程、隐蔽工程验收流程、工程变更处理流程、绿色施工监理流程等。

3. 监理工作要点

监理工作控制要点及目标值是对监理工作内容的增加和补充，应将流程图设置的相关监理控制点和判断点进行详细而全面的描述，将监理工作目标和检查点的控制指标、数据等阐明清楚。

4. 监理工作方法及措施

监理规划中的方法是针对工程总体概括要求的方法和措施，监理实施细则中的监理方法和措施则是针对专业工程而言，应更具体、更具有可操作性。

1）监理工作方法

监理人员通过旁站、巡视、见证取样、平行检验等监理方法，对专业工程作全面监控，对每一个专业工程的监理实施细则，其工作方法必须加以详尽阐明。

除上述常规方法外，监理工程师还可采用指令性文件、监理通知、支付控制手段等方法实施监理。

2）监理工作措施

各专业工程的控制目标要有相应的监理措施以保证控制目标的实现。监理工程措施根据实施内容不同，可分为组织措施、技术措施、经济措施和合同措施；根据实施时间不同，可分为事前控制措施、事中控制措施和事后控制措施。

监理工作措施的拟定应结合监理工作需要，根据专业工程特点进行。

总的来说，监理实施细则的水平主要体现在监理工作流程的合理性，监理工作方法的科学、有效性，监理工作措施的针对性、可操作性，是否能确保监理目标的实现等。

【案例】

某实施监理的工程，在监理合同委托过程中发生以下事件：

事件 1. 建设单位提出要求：总监理工程师每周主持一次所有专业性监理会议，负责编制各专业监理实施细则；

事件 2. 总监理工程师委托总监理工程师代表负责审批项目监理实施细则，调解合同争议。

[问题]

指出上述事件中不妥之处，并说明正确做法。

[参考答案]

1. 总监理工程师主持所有专业性监理会议不妥。正确做法：根据需要，分别由总监理工程师或专业监理工程师主持召开专业性监理会议；

总监理工程师负责编制各专业监理实施细则不妥。正确做法：由专业监理工程师负责编制相应专业监理实施细则，总监理工程师审批。

2. 根据建设工程监理规范规定，总监理工程师不得将审批项目监理实施细则、调解合同争议工作委托给总监理工程师代表，应由总监理工程师负责进行。

5.5　监理规划实例

某大厦工程建设监理规划由项目监理机构根据建设工程监理合同、监理大纲、有关的设计文件和国家有关规定而编制，使有关方面对监理的方法、组织、工作内容、工作流程、目标控制的原则和内容等有较详细的了解。随着工程的进展和深入，项目监理机构将在监理规划的基础上，逐步编写相关专业工程的监理实施细则，使有关方面对监理在各分项工程、分部工程和单位工程中的具体要求和工作方法有更明确的了解。

5.5.1　工程概况

参照监理大纲和建设工程监理合同编写（略）。

5.5.2　监理工作的范围、内容、目标

1. 监理工作范围

自工程开工之日起至工程竣工验收后(包括保修期)结束为止的施工全过程监理(图 5-1)。

2. 监理工作内容

对整个项目土建、水电安装施工阶段和整个工程保修阶段的质量、进度、造价进行控制，以及安全生产管理、合同管理、信息管理和现场的组织协调等。

（1）施工准备阶段监理工作的主要内容

1）审查施工单位选择的分包单位的资质。

2）监督检查施工单位质量保证体系及安全技术措施，完善质量管理程序与制度。

3）检查设计文件是否符合设计规范及标准，检查施工图纸是否能满足施工需要。

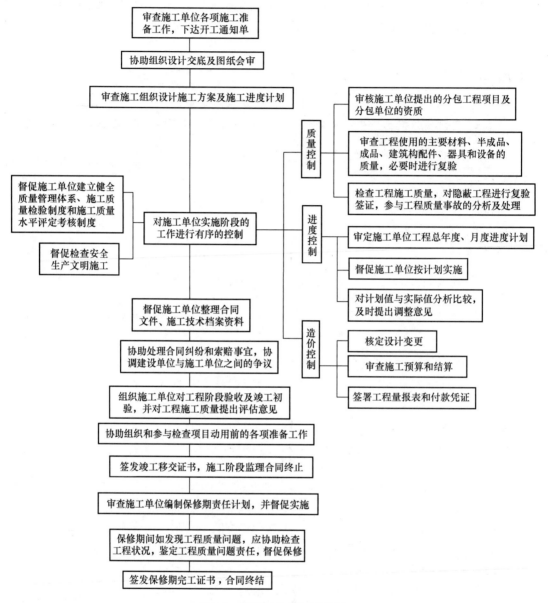

图 5-1 监理工作范围示意图

4）协助建设单位组织图纸会审、设计交底工作。

5）审查施工单位上报的施工组织设计，重点对施工方案、劳动力、材料、机械设备的组织及保证工程质量、安全、工期和控制造价等方面的措施进行监督，并向业主提出监理意见。

6）在单位工程开工前检查施工单位的测量放线控制成果及保护措施是否符合要求。

7）监督落实各项施工条件，审批单位工程的开工报告，并报业主备查。

8）协助建设单位召开第一次工地会议，落实有关监理制度和要求。

9）审核建设单位工程前期手续的办理、落实情况。

（2）施工阶段监理工作的主要内容

1）施工阶段的质量控制。

2）施工阶段的进度控制。

3）施工阶段的造价控制。

4）施工阶段安全生产管理的监理工作。

5）合同与信息管理。

6）组织协调工作。

（3）竣工验收阶段监理工作的主要内容

1）督促、检查施工单位及时完善竣工文件和验收资料，受理单位工程竣工报验单，提出监理意见。

2）组织工程预验收，提出工程质量评估报告。

3）参加建设单位组织的竣工验收。

4）监理资料及时整理归档，提交监理工作总结，填写监理业务手册。

（4）保修期间监理工作的主要内容

1）项目完成后及时按照《建设工程文件归档规范》GB/T 50328—2014 的要求，向建设单位移交一整套由建设单位保存的监理资料，及一整套由建设单位移交城建档案馆保存的有关监理资料，并协助建设单位整理其他需移交城建档案馆的有关建设工程文件档案资料，直至竣工验收备案结束。

2）密切配合建设单位做好工程的竣工结算工作。

3）在保修期的使用过程中，如出现质量问题，则分清责任，落实整改，并对整改过程进行跟踪监督，直至符合要求。

3. 监理工作目标

（1）质量控制目标：按合同要求，控制在规范要求内。

（2）进度控制目标：控制在合同工期内。

（3）造价控制目标：控制在施工合同价内。

（4）安全文明生产控制目标：对工程施工安全实行监督和控制，杜绝安全事故。按合同要求施工单位争创安全文明工地。

（5）合同管理控制目标：加强合同管理，督促建设各方按合同要求主动履行合同，以保证项目顺利进行。

（6）信息管理控制目标：保证信息畅通，实现工程项目文件档案及时、有效、规范、完整。

（7）组织协调控制目标：协调建设各方的关系，实现工程项目预定的质量、安全、进度、造价等控制目标。

5.5.3　监理工作依据

（1）工程施工合同。

（2）工程监理合同。

（3）国家和当地有关工程建设方面的法律、法规、政策和规定。

（4）设计图纸和其他有关文件（包括经批准的施工组织设计、施工方案以及技术核定单）。

（5）现行的工程建设规范和质量验收标准。

（6）为工程制订的有关技术文件及规定。

5.5.4 监理组织形式、人员配备及进退场计划、监理人员岗位职责

1. 监理组织机构（图 5-2）

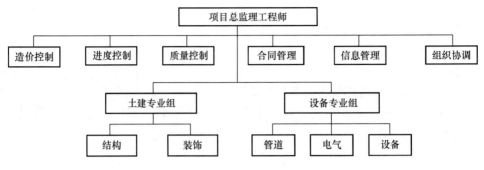

图 5-2 项目监理组织机构示意图

2. 监理人员配备及进退场计划

项目监理机构的人员配备计划根据情况作好安排和分工，一般通过表格形式列出，见表 5-4。

监理人员岗位分工   表 5-4

姓名	年龄	专业	职称	岗位	进退场计划	备注

3. 监理人员岗位职责

项目监理机构的人员岗位职责参照监理规范和工程监理合同编写（略）。

5.5.5 监理工作制度

1. 图纸会审与设计交底制度

（1）监理工程师在收到施工设计文件、图纸后，在设计交底前，应积极参加建设单位组织的图纸会审，并整理成会审问题清单，在设计交底前交设计单位。

（2）监理工程师在施工开始前要督促、协助建设单位组织设计单位向施工单位及相关参建单位进行设计交底（设计意图、特殊要求、重点难点等）并通过设计、监理、施工三方或参建各方研究协商，确定存在的图纸和各种技术问题的解决方案，并应形成会议纪要，与会各方会签。

2. 施工组织设计审核及工程开工申请审批制度

（1）工程项目开工前，总监理工程师应组织专业监理工程师审查承包单位报送的施工组织设计（方案），提出审查意见，并经总监理工程师审核、签认后报建设单位。

（2）工程项目开工前，总监理工程师应审查承包单位现场项目管理机构的质量管理体系、技术管理体系和质量保证体系，确能保证工程项目施工质量时予以确认。

（3）开工前施工单位必须提交《工程开工报审表》，总监理工程师对于与拟开工工程有关的现场各项施工准备工作进行检查并认为合格后，发布书面的开工指令。

3. 工程材料、半成品质量检验制度

（1）凡运送到施工现场的原材料、半成品或构配件，进场前应向项目监理机构提交《工程材料、构配件、设备报审表》，专业监理工程师应对承包单位报送的拟进场的工程材

料、构配件、设备报审表及其质量证明资料进行审核，并对进场的实物按照有关工程质量管理文件规定的比例采用平行检验或见证取样方式进行抽样。

（2）对未经监理人员验收或验收不合格的工程材料、构配件、设备，监理人员应拒绝签认，并应签发监理工程师通知单，书面通知承包单位限期将不合格的工程材料、构配件、设备撤出现场。

4. 施工测量放线报验制度

（1）专业监理工程师应对承包单位报送的定位测量放线控制成果及保护措施进行检查，符合要求时予以签认。

（2）每层的轴线放样及标高引测后，承包单位均应向项目监理机构进行报验，专业监理工程师组织有关人员及时进行复核，符合要求时予以签认。

5. 混凝土浇筑申请制度

每批混凝土浇筑前，承包单位需填写《混凝土浇筑报审表》报项目监理机构，专业监理工程师（土建、安装）组织有关人员对质量保证资料进行复核，对现场进行综合检查，符合要求经总监理工程师签认后方可同意承包单位进行混凝土浇筑。

6. 隐蔽工程、分项（部）工程质量验收制度

（1）隐蔽工程施工完毕，承包单位自检合格后，填写《工序质量报审、报验表》，附上相应的质量证明资料，报送项目监理机构。专业监理工程师应及时对质量证明资料进行审查，并进行现场检查，符合要求予以签认，准予承包单位隐蔽、覆盖，进入下道工序施工。

（2）每一分部、分项工程及其检验批完成后，承包单位应在自检合格的基础上报项目监理机构验收。专业监理工程师应对承包单位报送的分项工程及其检验批质量验评资料进行审核和现场检查，符合要求后予以签认。总监理工程师应组织监理人员对承包单位报送的分部工程和单位工程质量验评资料进行审核和现场检查，符合要求后予以签认。

（3）对未经监理人员验收或验收不合格的工序，监理人员应拒绝签认，并发出监理工程师通知单，要求承包单位进行整改，严禁进行下一道工序的施工。

7. 监理现场巡视和旁站制度

（1）总监理工程师应安排监理人员对施工过程进行巡视和检查，定期检查承包单位的直接影响工程质量的计量设备的技术状况。

（2）按照规定的房屋建筑工程的关键部位、关键工序，应当制定旁站监理实施细则，结合工程的具体情况，明确旁站监理的范围、内容、程序和旁站监理人员职责等，并在施工过程中安排监理人员进行旁站。

（3）监理人员在巡视和旁站过程中，对发现的有关质量缺陷或安全隐患，应及时下达监理工程师通知，要求承包单位整改，并检查整改结果，如发现施工存在重大质量或安全隐患，可能造成或已经造成质量或安全事故时，应通过总监理工程师及时下达工程暂停令，要求承包单位停工整改。整改完毕并经监理人员复查，符合规定要求后，总监理工程师应及时签署《工程复工报审表》。总监理工程师下达工程暂停令和签署《工程复工报审表》，宜事先向建设单位报告。

8. 设计变更处理制度

（1）设计变更可能由设计单位自行提出，也可能由建设单位提出，还可能由施工单位提出，不论谁提出都必须征得建设单位同意并且办理书面变更手续，凡涉及施工图审查内容的设计变更还必须报请原审查机构审查后再批准实施。

（2）建设单位或施工单位提出的工程变更，应提交总监理工程师，由总监理工程师组织专业监理工程师审查，审查同意后，应由建设单位转交原设计单位编制设计变更文件，设计变更完成后，由建设单位予以签认，总监理工程师审核无误后签发工程变更单。

9. 工程质量事故处理制度

（1）对需要返工处理或加固补强的质量事故，总监理工程师应责令施工单位报送质量事故调查报告和经设计单位等相关单位认可的处理方案，项目监理机构应对质量事故的处理过程和处理结果进行跟踪检查验收。

（2）总监理工程师应及时向建设单位及监理单位提交有关质量事故的书面报告，并应将完整的质量事故处理记录整理归档。

10. 工程竣工验收制度

（1）工程项目完成后，施工单位应先进行竣工自检，自检合格后，向项目监理机构提交《单位工程竣工验收报审表》，总监理工程师应组织专业监理工程师，依据有关法律、法规、工程建设强制性标准、设计文件及施工合同，对施工单位报送的竣工资料进行审查，并对工程质量进行竣工预验收，对存在的问题，应及时要求施工单位整改。整改完毕由总监理工程师签署工程竣工报验单，应在此基础上提出工程质量评估报告。工程质量评估报告应经总监理工程师和监理单位技术负责人审核签字。

（2）项目监理机构应参加由建设单位组织的竣工验收，对验收中提出的整改问题，项目监理机构应要求施工单位进行整改。工程质量符合要求，由总监理工程师会同参加验收的各方签署竣工验收报告。

11. 施工进度监督及报告制度

（1）专业监理工程师应检查进度计划的实施，并记录实际进度及相关情况，当发现实际进度滞后于计划进度时，应签发监理工程师通知单，指令施工单位采取调整措施。当实际进度严重滞后于计划进度时，由总监理工程师与建设单位商定采取进一步措施。

（2）总监理工程师应在月报中向建设单位报告工程进度和所采取进度控制措施的执行情况，并提出合理预防由建设单位原因导致的工程延期及相关费用索赔的建议。

12. 造价监督制度

（1）认真审核施工单位《工程计量报审表》和《工程款支付报审表》，及时签发工程款支付证书。

（2）对重大的设计变更或因采用新材料、新技术而增减较大投资的工程，监理机构应及时掌握并报建设单位，以便控制投资。

（3）认真审核施工单位《费用索赔报审表》，公正监理，既保证建设单位控制投资，亦维护施工单位的合理权益。

13. 安全技术措施及专项施工方案审查制度

（1）监理工程师在审查施工单位报审的施工组织设计（方案）中应对施工安全技术措施进行审查。

（2）安全技术措施必须针对工程危险源进行编制，且对各种危险源要制定出具体的防护措施和作业安全注意事项。

（3）安全技术措施要针对工程特点、施工工艺、作业条件以及施工人员素质等情况编制。

（4）安全技术措施应当覆盖施工全过程，对专业性较强的分部分项工程应单独编制安全技术措施。

（5）监理工程师应当审查施工技术措施是否符合工程建设强制性标准的规定，对不符合要求的应当要求施工单位修改后重新申报，直到符合要求为止。

（6）安全技术措施应按措施涉及内容由企业（单位）的技术负责人组织技术、安全、计划、设备、材料等相关职能部门进行审核，由技术负责人进行审批，职能部门盖章后报监理审查。

（7）监理工程师收到施工单位报审的专项施工方案后，应当在规定的时间内提出审查意见。

（8）经批准的安全技术措施，施工企业（单位）不得随意变更修改。确因客观原因需修改时，应按原审核、审查的分工与程序办理。

（9）监理工程师在审查施工单位报审的施工组织设计（方案）时，对涉及危险性较大的分部分项工程，应要求施工单位单独编制专项施工方案，并附具安全验算结果，经施工单位技术负责人、总监理工程师签字后实施，由专职安全生产管理人员进行现场监督。

（10）对超过一定规模的危险性较大工程的分部分项工程专项施工方案，除应按施工组织设计、安全技术措施等审查外，还应要求施工单位提交按规定组织不少于 5 人的专家论证、审查意见。

（11）监理工程师应当审查专项施工方案是否符合工程建设强制性标准的规定，对不符合要求的应当要求施工单位修改后重新申报，直到符合要求为止。

14. 安全隐患处理及严重安全隐患报告制度

（1）项目监理机构在实施监理过程中，发现工程存在安全隐患的，应要求施工企业（单位）按对隐患的分析评价结果实施危险点分级治理，或用安全检查表打分对隐患危险程度分级，根据隐患危险程度不同分别处理。

（2）对发现的一般隐患应书面要求施工单位整改。

（3）对发现的安全事故隐患情况严重的，应当要求施工单位暂时停止施工，对安全事故隐患进行整改，并及时报告建设单位。

（4）项目监理机构要求施工单位对安全隐患进行整改的，应当以监理工程师通知单的形式发出；要求施工单位暂停施工的，应当以工程暂停令的形式发出。

（5）施工单位因存在安全事故隐患而被暂时停止施工的，必须等安全事故隐患消除后才能以工程复工报审表的形式提出复工申请，待项目监理机构批准后方可恢复施工。

（6）施工单位拒不按监理要求对安全事故隐患进行整改的，或拒不按监理要求暂停施工的，项目监理机构应及时向工程项目所在地县级以上主管部门报告，并及时将报告抄送建设单位。在紧急情况下也可采用电话等方式报告。对紧急情况采用电话等方式报告的，项目监理机构应在电话等方式报告后及时以书面形式向有关主管部门报告。

15. 合同、信息管理制度

（1）监理方与承建方的信息往来，应以书面文字传递，紧急情况下下达的口头指令，事后均以书面文字确认。

（2）有关表式按规定的《施工阶段监理现场用表示范表式》执行。

（3）认真做好监理记录，及时对信息进行分析处理，定期向业主报送各种监理报表。

（4）合同管理贯穿监理工作始终，认真预测各类风险，及时提醒业主避免各类索赔事件的发生。

（5）对各类合同的违约纠纷，监理方本着公正、科学的态度，根据合同相关条款，正确表达监理意见，积极进行调解，力争妥善解决问题。

16. 监理日志和会议制度

（1）监理工程师应逐日将所从事的监理工作及当天的自然情况写入监理日志，特别对发现的问题及处理情况应详细作出记录。

（2）工程项目开工前，总监理工程师应积极协助建设单位主持召开第一次工地会议，在会议上总监要明确有关的制度和要求，并负责起草会议纪要，经与会各方代表会签。

（3）在施工过程中，总监理工程师应定期主持召开工地例会，检查上次例会定事项的落实情况，分析未完事项原因；检查分析工程项目质量、进度、投资、安全生产等状况，针对存在的问题提出改进措施，并解决需要协调的有关事项。有关重要内容应形成会议纪要，并经与会各方代表会签。

（4）监理机构内部视工作需要召开例会，分析目标控制情况和监理工作中存在的问题，并提出改进意见。

17. 监理报告制度

（1）每月 25 日，由总监理工程师组织编制监理月报，对本月进度、质量、工程款支付及安全生产等方面情况进行综合评价，提出合理的建议，并对下月监理工作重点进行安排。监理月报经总监签认后报建设单位和监理单位。

（2）施工阶段监理工作结束时，总监理工程师代表监理单位向建设单位提交监理工作总结，并及时填写监理业务手册。

18. 监理资料管理制度

（1）监理资料必须及时整理、真实完整、分类有序，并指定专人具体实施管理。

（2）监理资料在各阶段监理工作结束后及时整理归档，监理档案的编制及保存按照《建设工程文件归档整理规范》的有关规定执行。

（3）监理工作中向建设单位提供的阶段性监理文件有：监理规划、监理细则、旁站方案、监理月报、会议纪要、监理工程师通知及回复单、监理工程师备忘录、工程质量评估报告、监理工作总结等。

5.5.6 工程质量控制

1. 质量控制的原则

监理工程师坚持"严格控制、积极参与、热情服务"的宗旨，通过"超前监理、预防为主，跟踪监理、动态管理，加强验收、严格把关"的方法，处理协调好质量、进度、造价三个互相制约的目标要求，实现工程质量目标。

2. 质量控制的重点、措施及手段

（1）质量控制重点

1）重要的分部工程：地基与基础工程、主体结构工程、建筑装饰装修工程、屋面工程。

2）重要的分项工程：基坑支护、模板、钢筋、混凝土、现浇结构、防水、电梯安装、管道和配件安装。

3）关键部位：基础梁、板，主体梁、板，柱主筋，梁、柱节点，基础、地下室及主体构件模板、混凝土浇筑、预埋件及管线安装、预留洞留设等。

（2）质量控制措施及手段

1）检查：施工过程中对重点的项目和部位实施必要的跟踪检查，检查施工过程中所用材料及半成品与批准的是否符合；检查施工单位是否按批准的方案和技术规范施工。

2）测量：监理工程师对完成构件几何尺寸进行实测实量验收，不符合要求的须进行整改，无法弥补的必须进行返工。

3）试验：对各种材料、混凝土、砂浆等级等，监理人员随机抽样试验，并送指定试验单位检测。

4）指令性文件：施工单位和监理工程师的工作往来，必须以文字为准，监理工程师通过书面指令和文字对施工单位进行质量控制，用以指出施工中发生或可能发生的质量问题，提请施工单位加以重视或修改。

5）严格监理程序：按规定的质量监控工作程序进行工作，是质量监控的必要手段和依据。工程质量控制流程见图 5-3。

6）利用支付控制手段：质量监理是以计量支付控制权为保障手段的。所谓支付控制权就是，对施工单位支付任何工程款项，均需监理工程师和总监理工程师开具支付证明书，没有监理工程师和总监理工程师签署的支付证书，建设单位不得向施工单位支付工程款。工程款的支付前提条件之一就是工程质量达到规定的要求和标准。

3. 质量的事前控制

（1）掌握和熟悉质量控制的技术依据。

（2）专业监理工程师编写本专业《监理实施细则》，并报总监理工程师审核批准。

（3）施工场地的质量检验验收。

（4）专业监理工程师负责审查分包商资质，总监理工程师签发《分包单位资格报审表》。

（5）专业监理工程师负责对工程的建筑材料供应商的资质和产品的质量进行确认，并对所需复试的材料组织见证取样工作，签发承包商提交的《工程材料、构配件、设备报审表》。

（6）专业监理工程师负责工程所使用的机械设备的质量检查。

（7）总监理工程师审查施工单位提交的施工组织设计或施工方案并签发《施工组织设计/施工方案报审表》。

1）施工单位在开工前 10 天应向总监理工程师提交施工组织设计，并分阶段在施工前 7 天提出分部、分项工程的施工方案。

2）总监理工程师对施工组织设计和施工方案进行认真审查，如有不同意见应以书面形式向施工单位提出。

3）监理工程师应督促检查施工组织设计中有关施工技术措施的落实情况。

4）监理工程师应参加主要分项工程的施工技术交底。

（8）生产环境、管理环境改善的措施。

1）督促施工单位完善质量保证体系、建立组织机构、明确职能分工、落实经济责任制，督促检查质量保证体系的正常运作。

2）审核施工单位关于材料、制品试件取样及试验的方法或方案。

3）施工单位材料试验单位的资质必须经建设单位和监理认可。

4）完善质量报表、质量事故的报告制度等。

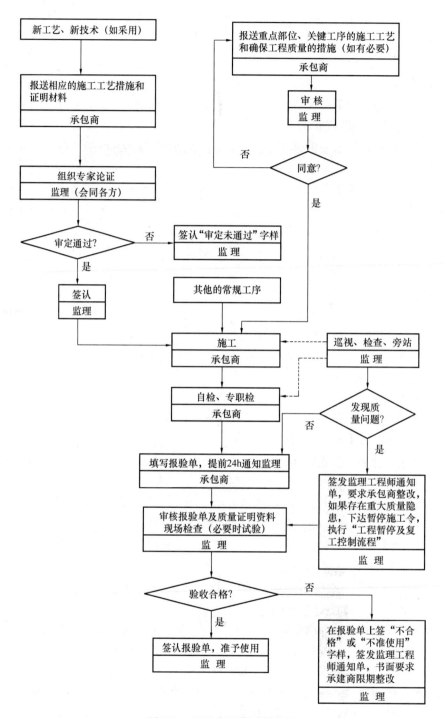

图 5-3　工程质量控制流程图

4. 质量的事中控制

（1）设立质量控制点。

（2）工序交接检查：坚持上道工序不经检查验收不准进行下道工序施工的原则。上道工序完成后，由施工单位进行自检、专职检，认为合格后再通知现场监理工程师到现场会同检验。检验合格后签字认可方能进行下道工序。

（3）严格执行隐蔽工程检查验收制度。隐蔽工程质量验收控制流程见图 5-4。

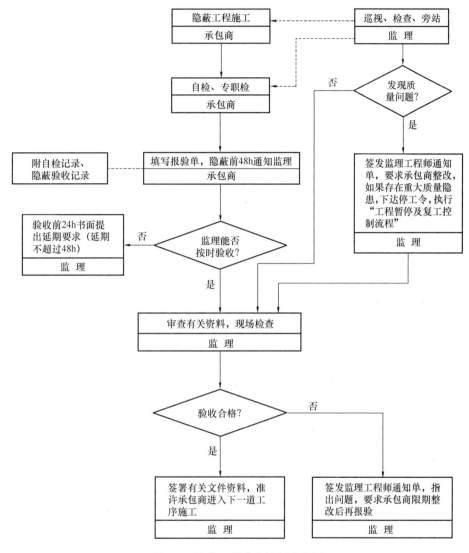

图 5-4　隐蔽工程验收控制流程图

（4）行使质量监督权，下达停工指令：为了保证工程质量，出现下述情况之一者，监理工程师有权指令施工单位立即停工整改。

1）未经检验即进行下道工序作业者。

2）工程质量下降经指出后，未采取有效改正措施，或采取了一定措施而效果不好、继续作业者。

3）擅自采用未经认可或批准的材料。

4）擅自变更设计图纸的要求。

5）擅自将工程转包。

6）擅自让未经同意的分包单位进场作业者。

7）没有可靠的质量保证措施贸然施工，已出现质量下降征兆者。

8）违反有关安全文明规定、野蛮施工者。

9）其他。

（5）停工后复工前的检查：当施工单位严重违反质量规定标准，监理人员可行使质量否决权令其停工，或工程因某原因停工后需复工时，均应经检查认可后下达复工令。工程暂停施工及复工控制流程见图5-5。

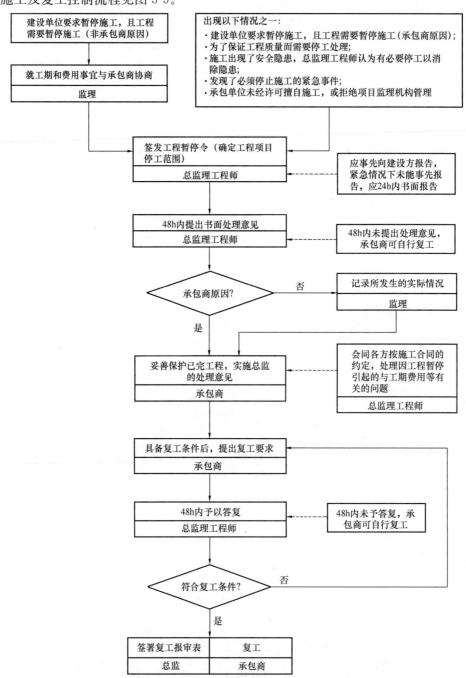

图 5-5　工程暂停施工及复工控制流程图

（6）审核并签署现场有关质量技术签证、文件等：监理工程师应按施工顺序、进度和监理计划及时审核和签署有关质量文件、报表。

（7）跟踪检查：对于施工难度较大的工程结构或易产生质量通病的工序，监理人员还应进行跟踪检查。

（8）审核有关试验报告：

1）有关试验报告的项目及内容均应按国家及地方有关规定进行。

2）监理工程师审核有关试验报告，如发现问题，及时向施工单位指令纠正，对已造成施工事故事实者，监理工程师有权责成施工单位提出处理措施，并经设计单位同意和监理工程师认可。

（9）行使好质量否决权，为工程进度款的支付签署质量认证意见：施工单位工程进度款的支付申请，必须有质量监理工程师的认证意见，这既是质量控制的需要，也是造价控制的需要。

（10）建立质量监理日记：现场质量监理工程师及质量检验人员应逐日记录有关工程质量动态及影响因素的情况。

（11）组织现场质量协调会：现场质量协调会由现场总监理工程师主持，协调会后在两天内应印发会议纪要。

（12）施工过程中发生质量事故后，总监理工程师负责审核施工单位提交的报审表，并经设计单位审查会签生效，确认事故处理方案。重大事故发生后，总监理工程师应在现场与施工单位一起采取措施防止事故扩大或发生其他意外，并在 24 小时内立即向建设单位报告。工程质量事故处理控制流程见图 5-6。

5. 质量的事后控制

（1）项目竣工验收：总监理工程师负责组织对单位工程进行监理预验收。

（2）审核竣工图及其他技术文件资料。

（3）整理工程技术文件资料并编目建档。

5.5.7　工程造价控制

1. 造价控制的原则

（1）根据建设单位和施工单位正式签订的工程施工合同中所确定的工程总价款，作为造价控制的总目标。

（2）根据建设单位和施工单位正式签订的合同中所确定的工程款支付方式，审核付款签证。

（3）根据建设单位和施工单位正式签订的合同中所确定的工程款结算方式，审核竣工结算。

2. 造价控制的工作内容及措施

工程造价控制流程见图 5-7。

（1）造价事前控制：造价事前控制的目的是进行工程风险预测，并采取相应的防范性对策，尽量减少施工单位提出索赔的可能。

1）积极推广新工艺、新材料、新技术及新机具，采用合理化建议节约开支，提高综合效益。

2）协助建设单位做好甲供材料、设备的计划供应工作。

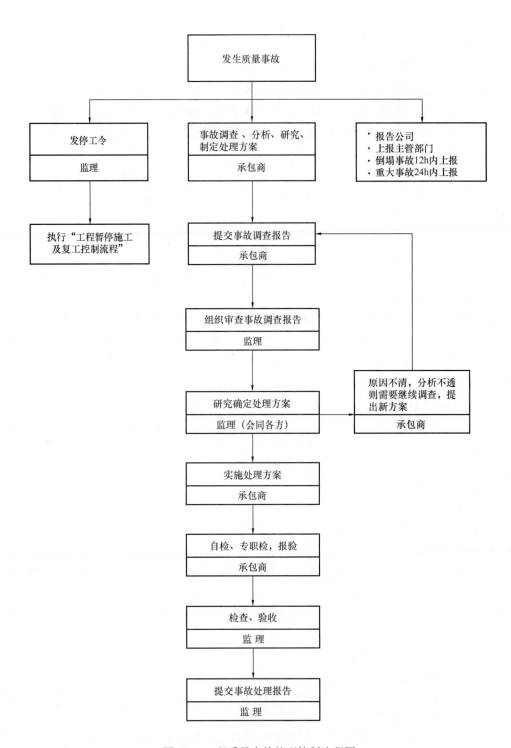

图 5-6　工程质量事故处理控制流程图

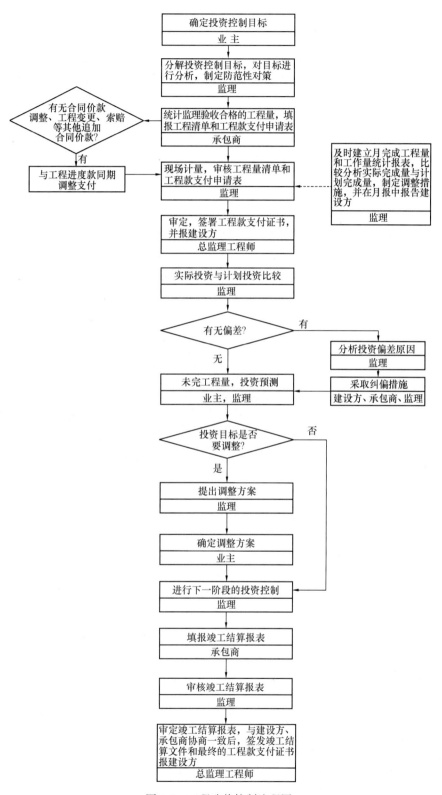

图 5-7　工程造价控制流程图

（2）造价事中控制

1）按合同规定，及时答复施工单位提出的问题及配合要求，避免造成违约和对方索赔的条件。

2）主动做好建设、设计、材料、供应、施工等单位、上级主管部门及其他有关单位的协作关系，做好造价控制。

3）工程变更、设计修改要慎重，事前应进行经济合理性预测分析。

4）严格经费签证。凡涉及经济费用签证的内容，根据业主授权并按监理规定执行。

5）按合同规定，及时对已完工程进行工程计量，避免造成未经监理验收认可就承认其完成量的被动局面。工程计量流程见图5-8。

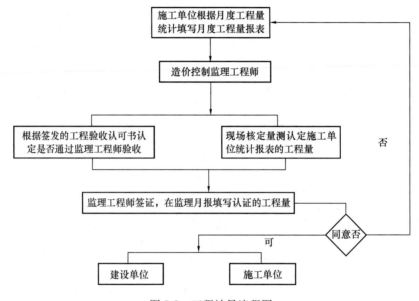

图5-8　工程计量流程图

6）检查、监督施工单位执行合同情况，使其全面履约。

7）定期向建设单位报告工程投资动态情况。

8）定期、不定期地进行工程费用超支分析，并提出预防工程费用超支的方案和措施。

（3）造价事后控制

1）公正地处理施工单位提出的索赔。

2）按建设单位要求的时间准确地审核施工单位提出的竣工决算。

5.5.8　工程进度控制

1. 进度控制的原则

（1）根据建设单位与施工单位签订的合同工期，将其作为进度控制的总目标。

（2）在工程项目的实施过程中，随时掌握工程进展，进行计划值与实际值比较分析，提出意见，确保施工总工期的实现。

进度控制工作流程见图5-9。

2. 进度控制的工作内容及措施

（1）进度的事前控制

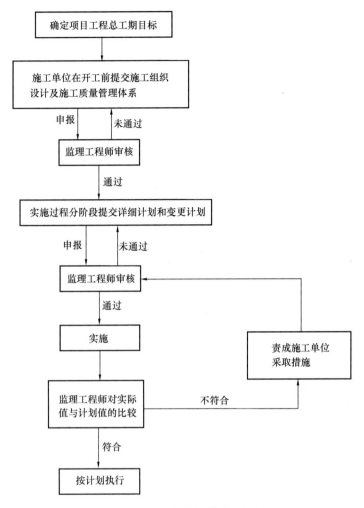

图 5-9　进度控制工作流程图

1) 审核施工单位提出的总进度计划并督促其执行，审查施工单位提交的月进度、周进度计划并督促其执行：主要审核是否符合总工期控制目标的要求；审核施工进度计划与施工方案的协调性和合理性，提出意见或建议，并督促其修正执行。

2) 审核施工单位提交的施工组织设计、施工技术方案：主要审核保证工期、充分利用时间的技术组织措施的可行性、合理性。

3) 审核施工单位提交的施工总平面图：主要审核施工总平面图与施工方案、施工进度计划的协调性和合理性。

4) 审查建设单位、施工单位提出的材料、设备及所列的规格与数量、质量是否满足工程进度的要求。

5) 审查施工单位施工管理组织机构、人员配备、业务水平是否适应工程的需要，并提出意见。

（2）进度的事中控制

进度的事中控制，一方面进行进度检查、动态控制和调整；另一方面，及时进行工程计量，为向施工单位支付进度款提供进度方面的依据，其工作内容及措施如下：

1）建立反映工程进度的监理日志：逐日如实记载每日形象部位及完成的实物工程量。同时，如实记载影响进度的内、外、人为和自然的各种因素。

2）工程进度的检查：总监每周负责组织现场会议，检查本周进度情况，同时提出下周进度计划，并力求与总目标一致。要求施工单位每月25日报下月的月进度计划和本月的完成工程量报表，监理工程师审核月报进度计划和月工程量报表作为结算和付款依据。

3）工程进度的动态管理：专业监理工程师在检查工程进度的同时，随时将有关的信息进行计划值与实际值的比较，发现偏离及时提出意见，协助承包单位修改计划，调整资源配置，实现进度计划总目标。

4）按合同要求，及时进行工程计量验收。

5）为工程进度款的支付签署进度、计量方面的认证意见。

6）总监理工程师通过工程例会、监理月报、监理工程师联系单、会议纪要、监理专题报告等形式向业主汇报工程进度实际进展情况。

（3）进度的事后控制

当实际进度与计划进度发生差异时，在分析原因的基础上采取以下措施：

1）制定保证总工期不突破的对策措施

技术措施：如缩短工序时间、减少技术间歇期、实行平行流水立体交叉作业等。

组织措施：如增加作业队数、增加工作人数等。

经济措施：敦促施工单位对作业人员进行奖励。

其他配套措施：如改善外部配合条件等。

2）下发监理工程师通知单，要求施工单位调整相应的施工计划、材料设备、资金供应计划等，在新的条件下组织新的协调和平衡。

5.5.9　安全生产管理的监理工作

施工安全生产管理是工程项目管理的重要内容，需要根据工程特点制定相应有效的管理措施，才能为工程项目的顺利进行提供必要的条件。根据合同目标，工程必须确保达到安全文明标准化工地的标准并通过相关部门验收认可。安全生产管理的监理工作流程见图5-10。

1. 安全生产管理的原则

认真贯彻"安全第一、预防为主、综合治理"的方针，督促施工单位执行国家现行的安全生产的法律、法规和政府行政主管部门安全生产的规章和标准。检查施工单位建立的安全管理制度，监督施工单位的安全管理体系正常运转，确保工程实施过程中不发生重大安全事故。

对危险性较大的分部分项工程，要求施工单位编制专项施工方案，并附具安全验算结果，经施工单位技术负责人签字后上报监理，经专业监理工程师审核并由总监理工程师签字后实施。实施中施工单位专职安全生产管理人员应进行现场监督。

督促施工单位定期进行专项安全检查，并做好记录。对检查出的安全隐患要及时整改。在实施监理过程中，发现存在安全事故隐患的，应当要求施工单位整改；情况严重的，应当要求施工单位暂停施工，并及时报告建设单位。如施工单位拒不整改或者不停止施工，应及时向有关主管部门报告。

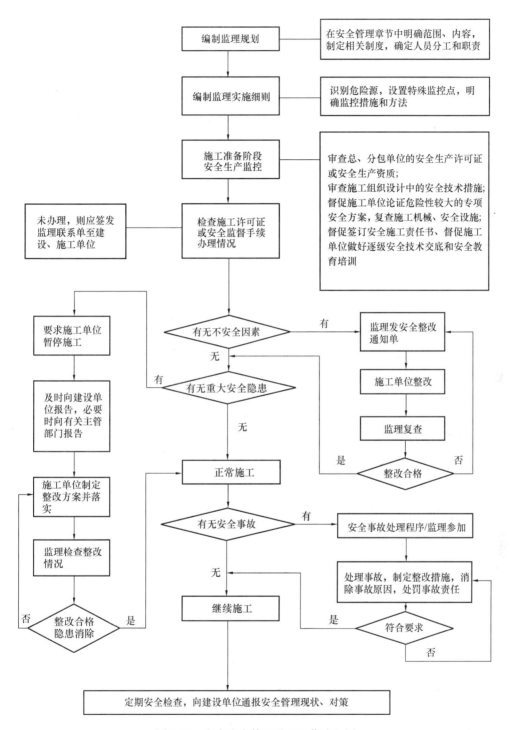

图 5-10　安全生产管理监理工作流程图

2. 安全生产管理监理工作的主要内容

（1）协助建设单位在建设过程中履行基本建设程序，审核与安全有关的施工技术资料，配合工程建设正常开展。

（2）督促施工单位从组织上、管理上执行国家、地方、行业的有关安全管理法规和政策，制定合理的安全生产的规章制度和操作规程。

（3）督促施工单位完善有关的安全生产责任制和检查验收制度。

（4）协助施工单位实施现场的安全管理工作，如对工人进行安全生产教育、安全技术培训、分析和处理安全事故等。

（5）审核施工单位施工组织设计、施工方案和施工安全防护设计等工作，保证施工安全防护的合理性和可靠性。

（6）审核现场施工的新工艺、新技术、新材料、新设备的安全性、稳定性，并对其有关强度、使用年限、操作要求等指标进行调查和分析。

（7）经常检查施工人员的各种上岗证件，对于任何违规操作的行为坚决给予制止和惩罚。

（8）协助施工单位对现场的不安全因素进行研究，及时排除施工隐患，防患于未然，避免安全事故的发生。

（9）坚持日常的现场安全巡视、例会、施工日志、检查和验收等制度，严格把好工程项目的安全生产关。

3. 施工阶段的安全生产管理的措施

（1）督促施工单位认真编制"安全文明标准化工地"的创建计划，并严格督促实施。

（2）加强施工单位人员的安全思想、安全行为、安全知识的教育，牢固树立"安全第一"的思想意识。

（3）监督施工单位严格执行各种施工机械、设备的维修保养和操作规程。

（4）检查现场施工人员的生活用房、临时设施、加工场所的稳定性和安全性。

（5）施工场地与相邻建筑物交通道路较近，应督促施工方采取有效防护措施，如搭防护棚、安全网、防护栏等。

（6）在审查施工组织设计中的施工安全防护方案时，实地考察对周围环境的影响，督促完善施工现场全封闭，搭设安全通道、防尘隔声网等设施。

（7）加强对施工场地内脚手架、安全网的检查，施工洞的安全防护，在各种危险的部位设明显的安全警示标志。

（8）检查高空作业安全措施及临空面围护设施，防止高空坠落及坠物情况发生。

（9）加强施工现场的用水、用电管理，杜绝因施工场地内电线和插头多、易磨损、焊接作业多等引起的火灾事故。

（10）在现场施工过程中工作面应保持干净整洁，不留垃圾和杂物，强化文明施工，认真开展 5S 活动，即对施工场地不断进行整理、整顿、清扫、清洁和保养。严格控制施工现场各种污染源的排放，加强环境保护，努力实现创建安全文明标准化工地的目标。

5.5.10 合同与信息管理

1. 合同管理

（1）合同管理原则

合同管理贯穿监理工作全过程，施工单位一旦开始执行合同，监理将按合同要求对可能出现的各类问题，及时作出反应并提出处理意见。监理在具体项目监理实施中要制定出完善的管理程序、办法和制度，通过有效的管理对工程目标进行控制。

（2）合同管理的任务

1）协助建设单位确定工程项目的合同结构。

2）协助建设单位起草与工程项目有关的各类合同，并参与各类合同的谈判。

3）加强合同分析工作。监理向有关各方索取合同副本，了解掌握合同内容，经常对合同条款的执行情况进行分析，督促要求合同各方严格履行义务。

4）形成合同数据档案，使之网络系统化。监理及时把合同数据按有关条款分门别类进行整理，并将合同工期、工序、价格以网络形式列出，进行动态的追踪管理。

5）实行时效管理。监理根据所掌握的工程实际进度、工程质量、影响进度质量的关键因素，及时提出明确的解决意见。对于有关的来往信函、文件、建设单位指示和会议记录等，监理应作出迅速反应。

6）加强索赔管理。根据实际发生的事件，监理遵循公正、科学的原则，按照相关的合同条款进行实事求是的评价和处理。为了防止索赔事件的发生，避免建设单位利益受损，监理应经常提醒建设单位并保持自己发布有关技术、经济指令的准确性。

2. 信息管理

（1）信息管理的原则

在工程监理过程中，信息是实施控制的基础、进行决策的依据、妥善协调项目建设各方关系的重要媒介。工程施工过程中的信息包括建设单位、施工单位提供的信息和监理工作的信息记录等内容，监理的信息管理工作应根据监理工作需要收集、加工处理和使用信息实现工程目标的控制。

（2）信息管理的任务

1）建立工程项目的信息编码体系。

2）负责工程项目各类信息的收集、整理和保存。

3）运用电子计算机进行工程项目的造价、进度、质量目标控制和合同管理，向建设单位提供有关此工程项目的管理信息服务，定期提供多种监理报表。

4）建立工程会议制度，整理各类会议记录。

5）督促施工单位及时整理工程技术、经济资料。

5.5.11　组织协调

1. 组织协调工作原则

组织协调是监理目标实现的重要工作，难度大，复杂程度高。要做好协调工作，必须做到"严格管理、依法从事、实事求是"。

2. 组织协调的任务

1）组织协调与建设单位签订合同关系的、参与工程项目建设的各单位的配合关系，协助建设单位处理有关问题，并督促总施工单位协调其各分包商的关系。

2）协助建设单位向各建设主管部门办理各项审批事项。

3）协助建设单位处理各种与工程项目有关的纠纷事宜。

3. 项目监理组内部组织协调管理

1）总监理工程师在确立项目目标基础上明确项目监理组内部人员的分工，设置不同层次的权力和责任制度。

2）向内部组织或个人分派任务和各种活动方式。

3）协调内部组织中各分工活动和任务的方式。

4）确定内部组织中权力、职能、专业和责任关系。

5）坚持集权与分权统一的原则、专业分工与协作统一的原则、管理跨度与管理分层统一的原则、权责一致的原则、才职相称的原则、效率原则和弹性原则。

4. 项目监理活动过程中的协调管理

1）工程建设监理中必须尊重科学、尊重事实、组织各方协同配合，维护有关各方的利益。

2）坚持以监理合同和工程项目相关的合同为基础，在建设单位授权范围内以工程项目为目标全面实施协调管理。

3）坚持严格按合同办事，严格要求，正确处理建设单位与施工单位之间的利益关系。

4）坚持预防为主的原则，对工程建设监理控制过程中有可能发生失控的问题要有预见性和超前考虑，做到事前有预测、情况变了有对策。

5）坚持实事求是的原则，对项目监理过程中所产生的问题应根据证明、检验、试验资料及工程合同等说服有关责任方和分歧方，力求统一认识，保证工程顺利开展。

5. 项目监理组织协调的有关要求

1）总监理工程师在第一次工地例会上须将本项目监理部各相关人员的职责介绍给与会各方，便于工程中的协调管理。

2）各相关专业监理工程师在监理活动中对组织协调中有待解决或急需解决的较为重大问题，均采用监理工程师联系单形式与相关方联系。

3）对于工程项目活动过程中需相关方研究解决的问题，可由总监理工程师在工程例会上协调解决，对协调结果可在会议纪要中加以反映。

4）凡涉及工程质量、进度、造价应按相关控制程序中有关要求执行，并在监理月报中向建设单位报告。

5）组织协调过程中监理工程师应坚持公正、独立、自主的原则，协调过程中应充分听取有关各方的意见，客观地加以解决，并记入当天的监理日记。

6）各专业监理工程师在工程项目协调中的有关结论必须有记录，并及时向总监理工程师报告。

5.5.12 监理工作设施（略）

附件：监理实施细则编写计划

1. 施工阶段造价控制监理实施细则

2. 施工阶段进度控制监理实施细则

3. 施工阶段质量控制监理实施细则

（1）桩基工程监理实施细则（编写日期：略）。

（2）基坑围护及土方工程监理实施细则（编写日期：略）。

（3）混凝土与钢筋混凝土工程监理实施细则（编写日期：略）。

（4）工程测量监理实施细则（编写日期：略）。

（5）幕墙工程监理实施细则（编写日期：略）。

（6）管道安装工程监理实施细则（编写日期：略）。

（7）电气安装工程监理实施细则（编写日期：略）。

（8）智能建筑工程监理实施细则（编写日期：略）。

（9）通风与空调工程监理工作实施细则（编写日期：略）。

（10）设备安装工程监理工作实施细则（编写日期：略）。

4. 危险性较大的分部分项工程监理实施细则

复 习 思 考 题

1. 编制工程建设监理规划有何作用？监理大纲、监理规划、监理实施细则、旁站监理方案有何联系和区别？

2. 监理规划包括哪些主要内容？

3. 施工阶段监理工作一般制定哪些工作制度？

4. 监理规划的编写依据是什么？

5. 监理规划的实施应注意哪些问题？

6. 监理实施细则一般包括哪些内容？

第6章 工程建设监理目标控制

摘要： 工程建设监理目标系统；工程建设监理目标控制的基本原理；工程建设监理的投资、进度和质量三大目标控制的概念、内容和具体的方法。

6.1 工程建设监理目标控制的基本原理

工程建设监理的中心工作是对工程项目建设的目标进行控制，即对投资、进度和质量目标进行控制。监理工作的好坏主要是看能否将工程项目置于监理工程师的有效控制之下。监理的目标控制是建立在系统论和控制论的基础上的。从系统论的角度认识工程建设监理的目标，从控制论的角度理解监理目标控制的基本原理，对工程建设项目实施有效的控制是有意义的。

6.1.1 工程建设监理目标系统

1. 监理目标系统

（1）监理目标

目标是指想要达到的境地或标准。对于长远总体目标，多指理想性的境地；对于具体的目标，多指用数量描述的指标或标准。监理目标即监理活动的目标，是具体的目标，它除了具有目标的一般涵义，还有监理的涵义。

工程建设监理是监理工程师受业主的委托，对工程建设项目实施的监督管理。由于监理活动是通过项目监理组织开展的，因此，监理目标是相对于项目监理组织而言的，监理目标也就是监理组织的目标。监理组织是为了完成业主的监理委托而建立的，其任务是帮助实现业主的投资目的，即在计划的投资和工期内，按规定质量完成项目，监理目标也应是由工期、质量和投资构成的具体标准。其次，监理目标是监理活动的目的和评价活动效果（标准）的统一，监理活动的目的是通过提供高智能的技术服务，对工程项目有效地进行控制，评价监理工作也只能是对质量、投资、进度的具体标准加以说明。再次，监理目标是在一定时期内监理活动达到的成果，这一定的时期，指的是业主委托监理的时间范围。最后，监理目标是指项目监理组织的整体目标。监理组织的每个部门乃至每个人的目标都有所不同，但必须重视整体目标意识。

（2）监理目标系统

由于监理目标不是单一的目标，而是多个目标，强调目标的整体性以及这些不同目标之间的联系就显得非常重要。这就需要从系统的角度来理解监理目标。

系统论是从"联系"和"整体"这两个最普遍、最重要的问题出发，为各种社会实践活动提供了科学的方法论。无论是目标体系的建立，还是实施过程中的协调与控制，系统理论都可起到指导作用。

用系统论的观点来指导建设监理工作，首先要把整个监理目标作为一个系统（工程建设监理目标系统）来看待。所谓系统，是指诸要素相互作用、相互联系，并具有特定功能的整体。这一概念有要素、联系和功能三个要点。要素是指影响系统本质的主要因素，一个系统必须有两个以上相互联系、相互作用的要素，才能构成系统。联系即要素之间相互作用、相互影响、相互依存的关系。由于要素之间的联系形式与内容比要素抽象，不易察觉，而且不同的联系又会产生不同的效能，因此研究联系比认识要素更加复杂、更加重要。功能是系统的本质体现，是指系统的作用和效能。系统的功能要以各要素的功能为基础，但不是要素功能的简单相加，而是指要素经联系后所产生的整体功能。对系统的研究和用系统理论指导实践时，必须把着眼点和注意力放在整体上。

工程建设监理目标系统可划分为三个要素，即投资目标、进度目标和质量目标。三者之间有着一定的联系。该系统的功能是指导项目监理组织开展监理工作。

2. 投资、进度、质量三大目标的关系

系统理论有一系列的指导原则，这些原则应用于工程建设监理目标系统，可以说明投资、进度、质量这三大目标的关系。

系统的一个指导原则是整分合原则，即整体把握、科学分解、组织综合。整体把握，是由系统的本质特性决定的，它告诉人们办事情必须把握住整体，因为没有整体也就没有系统；科学分解，是从目标系统的设计和控制的角度提出的要求，通过分解，可以研究和搞清系统内部各要素之间的相互关系；组织综合，就是经过分解后的系统在运行过程中，必须回到整体上来。对于监理目标系统，该原则指导我们必须从整体上把握项目的投资、进度和质量目标，不能偏重某一个目标；而在建立目标系统时，则应对目标进行合理的分解，即使是对进度、投资和质量子目标，也应如此，以有利于进行目标的控制。而监理组织的各部门、各单位都要按总体目标来指导工作。如进度目标的控制部门，在采取措施控制进度目标时，必须考虑到采取这些措施对目标整体的影响，如对质量、投资目标的影响。

系统的相关性原则主要揭示了各要素之间的关系。既然系统是诸要素构成的整体，要素之间必然存在各种相互关系，而这些关系正是系统赖以存在的基础；如果要素之间的联系没有了，系统也就解体了。因此，任何一个要素在系统中的存在和有效运行，都与其他要素有关，某一个要素有变化，其他相关要素也必须做出相应变化，才能保证系统整体功能优化。相关性原则对于认识工程建设监理目标系统中各子目标的关系，有着重要的指导意义。

监理目标是一个目标系统，包含质量、投资、进度三大目标子系统，它们之间相互依存，相互制约。一方面，投资、进度、质量三大目标之间存在着矛盾和对立的一面。例如，如果提高工程质量目标，就要投入较多的资金和花费较长的建设时间；如果要缩短项目的工期，投资就要相应提高，或者就不能保证原来的质量标准；如果要降低投资，那么就要降低项目的功能要求和质量标准。另一方面，投资、进度和质量目标还存在着统一的关系。例如，适当增加投资的数量，为采取加快进度措施提供经济条件，就可以加快项目建设速度，缩短工期，使项目提前运营，投资尽早收回，项目的全寿命经济效益就会得到提高；适当提高项目功能要求和质量标准，虽然会造成一次性投资的提高和工期的延长，但能够节约项目动用后的经常费用和维修费用，降低产品成本，从而获得更好的投资经济效益；如果项目进度计划制定得既可行又优化，使工程进展具有连续性、均衡性，则不但可以使工期得以缩短，而且有可能获得较好的质量和较低的费用。三大目标之间的关系如图 6-1 所示。

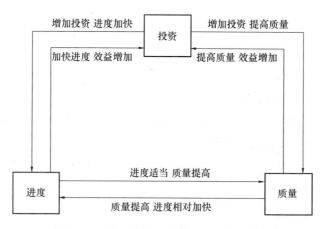

图 6-1　投资、进度、质量三大目标的关系

由于工程项目的投资、进度和质量目标的对立统一关系，因此，对一个工程项目，通常不能说某个目标最重要。同一个工程项目，在不同的时期，三大目标的重要程度可以不同。对监理工程师而言，应把握住特定条件下工程项目三大目标的关系及重要顺序，恰如其分地对整个目标系统实施控制。

6.1.2　工程建设监理目标控制的基本原理

1. 控制与反馈

（1）控制

控制这个概念的内涵很丰富。首先，控制是一种有目的的主动行为，没有明确的目的或目标，就谈不上控制，控制必须有明确的目的或目标，明确活动的目的是实施控制的前提。其次，控制行为必须由控制主体和控制对象两个部分构成。控制主体即实施控制的部分，由它决定控制的目的，并向控制对象提供条件，发出指令。控制对象即被控部分，它是直接实现控制目的的部分，其运行效果反映出控制的效果。再次，控制对象的行为必须有可描述和可测量的状态变化，没有这种变化，就没有必要控制；没有这种变化，就不可能找到控制对象的行为与控制目的的偏差，进而实施控制。最后，控制是目的和手段的统一。能否实现有效的控制，不仅要有明确的目的，还必须有相应的手段。

综合以上含义，控制就是控制者对控制对象施加一种主动影响（或作用），其目的是保持事物状态的稳定性或促使事物由一种状态向另一种状态转换。

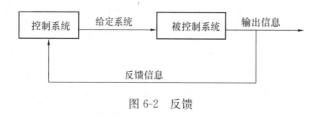

图 6-2　反馈

（2）反馈

反馈是控制论的一个重要概念。反馈是指把控制系统的信息作用（输入）到被控制系统后产生的结果再返送回来，并对信息的再输出发生影响的过程，如图 6-2 所示。

反馈有两种基本类型：正反馈和负反馈。正反馈是指：输入变化的方向与反馈信号的变化方向相同，即当系统的信号增加时，系统的影响也增加；或当系统输入的信号减少时，系统输入的影响也减少。正反馈的结果使系统的行为更加偏离原来的目标值。负反馈是指：反馈信号与输入的符号相反，即当系统的输出信号增加时，系统输入影响减少；或当系统的输出信号减少时，系统输入影响增加。负反馈的结果使系统的行为对控制目标的偏离减小，使系统趋于稳定状态。

控制理论最重要的原理之一就是反馈控制原理，即利用反馈来进行控制。当控制的目的是保持事物状态的稳定性时，采用负反馈控制；当控制的目的是促使事物由一种状态向另一种状态转换时，采用正反馈控制。

（3）前馈

与反馈相应的是前馈。前馈是指控制系统根据已有的可靠信息分析预测得出被控制系统将要产生偏离目标的输出时，预先向被控制系统输入纠偏信息，使被控制系统不产生偏差或减少偏差。利用前馈来进行控制称为前馈控制。

2. 控制过程和主要的环节性工作

（1）控制过程

控制过程的形成依赖于反馈原理，它是反馈控制和前馈控制的组合。图 6-3 展示了控制的过程。从图中可以看出，控制过程始于计划，项目按计划开始实施，投入人力、材料、机具、信息等，项目开展后不断输出实际的工程状况和实际的质量、进度和投资情况的指标。由于受系统内外各种因素的影响，这些输出的指标可能与相应的计划指标发生偏离。控制人员在项目开展过程中，要广泛收集各种与质量、进度和投资目标有关的信息，并将这些信息进行整理、分类和综合，提出工程状况报告。控制部门根据这些报告将项目实际完成的投资、进度和质量指标与相应的计划指标进行比较，以确定是否产生了偏差。如果计划运行正常，就按原计划继续运行，如果有偏差，或者预计将要产生偏差，就要采取纠正措施，或改变投入，或修改计划，或采取其他纠正措施，使计划呈现一种新状态，然后工程按新的计划进行，开始一个新的循环过程。这样的循环一直持续到项目建成投用。

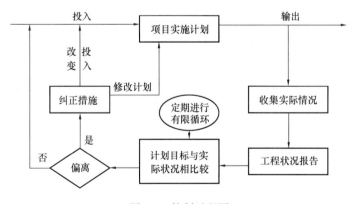

图 6-3　控制过程图

一个建设项目目标控制的全过程就是由这样的一个个有限的循环过程所组成的，是动态过程。图 6-3 亦称为动态控制原理图。

（2）控制过程的主要环节性工作

从上述动态控制过程可以看出，控制过程的每次循环，都要经过投入、转换、反馈、对比、纠正等工作，这些工作是主要环节性工作。

1）投入。就是根据计划要求投入人力、财力、物力。计划是行动前制定的具体活动内容和工作步骤，其内容不但反映了控制目标的各项指标，而且拟定了实现目标的方法、手段和途径。控制同计划有着紧密的联系，控制保证计划的执行并为下一步计划提供依据，而计划的调整和修改又是控制工作的内容，控制和计划构成一个连续不断的"循环链"。做好投入工作，就是要将质量、数量符合计划要求的资源按规定时间投入到工程建设中去。例如，监理工程师在每项工程开工之前，要认真审查承包商的人员、材料、机械设备等的准备情况，保证与批准的施工组织计划一致。

2）转换。主要是指工程项目由投入到产出的过程，也就是工程建设目标实现的过程。转换过程受各方面因素的干扰较大，监理工程师必须做好控制工作。一方面，要跟踪了解工程进展情况，收集工程信息，为分析偏差原因、采取纠正措施做准备；另一方面，要及时处理出现的问题。

3）反馈。是指反馈各种信息。信息是控制的基础，及时反馈各种信息，才能实施有效控制。信息包括项目实施过程中已发生的工程状况、环境变化等信息，还包括对未来工程预测的信息。要确定各种信息流通渠道，建立功能完善的信息系统，保证反馈的信息真实、完整、正确和及时。

4）对比。是将实际目标值与计划目标值进行比较，以确定是否产生偏差以及偏差的大小。进行对比工作，首先是确定实际目标值。这是在各种反馈信息的基础上，进行分析、综合，形成与计划目标相对应的目标值。然后将这些目标值与衡量标准（计划目标值）进行对比，判断偏差。如果存在偏差，还要进一步判断偏差的程度大小，同时，还要分析产生偏差的原因，以便找到消除偏差的措施。

5）纠正。即纠正偏差。根据偏差的大小和产生偏差的原因，有针对性地采取措施来纠正偏差。如果偏差较小，通常可采用较简单的措施纠偏，如果偏差较大，则需改变局部计划才能使计划目标得以实现。如果已经确认原定计划不能实现，就要重新确定目标，制定新计划，然后工程在新计划下进行。

投入、转换、反馈、对比和纠正工作构成一个循环链，缺少某一工作，循环就不健全；同时，某一工作做得不够，都会影响后续工作和整个控制过程。要做好控制工作，必须重视每一项工作，把这些工作做好。

3. 控制的方式

控制方式是指约束、支配、驾驭被控对象行为的途径和方法，是控制的表现形式。

监理控制的方式可以按照不同的方法来划分。按照被控系统全过程的不同阶段，控制可划分为事前控制、事中控制和事后控制。事前控制，即在投入阶段对被控系统进行控制，又称为预先控制；事中控制又称为过程控制，是在转化过程阶段对被控系统进行控制；事后控制是在产出阶段对系统进行控制。按照反馈的形式可以划分为前馈控制和反馈控制。总的说来，控制方式可分为两类：主动控制和被动控制。

（1）被动控制

被动控制是根据被控系统输出情况，与计划值进行比较，以及当实际值偏离计划值时，分析其产生偏差的原因，并确定下一步的对策。被动控制是事后控制，也是反馈控制。

被动控制的特点是根据系统的输出来调节系统的再输入和输出，即根据过去的操作情况，去调整未来的行为。这种特点，一方面决定了它在监理控制中具有普遍的应用价值；

另一方面，也决定了它自身的局限性。这个局限性首先表现在，在反馈信息的检测、传输和转换过程中，存在着不同程度的"时滞"，即时间延迟。这种时滞表现在三方面：一是当系统运行出现偏差时，检测系统常常不能及时发现，有时等到问题明显时，才能引起注意；二是对反馈信息的分析、处理和传输，常常需要大量的时间；三是在采取了纠正措施，即系统输入发生变化后，其输出并不立即改变，常常需要等待一段时间才变化。

反馈信息传输、变换过程中的时滞，引起的直接后果就是使系统产生振荡，或使控制过程出现波动。有时输出刚达到标准值时，输入的变化又使其摆过头，使输出难以稳定在标准值上。

即使在比较简单的控制过程中，要查明产生偏差的原因往往要花费很多时间，而把纠正措施付诸实施则要花费更多的时间。对于工程建设这样的复杂过程更是如此。有效的实时信息系统可以最大限度地减少反馈信息的时滞。

其次，由于被动控制（指负反馈）是通过不断纠正偏差来实现的，而这种偏差对控制工作来说，则是一种损失。例如，工程进度产生较大延误，要采取加大人、财、物的投入，否则就会影响项目竣工使用。可以说，监理过程中的负反馈控制总是以某种程度上的损失为代价的。

以上是被动（反馈）控制局限性的主要方面。要克服这种局限性，除了提高控制系统本身的反馈效率之外，最根本的方法就是在进行被动控制的同时，加强主动控制，即前馈控制。

（2）主动控制

主动控制指事先主动地采取决策措施，以尽可能地减少，甚至避免计划值与实际值的偏离。很显然，主动控制是事前控制，也是前馈控制。它对控制系统的要求非常高，特别是对控制者的要求很高，因为它是建立在对未来预测的基础之上的，其效果的大小，取决于预测分析准确性的高低。由于工程项目具有一次性的特点，因而从理论上讲，监理的控制都应当是主动控制，这也是对监理工程师的素质要求很高的原因。

但实现主动（前馈）控制是相当复杂的工作，要准确地预测到系统每一变量的预期变化，并不是一件容易的事。某些难以预测的干扰因素也常常给主动控制带来困难。但这些并不意味着主动控制是不可能实现的。在实际工作中，重要的是准确地预测决定系统输出的基本的和主要的变量或因素，并使这些变量及其相互关系模型化和计算机化，至于一些次要的变量和某些干扰变量，不可能全部预测到。对于这些不易预测的变量，可以在主动控制的同时，辅以被动控制不断予以消除。这就需要把主动控制和被动控制结合起来。

实际上，主动控制和被动控制对于有效的控制而言都是必要的，两者目标一致，相辅相成，缺一不可。控制过程就是这两种控制的结合，是两者的辩证统一。

4. 工程建设监理目标控制系统

工程建设监理目标控制系统（以下简称目标控制系统），是运用系统原理将围绕工程建设目标控制所进行的各种活动视为相互联系的整体，而建立起来的控制系统。

目标控制系统由施控主体和被控对象两个要素组成。在施控主体和被控对象之间，作用的是信息流。目标控制系统是一个开放系统，该系统与外部环境进行着各种形式的交换。

施控主体是建设监理目标控制系统中产生和发出控制信息的机构，即项目监理组织。

它具有以下功能：（1）确定目标控制标准。标准是检查被控对象的尺度，是衡量工作成效的依据。监理目标控制标准与监理三大目标具有一致性，前者是对后者的具体阐述和规定。制定控制标准是整个控制过程的基础，是项目监理组织的首要任务。因为没有一套完整的控制标准，就无法检查、衡量工作成效和行为偏差，当然也就无法采取正确的纠正措施。（2）检查、预测工作行为及偏差。监理工程师首先要对承包商的行为和工程进展情况进行适时检查和监控，并将所得结果与相应的控制标准进行比较，从中找出偏差，为采取控制措施提供依据。其次，监理工程师要通过一定的预测方法，在实际偏差出现之前，就预见到可能出现的各种偏差，这需要建立和完善信息反馈和信息前馈系统。（3）采取控制措施。监理工程师针对偏差出现的具体情况采取不同的控制措施，同时，还要考虑偏差，特别是重大偏差带来的对监理目标系统的影响。

被控对象是指目标控制系统中直接或间接接受监理组织控制信息的机构，即承包商项目经理部。它本身也是一个系统，有着明显的目的性；它虽然在项目监理组织的约束下运作，但却具有能动性；它还能根据环境的变化自动调节自己的行为，即具有自控性。它的主要功能是把项目监理组织确定的目标变成现实。监理工程师要利用承包商组织的自控性，调动其主观能动性，促使工程建设项目目标系统的实现。

施控主体和被控对象的联系是通过监理信息系统来实现的。信息系统通过信息的传递使整个监理目标控制系统成为一体化运行的动态系统。

5. 工程建设监理目标控制的措施

为了对监理目标系统进行有效的控制，必须采取一定的措施。这些措施包括：组织措施、技术措施、合同措施和经济措施四个方面。

（1）组织措施

是指对被控对象具有约束功能的各种组织形式、组织规范、组织指令的集合。组织是目标控制的基本前提和保障。控制的目的是评价工作并采取纠偏措施，以确保计划目标的实现。监理人员必须知道，在实施计划的过程中，如果发生了偏差，责任由谁承担，采取纠偏行动的职责由谁承担。由于所有控制活动都是由人来实现的，如果没有明确机构和人员，就无法落实各项工作和职能，控制也就无法进行。因此组织措施对控制是很重要的。

组织措施具有权威性和强制性，使被控对象服从一个统一的指令，这是通过相应的组织形式、组织规范和组织命令体现的。组织手段还具有直接性，控制系统可以直接向被控系统下达指令，并直接检查、监督和纠正其行为。通过组织措施，采取一定的组织形式，能够把分散的部门或个人连成一个整体。组织的规范作用，能为人们的行为导向预定方向。通过一定的组织规范和组织命令，组织成员的行为能够受到约束。

监理工程师在采取组织措施时，首先要采取适当的组织形式，因为，对于被控对象而言，任何组织形式都意味着一种约束和秩序，意味着其行为空间的缩小和确定。组织形式越完备、越合理，被控对象的可控性就越高，组织控制形式不同，其控制效果也不同。因此，采取组织措施，必须首先建立有效的组织形式。其次，必须建立完善配套的组织规范，完善监理组织的职责分工及有关制度。同组织形式一样，任何组织规范也都意味着一种约束。对于被控对象来说，组织规范是对其行为空间的限定，也表明了合理的行为规范。最后，要实行组织奖惩，对违反组织规范的行为人追究其责任。从控制角度看，奖励是对被控系统行为的正反馈，惩罚属于负反馈。它们都能有效地缩小被控对象的行为空间，提高他们行为调整和行为选择的正确性。

（2）技术措施

工程建设监理为业主提供的是技术服务，目标控制在很大程度上需要技术来解决问题，技术措施是必要的控制措施。技术措施是被控对象最易接受的，因而也是很有效的措施。监理在三大目标的控制上均可采取技术措施。在投资控制方面：协助业主合理确定标底和合同价；通过质量价格对比，确定材料设备供应商；通过审核施工组织设计和施工方案，合理开支施工措施费等。在质量控制方面：通过各种技术手段严格进行事前、事中、事后的质量控制。进度控制方面：采用网络控制技术；增加同时作业的施工面；采用高效能施工机械设备；采用新技术、新工艺、新材料等。

（3）合同措施

合同措施具有强大的威慑力量，它能使合同各方处于一个安定的位置，还具有强制性。合同是法律文件，一旦生效，就必须遵守，否则就要受到相应的制裁。合同措施更具有稳定性。在合同中，合同各方的权利、义务和责任都已写明，对各方都有强大的约束力。合同措施是监理工程师实施控制的主要措施。

为了有效地采取合同措施，监理工程师首先在合同的签订方面要协助业主确定合同的形式，拟定合同条款，参与合同谈判。合同的形式和内容，直接关系到合同的履行和合同的管理，对监理工程师采取合同措施有很大的影响。其次，要强化合同管理工作，认真监督合同的实施，处理好合同执行中出现的问题，公正处理合同纠纷，做好预防和处理索赔的工作等。

（4）经济措施

经济措施是把个人或组织的行为结果与其经济利益联系起来，用经济利益的增加或减少来调节或改变个人或组织行为的控制措施。其表现形式包括价格、工资、利润、资金、罚款等经济杠杆和价值工具，以及经济合同、经济责任制等。

与组织措施、合同措施相比，经济措施的一个突出特点是非强制性，即它不像组织措施或合同措施那样要求被控对象必须做什么或不做什么。其次是它的间接性，即它并不直接干涉和左右被控对象的行为，而是通过经济杠杆来调节和控制人们的行为。

采用经济手段，把被控对象那些有价值、有益处的正确行为或积极行为及其结果变换为它的经济收益，而把那些无价值、无益处的非正确行为或消极行为及其结果变换为它的经济损失，通过这种变换作用，就能有效地强化被控对象的正确行为或积极行为，而改变其错误行为或消极行为。在市场经济下，各方都很关心自己的利益，经济手段能发挥很大的作用。

监理工程师常用的经济措施有：收集、加工、整理工程经济信息；对各种实现目标的计划进行资源、经济、财务等方面的可行性分析；对经常出现的各种设计变更和其他工程变更方案进行技术经济分析；对工程概、预算进行审核；对支付进行审查；采取各种奖励制度等。

在实际工作中，监理工程师通常要从多方面采取措施进行控制，即将上述四种措施有机地结合起来，采取综合性的措施，以加大控制的力度，使工程建设整体目标得以实现。

6.2 工程建设投资控制

6.2.1 基本概念

1. 投资与工程建设投资

投资，从一般意义上理解是指为获取利润而将资本投放于企业的行为。从物质生产和物资流通的角度来理解，投资通常是指购置和建造固定资产、购买和储备流动资产的经济活动。

工程建设投资，广义概念是指工程项目建设阶段、运营阶段和报废阶段所花费的全部资金，狭义概念是指工程项目建设阶段所需要的全部费用总和。目前我国监理工程师对工程建设项目投资的控制主要是在项目建设阶段，所以以下所提的工程建设项目投资是指其狭义概念。

2. 工程建设投资构成

根据我国现行规定，建设项目总投资的构成包括：建筑安装工程费、设备及工器具购置费、工程建设其他费用、预备费和建设期利息。建设项目总投资构成如图 6-4 所示。

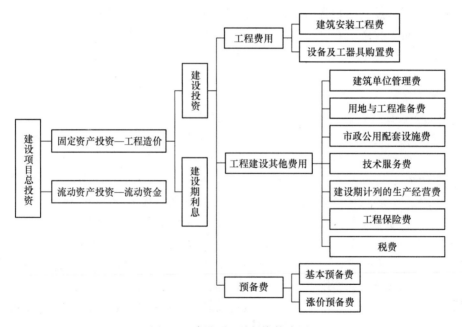

图 6-4　建设项目总投资构成图

（1）建筑安装工程费

我国现行建筑安装工程费用组成按住房和城乡建设部、财政部关于印发《建筑安装工程费用项目组成》（建标〔2013〕44 号）通知的规定，可以根据费用构成要素和造价形成进行划分。按费用构成要素划分，由人工费、材料费（包含工程设备）、施工机具使用费、企业管理费、利润、规费和税金组成，其中人工费、材料费、施工机具使用费、企业管理费和利润包含在分部分项工程费、措施项目费和其他项目费中，其组成结构如图 6-5 所示。按工程造价形成划分，由分部分项工程费、措施项目费、其他项目费、规费、税金组

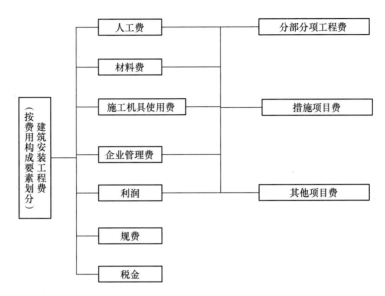

图 6-5　按费用构成要素划分的建筑安装工程费用构成图

成，分部分项工程费、措施项目费、其他项目费包含人工费、材料费、施工机具使用费、企业管理费和利润。

（2）设备及工器具购置费

1）设备购置费。包括设备原价、运杂费、成套设备服务费、采购及保管费等。

① 设备原价。对国产设备，以出厂价为原价；对于进口设备，以到岸价和进口征收的税收、手续费、商检、港口费之和为原价。对于大型设备，分块运到工地的拼装费用也应包括在设备原价内。

② 运杂费。指设备由厂家运至工地安装现场所发生的一切费用，主要包括调车费、装卸费、包装绑扎费，以及其他可能发生的杂费。

③ 采购及保管费。指设备采购、保管过程中发生的各种费用。

2）工器具及生产家具购置费。是指新建项目为保证初期正常生产所必须购置的第一套不够固定资产标准的设备、仪器、工卡模具、器具、生产家具等的费用。

（3）工程建设其他费用

工程建设其他费用是指应列入建设投资中支付，并列入工程概算，除建筑安装工程费和设备及工器具购置费以外的一些费用。一般包括：土地使用费、与项目建设有关的其他费用、与未来企业生产经营有关的其他费用。

1）土地使用费。指按国家有关规定获得建设用地所应支付的费用。其表现形式为：通过划拨方式取得土地使用权而支付的土地征用及迁移补偿费，或通过土地使用权出让方式取得土地使用权而支付的土地使用权出让金。

2）与项目建设有关的其他费用。指业主单位在工程项目立项、筹建、建设和联合试运转、竣工验收交付及使用后评价等全过程管理所需的费用。包括建设单位开办费、建设单位经费、勘察设计费、研究试验费、建设单位临时设施费、工程监理费、工程保险费、引进技术和进口设备其他费用以及工程承包费等。

3）与未来企业生产经营有关的其他费用。包括联合试运转费、生产准备费、办公和生活家具购置费。

（4）预备费

预备费是指在设计阶段难以预料而在施工过程中又可能发生的、在规定范围内的工程费用，以及工程建设期内发生的价差。预备费包括基本预备费和涨价预备费两项。

1）基本预备费。指在初步设计文件及设计概算内难以事先预料，而在工程建设期间可能发生的工程费用。基本预备费是按建筑安装工程费、设备及工器具购置费、工程建设其他费用三者之和为基数，乘以基本预备费率进行计算。

基本预备费率的取值应执行国家及部门的有关规定。在项目建议书和可行性研究阶段，基本预备费率一般取 10%～15%；在初步设计阶段，基本预备费率一般取 7%～10%。

2）涨价预备费。指工程建设过程中，因人工、材料、施工机械使用费和工程设备价格上涨而导致费用增加的部分。

（5）建设期利息

建设期利息主要是指工程项目在建设期间内发生并计入固定资产的利息，主要是建设期发生的支付银行贷款、出口信贷、债券等的借款利息和融资费用。该项利息，按规定应列入建设项目投资之内。

3. 工程建设投资计价特点

作为建设工程这一特殊商品的价值表现形式，建设工程造价的运动除具有一切商品价格运动的共同特点之外，又有其自身的特点。

（1）单件性计价。由于建设工程设计的单件性，建设工程的实物形态千差万别，所以对建设工程不能像对工业产品那样按品种规格、质量成批定价，只能针对具体的工程单件计价。

（2）分阶段动态计价。工程项目的建设周期一般较长，消耗大，而且有许多影响工程计价的动态因素，如工程变更、材料涨价等。为适应项目管理的要求，适应工程造价控制和管理的要求，需要按照设计和建设分阶段多次动态计价。如，项目决策阶段的投资估算，初步设计阶段的设计概算，施工图设计阶段的施工图预算，招标阶段的合同价，竣工验收阶段的竣工决算，整个计价过程是一个由粗到细、由浅到深，最后确立实际造价的过程。

（3）分部组合计价。一个建设项目由若干单项工程组成，一个单项工程由若干单位工程组成，一个单位工程由若干分部工程组成，一个分部工程可由几个分项工程组成。与此特点相应，计价时，首先要对工程建设项目进行分解，按构成进行分步计算，逐层汇总。

4. 建设项目投资控制的主要工作内容

（1）项目建设前期阶段（决策阶段）。主要是对拟建项目进行可行性研究，确定项目投资估算数，进行财务评价和国民经济评价。

（2）项目设计阶段。利用按费用设计原则，提出设计要求，用技术经济方法组织评选设计方案，确定设计概算。

（3）施工招标阶段。协助业主做好招标工作，如协助评标、决标、签订合同等工作。

（4）施工阶段。确定建设项目的实际投资数，使它不超过项目的计划投资数（合同价），在保证工程质量和进度的前提下做好计量和支付工作，并在实施过程中，进行费用动态管理与控制。

6.2.2　工程建设项目决策阶段的投资控制

决策阶段的投资控制，对整个项目来说，节约投资的可能性最大。在项目投资决策之前，要做好项目可行性研究工作，使项目投资决策科学化，减少和避免投资决策失误，提高项目投资的经济效益。

1. 工程建设项目可行性研究的概述

可行性研究又称可行性分析技术，它是在投资之前，对拟议中的建设项目进行全面的综合的技术经济分析和论证，从而为项目投资决策提供可靠依据的一种科学方法。一个项目的可行性研究，一般要解决项目技术上是否可行、经济上效益是否显著、财务上是否盈利、工期多长、需要的投入是多少等问题。

不同的工程项目，可行性研究的内容和侧重点不同。根据《投资项目可行性研究指南（试用版）》，一般工程项目可行性研究主要包括以下内容：

（1）全面深入地进行市场分析、预测。调查和预测拟建项目产品在国内、国际市场的供需情况和销售价格；研究产品的目标市场，分析市场占有率；研究确定市场，主要是产品竞争对手和自身竞争力的优势、劣势，以及产品的营销策略，并研究确定主要市场风险及风险程度。

（2）对资源开发项目要深入研究确定资源的可利用量，资源的自然品质，资源的赋存条件和资源的开发利用价值。

（3）深入进行项目建设方案设计。包括：

① 深入研究项目的建设规模与产品方案，对项目建设规模进行比选，推荐适宜的建设规模方案；研究制定主产品和副产品的组合方案，通过比选或优化推荐最佳方案。

② 进行工程选址，深入研究场（厂）址具体位置，并对场（厂）址进行比选，并绘制场（厂）址地理位置图。

③ 进一步研究确定工艺技术方案和主要设备方案，对生产方法、主体和辅助工艺流程进行比选，论证工艺技术来源的可靠性及可得性，并绘制工艺流程图、物料平衡图，确定物料消耗定额等。同时，对主要设备进行最后选型比较，提出主要设备清单、采购方式、报价，其深度要达到采购、预订货的要求。

④ 进一步研究主要原材料、辅助材料和燃料的品种、质量、年需要量、来源和运输方式，以及价格现状和走势，并编制原材料、燃料供应表。

⑤ 确定项目构成，包括各主要单项工程。确定项目总平面布置和竖向布置，绘制总平面布置图，编制总平面布置主要指标表。

⑥ 研究场（厂）内外运输量、运输方式，以及场（厂）内运输设备。

⑦ 研究提出给排水、供电、供热、通信、维修、仓储、空分、空压、制冷等公用、辅助工程方案。

⑧ 研究节能、节水措施并分析能耗、水耗指标。

⑨ 进一步深入研究环境影响问题，调查项目所在地自然、生态、社会等环境条件及环境保护区现状；分析污染环境因素及危害程度和破坏环境因素及危害程度；提出环境保护措施；估算环境保护措施所需费用；对环境治理方案进行优化评价。

（4）研究劳动安全卫生与消防。分析危害因素及危害程度，制定安全卫生措施方案，以及消防设施方案。

（5）研究项目建成投产及生产经营的组织机构与人力资源配置。研究组织机构设置方案及其适应性分析；研究人力资源配置构成、人数、技能素质要求；编制员工培训计划。

（6）制定项目进度计划。确定建设工期，编制项目计划进度表，对大型项目还要编制项目主要单项工程的时序表。

（7）对项目所需投资进行详细估算。分别估算建筑安装工程费、设备及工器具购置费、安装工程费、其他建设费用；分别估算基本预备费和涨价预备费；估算建设期利息；估算流动资金。

（8）深化融资分析。构造并优化融资方案；研究确定资本和债务资金来源，并形成意向性协议。

（9）深化财务分析。按规定科目详细估算销售收入和成本费用；编制财务报表，计算相关指标，进行盈利能力和偿债能力分析。

（10）深化国民经济评价。分析国民经济效益与费用，并以影子价格计算，编制国民经济评价报表，计算相关指标。

（11）深化社会评价。对应进行社会评价的项目，进行详细的社会评价。

（12）深化环境影响评价。包括环境对项目建设的影响和项目建设及投产后对环境污染和破坏影响的评价。

（13）对项目进行不确定性分析。包括敏感性分析，盈亏平衡分析。

（14）深化风险分析。对项目主要风险因素进行识别，分析风险影响程度，确定风险等级，研究防范和降低风险的对策措施。

（15）综合评价。对以上项目可行性研究进行综合评价，进而概述推荐方案，提出优缺点，概述主要对比方案，做出项目可行性研究结论，并提出对项目下一步工作和项目实施中需要解决的问题的建议。

2. 工程建设投资估算

工程建设项目投资估算，是项目主管部门审批项目建议书的依据之一，是建设项目投资的最高限额，不得随意突破，是研究分析计算项目投资经济效果的重要条件，是资金筹措及制定贷款计划的依据，也是进行设计招标、优选设计单位和设计方案的依据。故在建设投资决策阶段应做好投资估算工作。工程建设项目投资估算的编制方法很多，如生产规模指数估算法、以设备投资为基础的比例估算法、单位面积综合指标估算法等，在实际工作中应根据项目的性质，选用适宜的估算方法。

3. 工程建设项目经济评价

项目的经济评价，是根据项目的各项技术经济因素和各种财务、经济预测指标，对项目的财务、经济、社会效益进行分析和评估，从而确定项目投资效果的一系列分析、计算和研究工作。

经济评价的任务是在完成市场要求预测、建设地点选择、技术方案比较等可行性研究的基础上，运用定量分析与定性分析相结合、动态分析与静态分析相结合、宏观效益分析与微观效益分析相结合等方法，计算项目投入的费用和产出的效益，通过多方案的比较，对拟建项目的经济可行性、合理性进行分析论证，作出全面经济评价，提出投资决策的经济依据，确定推荐最佳投资方案。

项目的经济评价，一般应进行财务评价、国民经济评价和社会效益评价。

（1）财务评价

财务评价的内容包括项目的盈利能力分析、清偿能力分析和外汇平衡分析。

盈利能力分析要计算财务内部收益率、投资回收期、财务净现值、投资利润率、投资利税率、资本金利润率等指标。清偿能力分析要计算资产负债率、借款偿还期、流动比率、速动比率等指标。外汇平衡分析要计算经济换汇成本、经济节汇成本等指标。

（2）国民经济评价

国民经济评价是按照资源合理配置的原则，从国家整体角度考察项目的效益和费用，用影子价格、影子汇率和社会折现率等经济参数分析、计算项目对国民经济的净贡献，评价项目的经济合理性。

影子价格是自然资源、劳动力、资金等资源对国民经济收益，在最优产出水平时所具有的以货币表示的价值。影子汇率即外汇的影子价格，在项目国民经济评价中用于外汇与人民币之间的换算。社会折现率是国家规定的把不同时间发生的各种费用、效益的现金流量折算成现值的参数，它表明社会对资金时间价值的估算，表示社会最低可以接受的社会收益率的极限，并作为衡量经济内部收益率的基准值。

（3）社会效益评价

目前，我国现行的建设项目经济评价指标体系中，还没有规定出社会效益评价指标，关键问题是有些指标不容易量化。故社会效益评价以定性分析为主，主要分析项目建成投产后，对环境保护和生态平衡的影响，对提高地区和部门科学技术水平的影响，对提供就业机会的影响，对产品质量的提高和对产品用户的影响，对提高人民物质文化生活及社会福利生活的影响，对提高资源利用率的影响等。

（4）建设项目不确定性经济分析

建设项目的财务评价和国民经济评价，都属于确定性经济评价，因其所用的变量参数均假定是确定的。实际情况中，这些变量或参数几乎很少能与原来假定（预测）的值完全一致，而是存在着许多不确定性。这些不确定性有时会对建设项目经济评价的结果产生重大影响，所以有必要对建设项目进行不确定性经济分析，包括敏感性分析、盈亏平衡分析和概率分析，其中盈亏平衡分析只用于财务评价，敏感性分析和概率分析可同时用于财务评价和国民经济评价。

6.2.3　工程建设项目设计阶段的投资控制

设计阶段的投资控制是建设项目全过程投资控制的重点之一，应努力做到使工程设计在满足工程质量和功能要求的前提下，其活化劳动和物化劳动的消耗达到相对较少的水平，最大不应超过投资估算数。为达到这一目的，应在有条件的情况下积极开展设计竞赛和设计招标活动，严格执行设计标准，推广标准化设计，应用限额设计、价值工程等理论对工程建设项目设计阶段的投资进行有效的控制。

1. 严格执行设计标准，积极推广标准设计

设计标准是国家的重要技术规范，来源于工程建设实践经验和科研成果，是工程建设必须遵循的科学依据，设计标准体现科学技术向生产力的转化，是保证工程质量的前提，是工程建设项目创造经济效益的途径之一。设计规范（标准）的执行，有利于降低投资、缩短工期；有的设计规范虽不直接降低项目投资，但能降低建筑全寿命费用；还有的设计规范，可能使项目投资增加，但保障了生命财产安全，从宏观上讲，也有利于经济效益。

标准设计是指按照国家规定的现行标准规范，对各种建筑、结构和构配件等编制的具有重复作用性质的整套技术文件，经主管部门审查、批准后颁发的全国、部门或地方通用的设计。推广标准设计，能加快设计速度，节约设计费用；可进行机械化、工厂化生产，提高了劳动生产率，缩短建设周期；有利于节约建筑材料，降低工程造价。

2. 价值工程及其在设计阶段的应用

价值工程，又称价值分析，是研究产品功能和成本之间关系问题的管理技术。功能属于技术指标，成本则属于经济指标，它要求从技术和经济两方面来提高产品的经济效益。"价值"是功能和实现这个功能所耗费用（成本）的比值，其表达式为：

$$V = \frac{F}{C}$$

式中　V——价值系数；

　　　F——功能（一种产品所具有的特定职能和用途）系数；

　　　C——成本（从为满足用户提出的功能要求进行研制、生产到用户使用所花费的全部成本）系数。

（1）价值工程的工作步骤

价值工程，是运用集体智慧和有组织的活动，对产品进行功能分析，以最低的总成本，可靠地实现产品必要功能。其工作大致分为以下步骤：1）价值工程对象选择；2）收集资料；3）功能分析；4）功能评价；5）提出改进方案；6）方案的评价与选择；7）试验证明；8）决定实施方案。这些步骤可概括为分析问题、综合研究和方案评价三个阶段。

（2）提高产品价值的途径

从价值公式可以看出，价值与功能成正比关系，而与成本成反比关系。提高产品价值的途径概括起来有以下五个方面：

1）功能不变，成本降低。如通过材料的有效替换来实现。

2）成本不变，功能提高。如通过改进设计来实现。

3）成本小幅增加，功能大幅提高。经过科研和设计的努力，通过增加少量成本，使产品功能有较大幅度的提高。

4）功能小幅降低，成本大幅降低。根据用户的需要，适当降低产品的某些功能，以使产品成本有较大幅度的降低。

5）功能提高，成本降低。运用新技术、新工艺、新材料，在提高产品功能的同时，降低产品成本，使产品的价值有大幅度的提高。

（3）价值工程在设计阶段的应用

通过以上介绍，很容易看出，只要是投入了资金进行建设的大、小工程项目，都可以应用价值工程。

1）运用价值工程进行设计方案的选择

同一个建设项目，或是同一单项、单位工程可以有不同的设计方案，每一设计方案有各自的功能特点和不同的造价。可以根据价值工程的理论，对每一个设计方案进行功能分析和评价、投资费用计算，进而计算每一个设计方案的价值系数，比较其大小，选择优秀方案。

2）价值工程在优化工程设计中的运用

从价值工程的观点出发，对现有的工程设计进行严密的分析，从功能和成本两个角度综合考虑，提出新的改进设计方案，使工程建设的经济效益得到明显的提高，其具体应用的途径有文（2）中叙述的五类。价值工程的作用也逐渐被人们所认识。

3. 限额设计的应用

限额设计就是按照批准的设计任务书及投资估算控制初步设计，按照批准的初步设计总概算控制施工图设计，同时各专业在保证达到要求的使用功能的前提下，按分配的投资限额控制设计，严格控制技术设计和施工图设计的不合理变更，保证总投资限额不被突破。建设项目限额设计的内容如下：

（1）建设项目从可行性研究开始，便要建立限额设计观念。合理地、准确地确定投资估算，是确定项目总投资额的依据。

（2）初步设计应按核准后的投资估算限额，通过多个方案的设计比较优选来实现。初步设计应严格按照施工规划和施工组织设计，按照合同文件要求进行，并要切实、合理地选定费用指标和经济指标，正确地确定设计概算。经审核批准后的设计概算限额，便是下一步施工详图设计控制投资的依据。

（3）施工图是设计单位的最终产品，必须严格地按初步设计确定的原则、范围、内容和投资额进行设计，即按设计概算限额进行施工图设计。但由于初步设计受外部条件如工程地质、设备、材料供应、价格变化以及横向协作关系的影响，加上人们主观认识的局限性，往往给施工图设计和它以后的实际施工，带来局部变更和修改。合理地修改、变更是正常的，关键是要进行核算和调整，控制施工图设计不突破设计概算限额。

（4）对于确实可能发生的变更，为减少损失，应尽量提前实现，如在设计阶段变更，只需改图纸，其他费用尚未发生，损失有限；如果在采购阶段变更，则不仅要修改图纸，设备材料也必须重新采购；若在施工中变更，除上述费用外，已施工的工程还须拆除，势必造成重大变更损失。为此，要建立相应的设计管理制度，尽可能把设计变更控制在设计阶段，对影响工程造价的重大设计变更，更要采用先算后变的办法。

4. 建设项目设计概算的编制

设计概算是确定建设项目投资的依据，是进行拨款和贷款的依据，是实行投资包干的依据，是考核设计方案的经济合理性和控制施工图预算的依据。设计概算由单位工程概算、单项工程综合概算和建设项目总概算三级组成。设计概算的编制，是从单位工程概算这一级编制开始，经过逐级汇总而成的。

（1）单位工程概算编制

1）建筑工程概算编制的主要方法有：

① 扩大单价法，又叫概算定额法。当初步设计达到一定深度、建筑结构比较明确时采用。主要步骤有：第一，根据初步设计图纸和说明书，按概算定额中划分的项目计算工程量；第二，根据计算的工程量套用概算定额单价，计算出材料费、人工费、施工机械费之和；第三，根据有关取费标准计算其他直接费、间接费、计划利润和税金；第四，汇总各项费用得出建筑工程概算造价。

② 概算指标法。当初步设计深度不够，不能准确计算工程量而有类似概算指标可用时采用。概算指标，是按一定计量单位规定的、比概算定额更综合的分部工程或单位工程等的劳动、材料和机械台班的消耗量标准和造价指标。在建筑工程中，它按完整的建筑

物、构筑物以 m²、m³ 或座等为计量单位。

③ 类似工程预算法。当工程设计对象与已建或在建工程相类似，结构特征基本相同又没有可用的概算指标时采用。该法以原有的相似工程的预算为基础，考虑建筑结构差异和价差，求出单位工程的概算指标，再按概算指标法编制建筑工程概算。

2）设备及安装工程概算编制方法

设备购置费由设备原价和设备运杂费组成。国产标准设备原价一般是根据设备型号、规格、材质、数量及所附带的配件内容，套用主管部门规定的或工厂自行制定的现行产品出厂价格逐项计算。对于非主要标准设备的原价也可按占主要设备总原价的百分比计算。百分比指标按主管部门或地区的有关规定执行。

设备及安装工程概算编制方法有预算单价法、扩大单价法、安装设备百分比法和综合吨位指标法。

① 预算单价法。当初步设计较深，有详细的设备清单时，可直接按安装工程预算定额单价编制设备及安装工程概算，其程序基本等同于安装工程施工图预算。

② 扩大单价法。当初步设计深度不够，设备清单不完备，只有主体设备或仅有成套设备重量时，可采用主体设备或成套设备的综合扩大安装单价来编制概算。

③ 安装设备百分比法。当初步设计深度不够，只有设备出厂价而无详细规格、重量时，安装费可按占设备费的百分比计算。

④ 综合吨位指标法。当初步设计提供的设备清单有规格和重量时，可采用综合吨位指标法来编制概算。

（2）单项工程综合概算编制

将单项工程内各个单位工程的概算汇总得到综合概算。在不编制总概算时应加列工程建设其他费用，如土地使用费、勘察设计费、监理费、预备费、固定资产投资方向调节税等。

（3）建设项目总概算编制

总概算是确定整个建设项目从筹建到建成全部建设费用的文件，它由组成建设项目的各个单项工程综合概算及工程建设其他费用和预备费、固定资产投资方向调节税等汇总编制而成。

6.2.4　工程建设施工招标阶段的投资控制

监理工程师在项目施工招标阶段进行投资控制的主要工作是协助业主编制招标文件、标底，评标，向业主推荐合理报价，协助业主与承包商签订工程承包合同。

1. 工程量清单计价

工程量清单计价是指投标人完成由招标人提供的工程量清单所需的全部费用，包括分部分项工程费、措施项目费、其他项目费、规费和税金。工程量清单计价方式，是在建设工程招标投标中，招标人自行或委托具有资质的中介机构编制反映工程实体消耗和措施性消耗的工程量清单，并作为招标文件的一部分提供给投标人，由投标人依据工程量清单自主报价的计价方式。在工程招标中采用工程量清单计价是国际上较为通行的做法。

根据《建设工程工程量清单计价规范》GB 50500—2013，工程量清单是一份由招标人提供的文件，是招标工程项目名称和相应数量的明细清单。它将招标工程的全部项目，按一定的方式进行分解，采用表格形式详细列出包括具体的施工项目及其计量单位、数量、单价、合价等各项内容的一份清单，由招标人填写项目及工程量栏，投标人填入单价和合价栏。投标人未填写的单价和合价，视为此项费用已包含在工程量清单的其他单价和合价中。工程量清单是计算工程价款和合同结算的依据，在发生工程变更、索赔、增加新的工程项目等情况时，可以选用或者参照工程量清单中的分部分项工程或计价项目与合同单价来确定变更项目或索赔项目的单价和相关费用。因此，工程量清单是建设项目招标文件的重要组成部分，也是施工承包合同的重要组成部分。

2. 工程招标控制价

招标控制价是指招标人根据国家或省级、行业建设主管部门颁发的有关计价依据和办法，以及拟定的招标文件和招标工程量清单，结合工程具体情况编制的招标工程的最高投标限价。编制招标控制价能够增强招标过程的透明度，有利于招标人有效控制项目投资，防止恶性投标带来的投资风险。

（1）分部分项工程费应根据招标文件中的分部分项工程量清单项目的特征描述及有关要求计价，并应符合下列规定：①综合单价中应包括拟定的招标文件中要求投标人承担的风险费用，拟定的招标文件没有明确的，应提请招标人明确；②拟定的招标文件提供了暂估单价的材料和工程设备，按暂估的单价计入综合单价。

（2）措施项目费应按招标文件中提供的措施项目清单确定，措施项目采用分部分项工程综合单价形式进行计价的工程量，应按措施项目清单中的工程量，并按规定确定综合单价；以"项"为单位的方式计价的，按规定确定除规费、税金以外的全部费用。措施项目费中的安全文明施工费应当按照国家或省级、行业建设主管部门的规定标准计价，不得作为竞争性费用。

（3）其他项目费应按下列规定计价。

1）暂列金额。暂列金额是由招标人在工程量清单中暂定并包括在合同价款中的一笔款项，用于施工合同签订时尚未确定或者不可预见的所需材料、设备、服务的采购，施工中可能发生的工程变更、合同约定调整因素出现时的工程价款调整以及发生的索赔、现场签证确认等的费用。暂列金额可根据工程的复杂程度、设计深度、工程环境条件（包括地质、水文、气候条件等）进行估算，一般可按分部分项工程费的 10%～15% 作为参考。

2）暂估价。暂估价是由招标人在工程量清单中提供的用于支付必然发生但暂时不能确定价格的材料、工程设备的单价以及专业工程的金额，包括材料暂估单价、工程设备暂估单价、专业工程暂估价。暂估价中的材料、工程设备暂估价应根据工程造价信息或参照市场价格估算；专业工程暂估价应分不同专业，按有关计价规定估算。

3）计日工。计日工应按招标工程量清单中列出的项目，根据工程特点和有关计价依据确定综合单价计算，包括计日工人工、材料和施工机械。在编制招标控制价时，对计日工中的人工单价和施工机械台班单价应按省级、行业建设主管部门或其授权的工程造价管理机构公布的单价计算；材料应按工程造价管理机构发布的工程造价信息中的材料单价计算，工程造价信息未发布材料单价的材料，其价格应按市场调查确定的单价计算。

4）总承包服务费。招标人应根据招标文件中列出的内容和向总承包人提出的要求，参照下列标准计算：

① 招标人仅要求对分包的专业工程进行总承包管理和协调时，按分包的专业工程估算造价的 1.5% 计算；

② 招标人要求对分包的专业工程进行总承包管理和协调，并同时要求提供配合服务时，根据招标文件中列出的配合服务内容和提出的要求，按分包的专业工程估算造价的3%～5%计算；

③ 招标人自行供应材料的，按招标人供应材料价值的1%计算。

（4）招标控制价的规费和税金必须按国家或省级、行业建设主管部门的规定计算。规费是根据省级政府或省级有关权力部门规定必须缴纳的，应计入建筑安装工程造价的费用。税金是国家税法规定的应计入建筑安装工程造价内的营业税、城市维护建设税及教育费附加等。

6.2.5 工程建设施工阶段的投资控制

决策阶段、设计阶段和招标阶段的投资控制工作，使工程建设规划在达到预先功能要求的前提下，其投资预算数也达到最优程度。这个最优程度的预算数的实现，取决于工程建设施工阶段投资控制工作。监理工程师在施工阶段进行投资控制的基本原理是把计划投资额作为投资控制的目标值，在工程施工过程中定期地进行投资实际值与目标值的比较，找出偏差及其产生的原因，采取有效措施加以控制，以保证投资控制目标的实现。其间日常的核心工作是工程计量与支付，同时工程变更和索赔对工程支付的影响较大，也需引起足够的重视。

1. 编制资金使用计划，确定投资控制目标

施工阶段编制资金使用计划的目的是控制施工阶段投资，合理地确定工程项目投资控制目标值，也就是根据工程概算或预算确定计划投资的总目标值、分目标值、各细目标值。

（1）按项目分解编制资金使用计划

根据建设项目的组成，首先将总投资分解到各单项工程，再分解到单位工程，最后分解到分部分项工程，分部分项工程的支出预算既包括材料费、人工费、机械费，也包括承包企业的间接费、利润等，是分部分项工程的综合单价与工程量的乘积。按单价合同签订的招标项目，可根据签订合同时提供的工程量清单所定的单价确定支出预算。其他形式的承包合同，可利用招标编制标底时所计算的材料费、人工费、机械费及考虑分摊的间接费、利润等确定综合单价，同时核实工程量，准确确定支出预算。资金使用计划表如表 6-1所示。

按项目分解的资金使用计划 表 6-1

编码	工程内容	单位	工程数量	综合单价	合价	备注

编制资金使用计划时，既要在项目总的方面考虑总预备费，也要在主要的工程分项中安排适当的不可预见费。所核实的工程量与招标时的工程量估算值有较大出入时，应予以调整并作"预计超出子项"注明。

（2）按时间进度编制资金使用计划

建设项目的投资总是分阶段、分期支出的，资金应用是否合理与资金时间安排有密切的关系。为了合理地制订资金筹措计划，尽可能减少资金占用和利息支付，编制按时间进度分解的资金使用计划是很有必要的。

通过对施工对象的分析和施工现场的考察，结合当代施工技术特点制定出科学合理的施工进度计划，在此基础上编制按时间进度划分的投资支出预算。其步骤如下：

1）编制施工进度计划。

2）根据单位时间内完成的工程量计算出这段时间内的预算支出，在时标网络图上按时间编制投资支出计划。

3）计算工期内各时点的预算支出累计额，绘制时间投资累计曲线（S曲线）。

对时间投资累计曲线，根据施工进度计划的最早可能开始时间和最迟必须开始时间来绘制，则可得两条时间投资累计曲线，俗称"香蕉"曲线。一般而言，按最迟必须开始时间安排施工，对节约建设资金贷款利息有利，但同时也降低了项目按期竣工的保证率，故监理工程师必须合理地确定投资支出预算，达到既节约投资支出，又能控制项目工期的目的。

在实际操作中可同时绘出计划进度预算支出累计线、实际进度预算支出累计线和实际进度实际支出累计线，以进行比较，了解施工过程中费用的情况。

2. 工程计量

采用单价合同的承包工程，工程量清单中的工程量，只是在图纸和规范基础上的估算值，不能作为工程款结算的依据。监理工程师必须对已完工的工程进行计量，只有经过监理工程师计量确定的数量才是向承包商支付工程款的凭证。所以，计量是控制项目投资支出的关键环节。计量同时也是约束承包商履行合同义务的手段，监理工程师对计量支付有充分的批准权和否决权，对不合格的工作和工程，可以拒绝计量。监理工程师通过按时计量，可以及时掌握承包商工作的进展情况和工程进度，督促承包商履行合同。

（1）计量程序

1）"建设工程施工合同"规定的程序

按照住房和城乡建设部颁布的《建设工程施工合同（示范文本）》GF—2017—0201中12.3条规定，除专用合同另有约定外，工程计量的一般程序是：承包方应于每月25日向监理人报送上月20日至当月19日已完成的工程量报告，并附具进度付款申请单、已完成工程量报表和有关资料（承包方完成的工程分项获得质量验收合格证书以后），向监理工程师提交已完工程的报告，监理工程师接到报告后7天内按设计图纸核实已完工程数量（简称计量），监理人对工程量有异议的，有权要求承包人进行共同复核或抽样复测。承包人应协助监理人进行复核或抽样复测，并按监理人要求提供补充计量资料。承包人未按监理人要求参加复核或抽样复测的，监理人复核或修正的工程量视为承包人实际完成的工程量。监理人未在收到承包人提交的工程量报表后的7天内完成审核的，承包人报送的工程量报告中的工程量视为承包人实际完成的工程量，据此计算工程价款。

2）FIDIC规定的工程计量程序

FIDIC条款12.1条对工程计量程序作了相应的规定，如当工程师要求对任何部位进行计量时，应至少提前7天向承包商发出通知，承包商代表应参加或派出一名合格的代表协助工程师进行上述计量，并提供工程师所要求的一切详细资料。如承包商不参加，或由于疏忽遗忘而未派上述代表参加，则由工程师单方面进行的计量应被视为对工程该部位的正确计量。

（2）计量的前提、依据和范围

准备计量的工程必须符合质量要求，并且备有各项质量验收手续，这是计量的前提条件。

工程计量的依据是计量细则。在工程承包合同中，每个合同对计量的方法都有专门条款进行详细说明和规定，合同中称之为计量细则，或叫清单序言。承包商在投标时按计量细则提出单价，所以监理工程师必须严格按计量细则的规定进行计量，不能按习惯去做或是按别的合同计量细则去做。

监理工程师进行工程计量的范围一般有三个方面。第一是工程量清单的全部项目；第二是合同文件中规定的项目；第三是工程变更项目。

3. 工程支付

工程付款是合同双方极为关注的事项，承包商希望早日收到施工款项，业主希望所付款项均落到实处，尽量延期付款，以利于各自的资金周转。

（1）工程支付的一般形式

1）预付款。在工程开工以前业主按合同规定向承包商支付预付款，有动员预付款和材料预付款两种。

2）工程进度款。一般是每月结算一次。承包商每月末向监理工程师提交该月的付款申请，其中包括完成的工程量、使用材料数量等计价资料。监理工程师收到申请以后，在限定时间内进行审核、计量、签字、支付工程价款，但要按合同规定的具体办法扣除预付款和保留金。

3）工程结算。工程完工后要进行工程结算工作。当竣工报告已由业主批准，该项目已被验收，即应支付项目的总价款。

4）保留金。保留金即业主从承包商应得到的工程进度款中扣留的金额，目的是促使承包商抓紧工程收尾工作，尽快完成合同任务，做好工程维护工作。一般合同规定保留金额约为应付金额的 $5\%\sim10\%$，但其累计总额不应超过合同价的 5%。随着项目的竣工和维修期满，业主应退还相应的保留金，当项目业主向承包商颁发竣工证书时，退还该项保留金的 50%。到颁发维修期满证书时，退还其余的 50%。合同宣告终止。

5）浮动价格支付。一般建设项目大多采用固定价格计价，风险由承包商承担。但是在项目规模较大、工期较长时，由于物价、工资等的变动，业主为了避免承包商因冒风险而提高报价，常常采用浮动价格结算工程款合同，此时在合同中应注明其浮动条件。

（2）常见的工程支付方法

1）我国按月结算建设工程价款支付

① 预付备料款

施工企业承包工程，一般都实行包工包料，需要有一定数量的备料周转资金。根据《建设工程施工合同（示范文本）》GF—2017—0201 中 12.2 条规定，实行工程预付款的，预付款的支付按照专用合同条款约定执行，但至迟应在开工通知载明的开工日期 7 天前支付。预付款应当用于材料、工程设备、施工设备的采购及修建临时工程、组织施工队伍进场等。除专用合同条款另有约定外，预付款在进度付款中同比例扣回。在颁发工程接收证书前，提前解除合同的，尚未扣完的预付款应与合同价款一并结算。发包人不按约定预付，承包人在约定预付时间 7 天后向发包人发出要求预付的通知，发包人收到通知后 7 天内仍未支付的，承包人有权停止施工，并按发包人违约的情形执行。发包人要求承包人提供预付款担保的，承包人应在发包人支付预付款 7 天前提供预付款担保，专用合同条款另有约定除外。预付款担保可采用银行保函、担保公司担保等形式，具体由合同当事人在专用合同条款中约定。在预付款完全扣回之前，承包人应保证预付款担保持续有效。发包人在工程款中逐期扣回预付款后，预付款担保额度应相应减少，但剩余的预付款担保金额不得低于未被扣回的预付款金额。

A. 预付备料款的限额。备料款限额由下列主要因素决定：a. 主要材料（包括外购构件）占工程造价的比重；b. 材料储备期；c. 施工工期。

一般建筑工程的预付备料款不应超过当年建筑工作量（包括水、电、暖）的 30%；安装工程按年安装工作量的 10%；材料占比重较多的安装工程按年计划产值的 15% 左右拨付。

在实际工作中，备料款的数额，要根据各工程类型、合同工期、承包方式和供应体制等不同条件而定。

B. 备料款的扣回。业主拨付给承包单位的备料款属于预支性质，到了工程中后期，随着工程所需主要材料储备的逐步减少，应以抵充工程价款的方式陆续扣回。扣款的方法有两种：a. 从未施工工程尚需的主要材料及构件的价值相当于备料款数额时起扣，从每次结算工程价款中，按材料比重扣抵工程价款，竣工前全部扣清。b. 在承包人完成工程金额累计达到合同总价的 10%～95% 间均匀扣回。

② 中间结算

施工企业在工程建设过程中，按逐月完成的分部分项工程数量计算各项费用，向建设单位办理中间结算手续。

现行的中间结算办法是，施工企业在旬末或月中向建设单位提出预支工程款账单，预支一旬或半月的工程款，月末再提出工程款结算账单和已完工程月报表，收取当月工程价款，并通过银行进行结算。

按月进行结算，要对现场已施工完毕的工程逐一进行清点，资料提出后要交监理工程师和建设单位审查签证。

当未完建筑安装工程价为合同总价的某一约定比例时（如 5%）停止支付，预留该部分工程款作为保留金（尾留款），在工程竣工办理竣工结算时最后拨款。

根据《建设工程施工合同（示范文本）》GF—2017—0201 中 12.4 条内容规定，除专用合同条款另有约定外，监理人应在收到承包人进度付款申请单以及相关资料后 7 天内完成审查并报送发包人，发包人应在收到后 7 天内完成审批并签发进度款支付证书。发包人逾期未完成审批且未提出异议的，视为已签发进度款支付证书。发包人和监理人对承包人的进度付款申请单有异议的，有权要求承包人修正和提供补充资料，承包人应提交修正后的进度付款申请单。监理人应在收到承包人修正后的进度付款申请单及相关资料后 7 天内完成审查并报送发包人，发包人应在收到监理人报送的进度付款申请单及相关资料后 7 天内，向承包人签发无异议部分的临时进度款支付证书。存在争议的部分，按照第 20 条"争议解决"的约定处理。发包人应在进度款支付证书或临时进度款支付证书签发后 14 天内完成支付。发包人逾期支付进度款的，应按照中国人民银行发布的同期同类贷款基准利率支付违约金。发包人不按合同约定支付工程款，双方又未达成延期付款协议，导致施工无法进行，承包人可停止施工，由发包人承担违约责任。

【案例】

某工程项目合同，采用以直接费为计算基础的全费用综合单价计价。施工合同约定：工程无预付款；进度款按月结算；工程量以监理工程师计量的结果为准；工程保留金按工程进度款的3％逐月扣留；监理工程师每月签发进度款的最低限额为25万元。施工进程中，按建设单位要求，设计单位提出了一项工程变更，施工单位认为该变更使混凝土分项工程量大幅减少，要求对合同中的单价作相应调整。建设单位则认为应按原合同单价执行，双方意见产生分歧。

[问题]

请思考如何解决双方意见分歧的问题？

[参考答案]

双方可以请求监理单位调解，若经监理方调解各方能达成共识，则按照调解方案处理。如果建设单位和施工单位未能就工程变更的费用等达成协议，监理单位应提出一个暂定的价格，作为临时支付工程进度款的依据，并且该项工程款最终结算时，如建设单位和施工单位达成一致，以达成的协议为依据，如建设单位和施工单位不能达成一致，以法院判决或仲裁机构裁决为依据。

③ 竣工结算

竣工结算是施工企业在所承包的工程按照合同规定的内容全部完工，经验收质量合格，并符合合同要求之后，向业主进行的最终工程价款结算。

在竣工结算时，若因某些条件变化，使合同工程价款发生变化，则需按规定对合同价款进行调整。

《建设工程施工合同（示范文本）》GF—2017—0201中14.1条规定：

A. 承包人应在工程竣工验收合格后28天内向发包人和监理人递交竣工结算申请单，并提交完整的结算资料，双方按照协议书约定的合同价款及专用条款约定的合同价款调整内容，进行工程竣工结算。

B. 监理人应在收到竣工结算申请单后14天内完成核查并报送发包人。发包人应在收到监理人提交的经审核的竣工结算申请单后14天内完成审批，并由监理人向承包人签发经发包人签认的竣工付款证书。监理人或发包人对竣工结算申请单有异议的，有权要求承包人进行修正和提供补充资料，承包人应提交修正后的竣工结算申请单。发包人在收到承包人提交竣工结算申请书后28天内未完成审批且未提出异议的，视为发包人认可承包人提交的竣工结算申请单，并自发包人收到承包人提交的竣工结算申请单后第29天起视为已签发竣工付款证书。

C. 发包人应在签发竣工付款证书后的14天内，完成对承包人的竣工付款。发包人逾期支付的，按照中国人民银行发布的同期同类贷款基准利率支付违约金；逾期支付超过56天的，按照中国人民银行发布的同期同类贷款基准利率的两倍支付违约金。

D. 承包人对发包人签认的竣工付款证书有异议的，对于有异议部分应在收到发包人签认的竣工付款证书后7天内提出异议，并由合同当事人按照专用合同条款约定的方式和程序进行复核，或按照第20条"争议解决"约定处理。对于无异议部分，发包人应签发临时竣工付款证书。承包人逾期未提出异议的，视为认可发包人的审批结果。

E. 发包人收到竣工结算报告及结算资料后28天内不支付工程竣工结算价款，承包人可以催告发包人支付结算价款。发包人收到竣工结算报告及结算资料后56天仍不支付的，承包人可以与发包人协议将工程折价，也可以由承包人申请人民法院将工程依法拍卖，承包人就该工程折价或拍卖的价款优先受偿。

F. 工程竣工验收报告经发包人认可后28天内，承包人未能向发包人递交竣工结算报告及完整的结算资料，造成工程竣工结算不能正常进行或工程竣工结算价款不能及时支付，发包人要求交付工程的，承包人应当交付；发包人不要求交付工程的，承包人承担保管责任。

G. 发包人和承包人对工程竣工结算价款发生争议时，按争议的约定处理。

2）我国工程项目设备、工器具费用支付

① 国内设备、工器具费用支付

建设单位订购的国内设备、工器具，一般不预付定金，只对制造期在半年以上的大型专用设备和船舶的价款，按合同分期付款。建设单位在收到设备、工器具后，要按合同规定及时结算付款，不应无故拖欠。

② 进口设备费用支付

A. 标准机械设备（有现货）的费用支付

标准机械设备费用支付，大多使用国际贸易广泛使用的不可撤销的信用证，这种信用证在合同生效之后一定日期由买方委托银行开出，经买方认可的卖方所在地银行为议付银行。以卖方为收款人的不可撤销的信用证，其金额与合同总额相等。

标准机械设备首次合同付款。当采购货物已装船，卖方提交合同规定的相关文件和单证后，即可支付合同总价的90%。

最终合同付款。机械设备在保证期截止时，卖方提交相关单证后支付合同总价的尾款10%。

B. 专制机械设备的费用支付

a. 预付款。一般专制机械设备的采购，在合同签订后开始制造前，卖方向买方提交有关文件和单证后，由买方向卖方提供合同总价的10%～20%的预付款。

b. 阶段付款。按照合同条款，当机械制造开始加工到一定阶段，可按设备合同价一定的百分比进行付款。

c. 最终付款。指在保证期结束时的付款。

3）FIDIC合同条件下的工程费用支付

① 工程支付范围：FIDIC合同条件下的工程费用支付范围包括工程量清单中的费用和工程量清单外费用两大部分，详细内容见表6-2。

工程费用支付范围 表6-2

清单费用	工程量清单所列费用
一	工程变更
	费用索赔
	成本增减
	预付款
	保留金
	迟付款利息、违约罚金

② 工程支付条件

A. 质量合格是工程支付的必要条件。

B. 符合合同条件。一切支付均需要符合合同规定的要求，例如：在承包商提供履约保函和承包预付款保函之后才予以支付承包预付款。

C. 变更项目必须有监理工程师的变更通知。FIDIC 合同条件规定，承包商应从有"权限"的工程师、工程师代表或授权助理那里接受指示，并确认该指示是否为变更。

D. 支付金额必须大于临时支付证书规定的最小限额。

E. 承包商的工作使监理工程师满意。

③ 工程支付办法

A. 工程量清单项目

工程量清单项目分为一般项目、暂定金额和计日工三种。

一般项目是指工程量清单中除暂定金额和计日工以外的全部项目，这类项目的支付是以经过监理工程师计量的工程数量为依据，乘以工程量清单中的单价。

暂定金额是指包括在合同中，并在工程量表中以此名称标明，供工程的任何部分的施工，或货物、材料、工程设备或服务的提供，或供不可预料事件之用的金额。承包商按监理工程师指示完成的指定金额项目，其费用可按合同中有关费率和价格估价，或按有关发票、凭证等计价支付。

计日工指在施工过程中，承包人完成发包人提出的施工图纸以外的零星项目或工作，按合同中约定的综合单价计价的一种方式。《建设工程工程量清单计价规范》GB 50500—2013 中规定，计日工应按招标工程量清单中列出的项目和数量，自主确定综合单价并计算计日工总额。

B. 工程量清单以外项目

动员预付款，是业主借给承包商进驻场地和工程施工准备用款，一般为合同价的 5％～10％。付款条件有三：第一是已签订合同协议书；第二是承包商已提供了履约保函（或保证金）；第三是承包商已提供了动员预付款保函。按照合同规定，当承包商的工程进度款累计金额超过合同价的 10％～20％时开始扣回，至竣工前三个月全部扣清。材料预付款，是指运至工地尚未用于工程的材料设备预付款，按材料设备价的某一比例支付（通常为材料发票价的 70％～75％），当材料和设备用于工程后，从工程进度款中扣回。

保留金的扣留与返还如前所述。工程变更价款、索赔费用将在后面叙述。

④ 工程费用支付程序

FIDIC 条款（红皮书）2017 版 14 条规定了支付程序，主要有三个步骤：

A. 承包商向工程师递交支付款申请和支撑材料。

B. 工程师收到申请材料后在 28 天内完成审核，编制期中付款证书。

C. 业主批准支付。

建设项目已完成投资费用的动态结算

动态结算就是在工程款结算时，要考虑货币的时间价值，随着施工进度的进程，把价格上涨因素、通货膨胀因素等影响，反映到结算中去，不断地进行价格的"滚动"调价，使结算能较好地反映实际消耗的费用，有利于业主按照市场经济规律控制投资。按照国际惯例对建设项目已完成投资费用的结算，通常都采用动态结算法。

应用较普遍的调价方法有文件证明法和调价公式法。文件证明法通俗地讲就是凭正式发票向业主结算价差，为了避免因承包商对降低成本不感兴趣而引起的副作用，合同文中应规定业主和监理工程师有权指令承包商选择更廉价的供应货源。调价公式法常用的计算公式为：

$$P = P_0 \left(a_0 + a_1 \frac{A_{11}}{A_{10}} + \cdots + a_i \frac{A_{i1}}{A_{i0}} + \cdots + a_n \frac{A_{n1}}{A_{n0}} \right)$$

式中　P——调值后合同价款或工程实际结算款；

$\quad\quad P_0$——签订合同中的原价；

$\quad\quad a_0$——固定要素，代表合同支付中不能调整的部分；

$a_1 \cdots a_n$——代表各项费用（如：人工费、钢材费、运输费等）在合同总价中所占的比重，$a_0 + a_1 + \cdots a_n = 1$；

$A_{10} \cdots A_{n0}$——投标截止日期前 28 天各项费用的基期价格指数或价格；

$A_{11} \cdots A_{n1}$——代表结算时各项费用的现行价格指数或价格。

4. 工程变更估价与索赔费用计算

（1）工程变更估价

1）我国现行工程变更价款的确定方法

由监理工程师签发工程变更令，进行设计变更或更改作为投标基础的其他合同文件，由此导致的经济支出和承包方损失，由业主承担，延误的工期相应顺延，因此监理工程师作为建设单位的委托人必须合理确定变更价款，控制投资支出。若变更是由于承包方的违约所致，此时引起的费用必须由承包方承担。

合同价款的变更价格，是在双方协商的时间内，由承包方提出变更价格，报监理工程师批准后调整合同价款和竣工日期。监理工程师审核承包方所提出的变更价款是否合理，可考虑以下原则：

① 合同中有适用于变更工程的价格，按合同已有的价格计算变更合同价款；

② 合同中只有类似于变更情况的价格，可以此作为基础，确定变更价格，变更合同价款；

③ 合同中没有类似和适用的价格，由承包方提出适当的变更价格，由监理工程师批准执行，这一批准的变更价格，应与承包方达成一致，否则应通过工程造价管理部门裁定。

2）FIDIC 条款下工程变更估价

按 FIDIC 合同条件（红皮书）2017 版 12.3 条进行估价。如工程师认为适当，应以合同中规定的费率及价格进行估价。如合同中未包括适用于该变更工作的费率或价格，则应在合理的范围内使用合同中的费率和价格作为估价的基础。若合同清单中，既没有与变更项目相同，也没有相似项目时，在工程师与业主和承包商适当协商后，由工程师和承包商商定一合适的费率或价格作为结算的依据，当双方意见不一致时，承包商应向工程师发出通知，说明其不同意的理由。在收到承包商根据条款发出的通知后，除非此时此种费率或价格已受 13.3.1 款最后一段规定的约束，工程师应当商定确定适当的费率或价格。但费率或价格确定得不合理很可能导致承包商提出费用索赔。

如果工程师在颁发整个工程的移交证书时，发现由于工程变更和工程量表上实际工程量的增加或减少（不包括暂定金额、计日工和价格调整），使合同价格的增加或减少合计超过有效合同价（指不包括暂定金额和计日工补贴的合同价格）的 15％时，在工程师与业主和承包商协商后，应在合同价格中加上或减去承包商和工程师议定的一笔款额。该款额仅以超过或低于"有效合同价"15％的那一部分为基础。

（2）索赔费用计算

1）常见可以索赔的费用及不可索赔的费用

① 可以索赔的费用

常见可以索赔的费用无论对承包商还是监理工程师（业主），根据合同和有关法律规定，事先列出一个将来可能索赔的损失项目的清单，这是索赔管理中的一种良好做法，可以帮助防止遗漏或多列某些损失项目。以下列举了常见的损失项目（并非全部），可供参考。

A. 人工费。人工费在工程费用中所占的比重较大。人工费的索赔，也是施工索赔中数额最多者之一，一般包括：额外劳动力雇佣；劳动效率降低；人员闲置；加班工作；人员人身保险和各种社会保险支出。

B. 材料费。材料费的索赔关键在于确定由于业主方面修改工程内容，而使工程材料增加的数量，这个增加的数量，一般可通过原来材料的数量与实际使用的材料数量的比较来确定。材料费一般包括：额外材料使用；材料破损估价；材料涨价；运输费用。

C. 设备费。设备费是除人工费外的又一大项索赔内容，通常包括：额外设备使用；设备使用时间延长；设备闲置；设备折旧和修理费分摊；设备租赁实际费用；设备保险。

D. 低值易耗品。一般包括：额外低值易耗品使用；小型工具；仓库保管成本。

E. 现场管理费。一般包括：工期延长期的现场管理费；办公设施；办公用品；临时供热、供水及照明；保险；额外管理人员雇佣；管理人员工作时间延长；工资和有关福利待遇的提高。

F. 总部管理费。一般包括：合同期间的总部管理费超支；延长期中的总部管理费。

G. 融资成本。一般包括：贷款利息；自有资金利息。

H. 额外担保费用。

I. 利润损失。

② 不允许索赔的费用。

一般情况下，下列费用是不允许索赔的。

A. 承包商的索赔准备费用。

B. 工程保险费。

C. 因合同变更或索赔事项引起的工程计划调整、分包合同修改等费用，这类费用已在现场管理费中得到补偿。

D. 因承包商的不适当行为而扩大的损失。

E. 索赔金额在索赔处理期间的利息。

2）计算方法

① 实际费用法

实际费用法是工程索赔计算时最常用的一种方法。这种方法的计算原则是，以承包商为某项索赔事件所支付的实际开支为依据，向业主要求费用补偿。每一项工程索赔的费用，仅限于在该项工程施工中所发生的额外人工费、材料费和施工机械使用费，以及相应的管理费。

用实际费用法计算时，在直接费的额外费用部分的基础上，再加上应得的间接费和利润，即是承包商应得的索赔金额。由于实际费用法所依据的是实际发生的成本记录或单据，所以，在施工过程中，系统而准确地积累记录资料是非常重要的。

② 总费用法

总费用法即总成本法，就是当发生多次索赔事件以后，重新计算该工程的实际总费用，实际总费用减去投标报价时的估算总费用，即为索赔金额，即：

$$索赔金额＝实际总费用－投标报价估算总费用$$

但应注意实际发生的总费用中可能包括了承包商的原因（如施工组织不善）而增加的费用，所以这种方法只有在难以采用实际费用法时才应用。

6.2.6　竣工决算

1. 竣工决算的概念

建设项目竣工后，承包商与业主之间应及时办理竣工验收和竣工核验手续，在规定的期限之内，编制竣工结算书和工程价款结算单，业主凭此办理建设项目竣工决算。

建设项目竣工决算是业主向国家汇报建设成果和财务状况的总结性文件，也是竣工验收报告的重要组成部分。及时、正确编报竣工决算，对于考核建设项目投资、分析投资效果、促进竣工投产，以及积累技术经济资料等，都具有重要意义。

2. 竣工决算报表

竣工决算报表由许多规定的报表组成。大、中型建设项目竣工决算报表包括：竣工工程概况表（项目一览表）；竣工财务决算表；交付使用财产明细表；总概（预）算执行情况表；历年投资计划完成表。小型建设工程项目竣工决算报表一般包括：竣工决算总表；交付使用财产明细表。单项工程竣工决算报表包括：单项工程竣工决算表；单项工程设备安装清单。

竣工工程概况表：主要反映竣工的大、中型建设项目新增生产能力、建设时间、完成主要工程量、建设投资、主要材料消耗和主要技术经济指标等。

竣工财务决算表：反映竣工的大中型建设项目的资金来源和运用，作为考核分析基本建设投资贷款及其使用效果的依据。

交付使用财产总表：反映竣工的大、中型建设项目建成后新增固定资产和流动资产的价值，作为交接财产、检查投资计划完成情况、分析投资效果的依据。

交付使用财产明细表：反映竣工的大、中型建设项目交付使用固定资产和流动资产的详细内容，使用单位据此建立明细账。

复 习 思 考 题

1. 施工阶段中监理投资控制有哪些具体措施？

2. 案例题

某工程实施过程中发生如下事件：

施工合同规定，各工作（路肩……）调价按实际完成工程量超出已标价工程量清单的15%的超出部分调整系数为0.95，低于已标价工程量清单15%的总体价格调整系数为1.05。

事件1：到9月计量日施工单位已完成混凝土浇筑1860m³。监理认定已合格的混凝土工程量为1430m³，由于承包人原因超挖而超灌混凝土460m³。

事件2：工作A实际完成工程量为17600m³，已标价的工程量清单工程量为14200m³，单价为60元/m³。

事件3：施工单位采购螺杆，直接费为77.80元/根，间接费率9%，利润5%，税金9%。

事件4：某项目施工单位未填报单价和总价，施工完成后报监理单位申请工程计量及支付工程款。

问题：

（1）事件1中，监理单位应计量多少？说明理由。

（2）事件2中，工作A应支付工程款多少？（保留2位小数）

（3）事件3中，单根螺杆的间接费、利润、税金、单价？

（4）事件4中，监理机构应怎么处理？说明理由。

6.3 工程建设进度控制

6.3.1 进度控制概述

1. 进度控制的概念

工程进度控制是指在工程项目各建设阶段中，编制进度计划并付诸实施，在实施的过程中经常检查实际进度是否按计划要求进行，如发生偏差，则分析产生偏差的原因，采取补救措施或调整、修改原计划后再付诸实施，不断循环，直至工程竣工和交付使用。进度控制的目的是确保建设项目按预定的时间动用或提前交付使用，建设工程进度控制的总目标是建设工期。

进度、质量与造价（投资）并列为工程项目建设三大目标。它们之间有着相互依赖和相互制约的关系。监理工程师在工作中要对三个目标全面系统地加以考虑，正确处理好进度、质量和造价的关系，提高工程建设的综合效益。

进度控制是监理工程师的主要任务之一，由于在工程建设过程中存在许多影响进度的因素，这些因素往往来自不同的部门和不同的时期，它们对建设工程进度产生着复杂的影响。因此，进度控制人员必须事先对影响建设工程进度的各种因素进行调查分析，确定合理的进度控制目标，编制可行的进度计划，指导建设工作按计划进行，保证建设工程进度得到有效控制。

2. 影响进度的因素

由于建设项目具有庞大、复杂、周期长、相关单位多等特点，因而影响进度的因素很多。从产生的根源看，有的来源于建设单位及上级机构；有的来源于设计、施工及供货单位；有的来源于政府、建设部门、有关协作单位和社会；有的来源于各种自然条件；也有的来源于监理单位本身。归纳起来，这些因素包括以下几方面：

（1）业主因素。如建设单位使用要求改变而产生设计变更；建设单位提供场地条件不及时或不能满足工程正常需要；不能及时向施工单位或材料供应商付款等。

（2）勘察设计因素。如勘察资料不准确，特别是地质资料错误或遗漏；设计内容不完善，规范应用不恰当，设计有缺陷或错误；设计对施工的可能性未考虑或考虑不周；施工图纸供应不及时、不配套，或出现重大差错等。

（3）施工技术因素。如施工工艺错误；不合理的施工方案；施工安全措施不当；不可靠技术的应用等。

（4）自然环境因素。如复杂的工程地质条件；不明的水文气象条件；地下埋藏文物的保护、处理；洪水、地震、台风等不可抗力等。

（5）社会环境因素。如外单位临近工程施工干扰，节假日交通、市容整顿的限制；临时停水、停电、交通中断、社会动乱等。

（6）组织管理因素。如向有关部门提出各种申请审批手续的延误；合同签订时遗漏条款、表达失当；计划安排不周密，组织协调不力，导致停工待料、相关作业脱节；安全、质量事故的调查、分析、处理及争端的调解、仲裁；领导不力，指挥失当，使参加工程建设的各个单位、各个专业、各个施工过程之间交接、配合上发生矛盾等。

（7）材料、设备因素。如材料、构配件、机具、设备供应环节的差错，品种、规格、数量、时间不能满足工程的需要；特殊材料或新材料的不合理使用；施工设备不配套，选型失当，安装失误，有故障等。

（8）资金因素。如有关方拖欠资金，资金不到位，资金短缺；通货膨胀等。

监理工程师应对上述各种因素进行全面的预测和分析，公正地区分工程工期延长的原因，合理地批准工程延长的时间，以便有效地进行进度控制。

3. 进度控制的任务

进度控制是一项系统工作，是按照计划目标和组织系统，对系统各个部分的行为进行检查，以保证协调地完成总体目标。施工阶段进度控制的主要任务是：

（1）编制工程项目建设监理工作进度控制计划。

（2）审查施工单位提交的进度计划。

（3）检查并掌握工程实际进度情况。

（4）把工程项目的实际进度情况与计划目标进行比较，分析计划提前或拖后的主要原因。

（5）决定应该采取的相应措施和补救方法。

（6）及时调整计划，使总目标得以实现。

4. 进度控制的措施

为了有效地实施进度控制，监理工程师必须根据工程具体情况，认真制定进度控制措施，以确保工程进度控制目标的实现。进度控制的措施应包括组织措施、技术措施、经济措施和合同措施。

（1）组织措施

1）建立进度控制目标体系，明确现场监理组织机构中进度控制人员及其职责分工。

2）建立工程进度报告制度及进度信息沟通网络。

3）建立进度计划审核制度和进度计划实施中的检查分析制度。

4）建立进度协调会议制度，包括协调会议举行的时间、地点、参加人员等。

5）建立图纸审查、工程变更和设计变更管理制度。

（2）技术措施

1）审查承包商提交的进度计划，使承包商能在合理的状态下施工。

2）编制进度控制工作细则，指导监理人员实施进度控制。

3）采用网络计划技术及其他科学适用的计划方法，并结合计算机的应用，对建设工程进度实施动态控制。

（3）经济措施

1）及时办理工程预付款及工程进度款支付手续。

2）对应急赶工给予优厚的赶工费用。

3）对工期提前给予奖励。

4）对工程延误加收误期损失赔偿金。

（4）合同措施

1）对工期要求严格的大型多单体项目，可以考虑采用 CM 模式，即分段设计、分段发包和分段施工。

2）加强合同管理，协调合同工期与进度计划之间的关系，保证合同中进度目标的实现。

3）严格控制合同变更，对各方提出的工程变更和设计变更，监理工程师应严格审查后再补入合同文件之中。

4）加强风险管理，在合同中应充分考虑风险因素及其对进度的影响，以及相应的处理方法。

5）加强索赔管理，合理地处理索赔。

6.3.2 工程进度目标的论证

1. 进度目标论证的内容

项目总进度目标是在决策阶段确定的，在实施阶段要对总目标进行控制。建设和施工单位皆有对总进度目标进行控制的任务。在对总进度目标控制前，首先要分析论证目标实现的可能性。如果总目标制定得不科学合理，则会造成不能实现总进度目标的后果，此时就应向项目决策者提出调整建议。

在项目实施阶段，项目总进度包括：

（1）设计前准备阶段的工作进度。

（2）设计工作进度。

（3）招标工作进度。

（4）施工前准备工作进度。

（5）工程施工和设备安装进度。

（6）项目动用前的准备工作进度等。

项目管理者对以上各阶段进度以及它们之间的关系均需论证。

在进行目标论证时，需要各种相关资料，而决策阶段还没有比较详细的设计资料、工程发包组织、施工技术及施工组织资料以及其他有关实施条件的资料，论证时涉及很多项目实施的条件因素、项目策划等方面的问题。

大型项目总进度目标论证的核心工作是通过编制总进度纲要论证总进度目标实现的可能性。总进度纲要的主要内容有：

（1）项目实施总体部署。

（2）总进度规划。

（3）各子系统进度规划。

（4）确定里程碑事件的计划进度目标。

（5）总进度目标实现的条件和应采取的措施等。

2. 总进度目标论证的工作步骤

（1）调查研究和收集资料。如决策阶段进度目标确定的有关资料，项目组织管理、经济技术方面的资料，类似项目的进度资料，项目总体部署情况，其他实施的条件等。

（2）项目结构分析。根据项目的规模和特点，将项目逐层分解，将整个项目划分成若干子系统，每个子系统再分解，视需要经分解形成若干层级目录。

（3）进度计划系统的结构分析。

（4）项目的工作编码。指每一个工作项的编码，以便于采用计算机管理应用。

（5）绘制各层进度计划。

（6）协调各层进度计划的关系，编制总进度计划。

（7）如果编制的总进度计划不符合项目的进度目标，则进行调整。

（8）如果经多次调整仍无法实现进度目标，则向决策者报告。

特别强调，多起重特大事故表明，在项目实施过程中，如果需要较大幅度缩短工期，则必须重新进行质量安全等各方面的论证，如果盲目缩短工期，则可能会出现意想不到的严重后果。

6.3.3　工程进度计划实施中的监测

工程项目实施过程中，计划的不变是相对的，变是绝对的。因此在项目进度计划的执行过程中，必须采取系统的进度控制措施，即采用准确的监测手段不断发现问题，为将来进一步分析产生的原因、采取行之有效的进度调整方法并及时解决问题提供依据。

在建设工程实施过程中，项目监理机构要经常地、定期地监测进度计划的执行情况，比较分析施工实际进度与计划进度，预测实际进度对工程总工期的影响，发现问题及时采取措施加以解决，并应在监理月报中向建设单位报告工程实际进展情况。进度监测系统过程主要包括以下工作：

1. 进度计划执行中的跟踪检查

跟踪检查是进度分析和调整的依据，也是进度控制的关键步骤，其主要工作是经常收集反映实际工程进度的有关数据。收集的数据质量要高，不完整或不正确的进度数据将导致不全面或不正确的决策。为了全面准确地了解进度计划的执行情况，监理工程师必须认真做好以下三方面的工作：

（1）定期收集进度报表资料

进度报表是反映实际进度的主要方式之一，施工单位要按照约定的时间、格式和报表内容填写进度报表。监理工程师根据进度报表数据了解工程实际进度。

（2）现场实地检查工程进展情况

现场监理人员可以随时查看实际进度情况，掌握第一资料，使进度数据准确可靠。

（3）定期召开现场会议

定期召开现场会议，监理工程师与相关单位人员面对面了解实际进度情况，同时也可以协调有关方面的进度关系。

进度检查的时间间隔与工程项目的类型、规模、具体施工单位和有关条件等多方面因素相关。可视具体情况，一般每周检查一次，必要时每天检查。

2. 实际进度数据的加工处理

为了进行实际进度与计划进度的比较，必须对收集的实际进度数据进行加工处理，形成与进度计划具有可比性的数据。例如，与进度计划中同一时段的工作量，本期完成工程量统计，占总工程量的比例等。

3. 实际进度与计划进度的对比分析

这是进度监测的主要环节。它是将实际进度的数据与计划进度的数据进行比较，从而得出实际进度与计划进度相比是超前、滞后还是一致的结论。常用的比较方法有横道图、S曲线、香蕉曲线、前锋线和列表比较法等。

（1）横道图比较法：横道图比较法是将实际进度信息，经加工整理后直接用横道线平行绘制于原进度计划的横道线处，进行直观比较的方法。如图6-6所示。

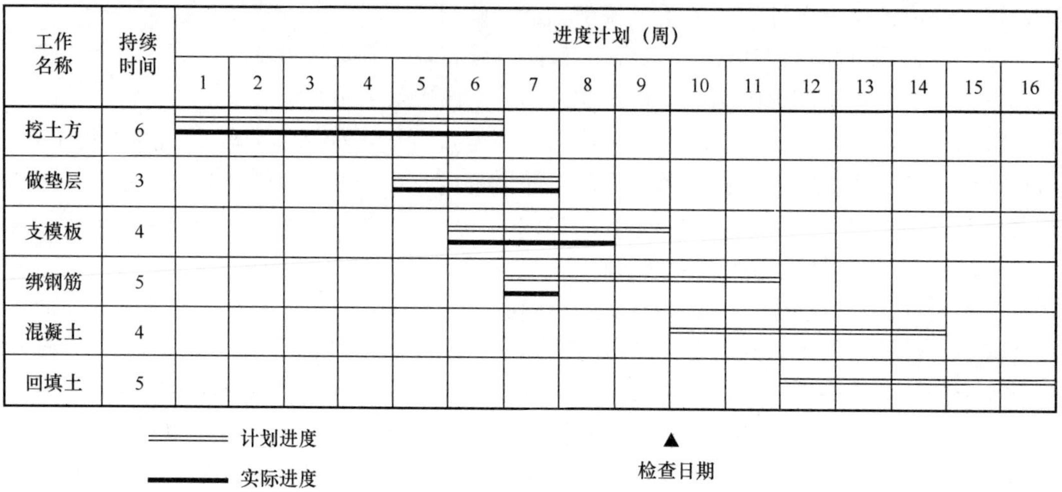

工作名称	持续时间	进度计划（周）															
		1	2	3	4	5	6	7	8	9	10	11	12	13	14	15	16
挖土方	6																
做垫层	3																
支模板	4																
绑钢筋	5																
混凝土	4																
回填土	5																

══════ 计划进度

────── 实际进度

▲ 检查日期

图 6-6　某基础工程实际进度与计划进度比较图

从图6-6中可以看出，假设各项工作每天工作量均相同（即匀速施工），则在第9周末进度检查时，挖土方、做垫层均已完成；支模板按计划应该完成，但实际只完成了75%，拖欠任务量25%；绑钢筋应完成60%，但实际只完成了20%，拖欠任务量40%。

对于非匀速施工的工作，需要先编制其进度计划，再以实际检查完成的工作量与其相对比，如到某日下班应完成总工程量的百分数与实际完成的百分数对比，确定是否一致。

（2）S曲线比较法：是以横坐标表示进度时间，纵坐标表示累计完成任务量的百分比，绘制出一条计划时间—累计完成任务量的曲线，该曲线呈S形，将进度各检查时间—实际完成任务量曲线绘在同一坐标图中进行比较的一种方法。如图6-7所示。

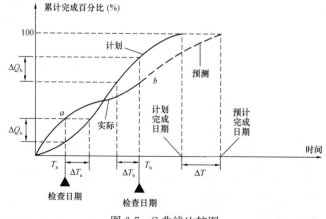

图 6-7　S曲线比较图

由图可得如下信息：

1）工程实际进展：如果某一时间实际进度点在 S 曲线左侧，则表明进度超前，如图中 a 点；如果实际进度点在 S 曲线的右侧，则表明进度拖后，如图中 b 点；如果实际进度点正好在 S 曲线上，则表明进度既不超前也不拖后。

2）工程实际进度超前或拖后的具体时间。如在检查日期 T_a 时，进度超前时间为 ΔT_a，在检查日期 T_b 时，进度拖后时间为 ΔT_b。

3）工程实际超前或拖后的工程量。如在检查日期 T_a 时，工程量超额完成 ΔQ_a，在检查日期 T_b 时，工程量拖欠 ΔQ_b。

4）后期工程进度预测。后期进度如果按原计划进行，则从图中可确定工期拖延时间预测值 ΔT。

（3）香蕉曲线比较法：香蕉曲线是两种 S 曲线组合的闭合曲线。采用网络计划时，每项工作都有各自的最早开始时间和最迟开始时间，因此分别按每项工作的最早时间和最迟时间各绘制一条 S 曲线。以工作最早开始时间绘制的 S 曲线称为 ES 曲线，以工作最迟开始时间绘制的 S 曲线称为 LS 曲线。两条 S 曲线具有相同的起点和终点，因此两条曲线是闭合的。一般情况下，ES 曲线上的各点均落在 LS 曲线相应的左侧，形成一个形如香蕉的曲线，如图 6-8 所示。在项目的实施中进度控制的理想状况是任一时刻按实际进度描出的点，应落在该香蕉型曲线的区域内。

香蕉曲线比较法能直观地反映工程项目的进展情况，并可以获得比 S 曲线更多的信息。图 6-8 中可得如下信息：

1）可以合理安排工作进度。如工程项目各项工作均按最早时间安排的话，会造成施工成本加大，而如果各项工作都按最迟时间安排的话，一旦某项工作受到干扰，则会造成工期拖延，延误工期的风险很大。因此，一个科学合理的进度计划应在香蕉曲线包围的范围之内较为合适，如图中的优化曲线。

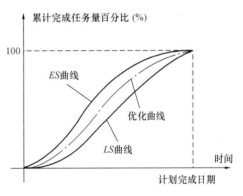

图 6-8　香蕉曲线比较图

2）可以定期比较实际进度和计划进度

工程进展过程中，定期绘制实际的 S 曲线，看其是否在香蕉曲线之内。如果 S 曲线落在香蕉曲线左侧，则说明实际进度比最早进度还要超前；如果 S 曲线落在右侧，则说明实际进度比最迟开始时间还要拖延，就需要采取进度方面的措施。

3）预测后期工程进展趋势

如某工程在检查时实际进度超前，见图 6-9，检查之后的进度安排如图中虚线所示，则可预测该项目的完工时间将提前完成。

（4）前锋线比较法：前锋线比较法主要适用于时标网络计划。所谓前锋线是指在原时标网络计划上，从检查时刻的时标点出发，依次将各工作实际进展位置点（前锋点）用直线连接起来而形成的一条折线，如图 6-10 所示。在匀速施工时，根据前锋点判定实际进度与计划进度的偏差，从而判定该偏差对后续工作及总工期的影响程度。

前锋线可以直观地反映实际进度与计划进度的关系，进度比较有下列三种情形：

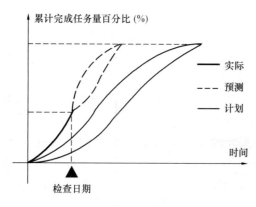

图 6-9　工程进展趋势预测图

1）前锋点落在检查日期左侧，表明实际进度拖后，拖后时间为二者之差。

2）前锋点落在检查日期右侧，表明实际进度超前，超前时间为二者之差。

3）前锋点落在检查日期上，表明实际进度与计划进度一致。

在时标网络图上，通过前锋线比较法，再根据工作的自由时差、总时差，可以预测对后续工作以及总工期的影响。

（5）列表比较法：当进度计划采用非时标网络计划时，可采用列表比较法。该方法是先记录检查日期按计划应该进行的工作名称和已进行的天数，再列表计算有关时间参数，记录检查日期实际进行的工作，已经进行的时间，尚需作业时间，并根据原有总时差和剩余总时差判断实际进度与计划进度比较的方法。

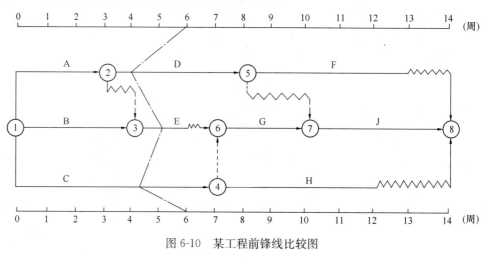

图 6-10　某工程前锋线比较图

6.3.4　工程进度计划实施中的调整

通过对实际进度的检查和实施中的监测，如果出现了进度偏差，必须分析该偏差对后续工作及总工期的影响，以便决定是否需要进行进度计划的调整，以及如何调整。

1. 分析偏差对后续工作及总工期的影响

当出现进度偏差时，需要分析该偏差对后续工作及总工期产生的影响。偏差的大小及其所处的位置不同，则对其后续工作和总工期的影响程度也是不同的。分析的方法主要是利用网络计划中总时差和自由时差的概念进行判断。由时差概念可知：当偏差小于该工作的自由时差时，对工作计划无影响；当偏差大于自由时差，而小于总时差时，对后续工作的最早开工时间有影响，对总工期无影响；当偏差大于总时差时，对后续工作和总工期都有影响。具体分析步骤如图 6-11 所示。

2. 进度计划调整的方法

在对实施的进度计划分析的基础上确定调整原计划的方法，主要有以下两种：

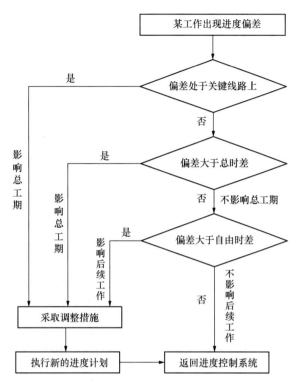

图 6-11　进度偏差对后续工作和总工期影响分析过程图

（1）改变某些工作间的逻辑关系

若实施中的进度产生的偏差影响了总工期，并且有关工作之间的逻辑关系允许改变，可以改变关键线路和超过计划工期的非关键线路上的有关工作之间的逻辑关系，达到缩短工期的目的。这种方法用起来效果显著。例如可以把依次进行的有关工作改变为平行的或互相搭接的以及分成几个施工段进行流水施工的工作，都可以达到缩短工期的目的。

（2）缩短某些工作的持续时间

这种方法是不改变工作之间的逻辑关系，只是缩短某些工作的持续时间，而使施工进度加快，以保证实现计划工期的方法。这种方法通常可在网络图上直接进行。一般可分为以下三种情况：

1）某些工作进度拖延的时间在该项工作的总时差范围内但超过其自由时差。这一拖延并不会对总工期产生影响，而只对后续工作产生影响。因此，在进行调整前，需确定后续工作允许拖延的时间限制，并以此作为进度调整的限制条件。

2）某项工作进度拖延的时间超过该项工作的总时差。该工作不管是否为关键工作，这种拖延都对后续工作和总工期产生影响，其进度计划的调整方法又可分为以下三种情况：

①项目总工期不允许拖延。调整的方法只能采取缩短关键线路上后续工作的持续时间以保证总工期目标的实现。其实质是工期优化的方法。

②项目总工期允许拖延。此时只需以实际数据取代原始数据，并重新计算网络计划有关参数。

③ 项目总工期允许拖延的时间有限。以总工期的限制作为规定工期，并对还未实施的网络计划进行工期优化，即通过压缩网络计划中某些工作的持续时间，来使总工期满足规定工期的要求。

3）网络计划中某项工作进度超前。在计划阶段所确定的工期目标，往往是综合考虑各方面因素而优选的合理工期，因此，时间的任何变化，无论是拖延还是超前，都可能造成其他目标的失控。因此，实际中若出现进度超前的情况，进度控制人员也必须综合分析由于进度超前对后续工作产生的影响，并与有关承包单位协商，提出合理的进度调整方案。

以上进度计划调整的具体措施如下：

1）组织措施。如可以增加工作面，组织更多队伍施工；增加每天工作时间；增加劳动力和机械等。

2）技术措施。如改进施工工艺，缩短工艺间隙时间；采用更先进的施工方法，以减少施工过程数量（如现浇改为预制装配）；采用更先进的施工机械等。

3）经济措施。如包干奖励；提高奖金；对采取的技术措施给予相应的经济补偿等。

4）其他配套措施。如改善劳动条件；改善外部配合条件；实施强有力的调度等。

一般来说，不管采取哪种措施，都会增加费用。因此，在调整施工进度计划时，应利用费用优化的原理优先选择费用增加最小的关键工作进行有限压缩。必要时，可以同时使用两种以上工期调整的方法。

6.3.5 工程设计阶段进度控制

工程建设设计阶段是项目建设程序中的一个重要阶段，同时也是影响项目建设工期的关键阶段，因此，监理工程师必须采取有效措施对工程项目的设计进度进行控制，以确保项目建设总进度目标的实现。

1. 确定设计进度目标体系

设计进度控制的最终目标就是在保质、保量的前提下，按规定的时间提供施工图纸。在这个总目标下，根据设计各阶段的工作内容确定各阶段的进度目标，每阶段内还应明确各设计专业的进度目标，形成进度目标体系。它是实施进度控制的前提。

工程设计主要包括：设计准备工作、初步设计、技术设计、施工图设计等阶段。每一个阶段都应有明确的进度目标。

2. 编制设计进度控制计划体系

根据所确定的进度控制总目标及各阶段、各专业分目标，编制设计总进度计划、阶段性设计进度计划及专业设计进度作业计划，用来指导设计进度控制工作的实施。设计进度控制计划体系包括：

（1）设计总进度计划

设计总进度计划主要用来控制自设计准备至施工图设计完成的总设计时间及各设计阶段的安排，从而确保设计进度控制总目标的实现。

（2）阶段性设计进度计划

阶段性设计进度计划包括：设计准备工作进度计划、初步设计（技术设计）工作进度计划和施工图设计工作进度计划。这些计划用来控制各阶段的设计进度，从而实现阶段性设计进度目标。在编制阶段性设计进度计划时，必须考虑设计总进度计划对各阶段的时间要求。

（3）专业设计进度作业计划

为了控制各专业的设计进度，并作为设计人员承包设计任务的依据，应根据施工图设计工作进度计划、单项工程设计工日定额及所投入的设计人员数量，编制专业设计进度作业计划。

3. 设计进度控制措施

对设计进度的控制必须从设计单位自身的控制及监理单位的监控两方面着手：

（1）设计单位的进度控制

为了履行设计合同，按期交付施工图设计文件，设计单位应采取有效措施，控制工程设计进度。

1）建立计划部门，负责设计年度计划的编制和工程建设项目设计进度计划的编制。

2）建立健全的设计技术经济定额，并按定额要求进行计划的编制与考核。

3）实行设计工作技术经济责任制。

4）编制切实可行的设计总进度计划、阶段性设计进度计划和专业设计进度作业计划。在编制计划时，加强与建设单位、监理单位、科研单位及承包单位的协作与配合，使设计进度计划积极可靠。

5）认真实施设计进度计划，力争设计工作有节奏、有秩序、合理搭接地进行。在执行计划时，要定期检查计划的执行情况，并及时对设计进度进行调整，使设计工作始终处于可控制状态。

6）坚持按基本建设程序办事，尽量避免进行"边设计、边准备、边施工"的"三边"工程。

7）不断分析总结设计进度控制工作经验，逐步提高设计进度控制工作水平。

（2）监理单位的进度监控

监理单位对工程设计的进度监控属于监理的相关服务工作内容，此时监理机构应落实专门负责设计进度控制的人员，按合同要求对设计工作进度进行严格的监控。

对于设计进度的监控应实施动态控制。在设计工作开始之前，首先应审查设计单位所编制的进度计划的合理性。在进度计划实施过程中，应定期检查设计工作的实际完成情况，并与计划进度进行比较分析。一旦发现偏差，就应在分析原因的基础上提出改进措施，以满足设计工作进度。必要时，应对原进度计划进行调整或修改。

6.3.6　工程施工阶段进度控制

施工阶段是工程实体的形成阶段，进度控制的好坏直接关系到工程能否按时投入使用。因此施工阶段进度控制是整个工程项目进度控制的重点。

监理单位受业主的委托在建设工程施工阶段实施监理时，其进度控制的总任务就是在满足工程项目建设总进度计划要求的基础上，编制或审核施工进度计划，并对其执行情况加以动态控制，以保证工程项目按期竣工交付使用。

1. 确定施工阶段进度控制目标

工程施工阶段进度控制的最终目标是保证建设项目如期建成交付使用。为了有效地控制施工进度，首先要对施工进度总目标从不同角度进行层层分解，形成施工进度控制目标体系，从而作为实施进度控制的依据。

确定施工进度目标时，必须全面细致地分析与工程项目进度有关的各种有利因素和不利因素。确定施工进度控制目标的主要依据有：工程建设总进度目标对施工工期的要求；工期定额，类似工程项目的实际进度；工程难易程度和工程条件的落实情况等。

在确定施工进度分解目标时，还要考虑以下几个方面：

（1）对于大型工程建设项目，应根据尽早提供可动用单元的原则，集中力量分期分批建设，以便尽早投入使用，尽快发挥投资效益。这时，为保证每一动用单元能形成完整的生产能力，就要考虑这些动用单元交付使用时所必需的全部配套项目。因此，要处理好前期动用和后期建设的关系、每期工程中主体工程与辅助及附属工程之间的关系、地下工程与地上工程之间的关系、场外工程与场内工程之间的关系等。

（2）合理安排土建与设备的协调施工。按照它们各自的特点，合理安排土建施工与设备基础、设备安装的先后顺序，明确设备工程对土建工程的要求和土建工程为设备工程提供施工条件的内容及时间。

（3）结合工程的特点，参考施工工期定额及同类工程建设的经验来确定施工进度目标。避免只按主观愿望盲目确定进度目标，从而在实施过程中造成进度失控。

（4）做好资金供应能力、施工力量配备、物资（材料、构配件、设备）供应能力与施工进度需要的平衡工作，确保工程进度目标的实现。

（5）考虑外部协作条件的配合情况，包括施工过程中及项目竣工动用所需的水、电、气、通信、道路及其他社会服务项目。它们必须与有关项目的进度目标相协调。

（6）考虑工程项目所在地区地形、地质、水文、气象等方面的限制条件。

总之，要想对工程施工进度实施控制，就必须有明确、合理的进度目标（进度总目标和分目标），否则控制便失去了意义。

2. 施工进度控制工作流程

工程施工进度控制工作流程如图 6-12 所示。

3. 施工进度控制工作内容

工程项目的施工进度控制从审核承包单位提交的施工进度计划开始，直至工程项目保修期满为止。其工作内容主要有：

（1）编制施工进度控制工作细则

施工进度控制工作细则是在工程项目监理规划的指导下，由监理工程师负责编制的具有实施性和操作性的监理业务文件。主要内容包括：

1）施工进度控制目标分解图。

2）施工进度控制的主要工作内容和深度。

3）进度控制人员的具体分工。

4）与进度控制有关各项工作的时间安排及工作流程。

5）进度控制的方法（包括进度检查时间规定、数据收集方式、进度报表格式、统计分析方法等）。

6）进度控制的具体措施。

7）施工进度控制目标实现的风险分析。

8）尚待解决的有关问题。

（2）编制或审核施工进度计划

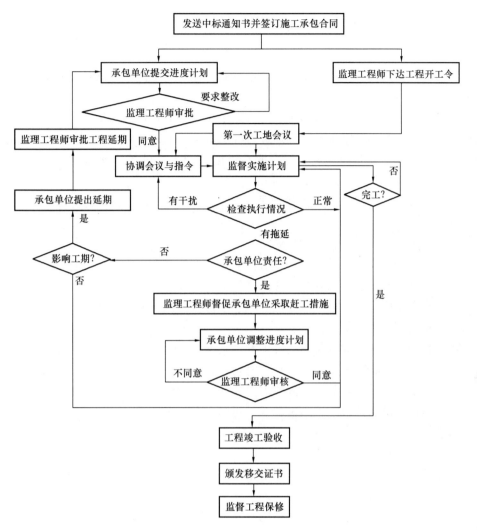

图 6-12 工程施工进度控制工作流程图

当工程项目的单位工程较多、施工工期长，采取分期分批发包，或多个单位平行施工，又没有一个负责全部工程的总承包单位时，监理机构需要编制项目总的施工进度计划，确定分期分批的项目组成，各批开工竣工时间等要求，全场性准备工程进度安排等。

当项目由一个总承包单位施工时，监理机构只需要对总承包单位提交的施工总进度计划进行审核即可。对单位工程施工进度计划，只需要审核而不需要编制。

施工进度计划审查的内容主要有：

1）进度安排是否符合工程项目建设总目标和分目标的要求，是否符合施工合同中工期的约定。

2）施工进度计划中主要工程项目是否有遗漏，是否满足分批投入试运、分批动用的需要，阶段性施工进度计划是否满足总进度控制目标的要求。

3）施工顺序的安排是否符合施工工艺的要求。

4）施工人员、工程材料、施工机械等资源供应计划是否满足施工进度计划的需要。

5）施工进度计划是否符合建设单位提供的资金、施工图纸、施工场地、物质等施工条件，进度计划是否明确合理，是否有潜在的因业主违约导致工程延期和费用索赔的可能存在。

项目监理机构审查施工单位报审的进度计划，应及时提出审查意见，并应由总监理工程师审核后报建设单位。

需要注意的是，编制和实施施工进度计划是承包商的责任。监理工程师对施工进度计划的审查和批准，并不解除承包商的任何责任和义务。监理审查是为了防止承包商的进度计划安排不当，是为承包商顺利履行合同在进度计划上提供的建议和帮助。作为监理机构，强制干预和支配进度计划是不妥的。

经监理批准的施工进度计划具有合同效力，是以后处理承包商工程延期和费用索赔的重要依据。

（3）编制工程实施的综合进度计划

在规模较大的项目中，单位项目总进度计划审批后，监理工程师应着重解决各承包单位施工进度计划之间、进度计划与资源供应计划、外部协作条件之间的综合平衡与相互衔接问题，并在实施中实时调整，从而作为承包单位近期执行的指令性计划。

（4）下达工程开工令

监理工程师根据业主和承包商的开工准备情况，选择合适时机，征得业主同意后及时发布工程开工令。工程开工令与竣工日期密切相关。

在第一次工地会议上，监理工程师需检查业主和承包单位的开工准备情况：业主要及时提供施工用地，准备拨付工程预付款等；承包单位要具备开工需要的人力、材料设备，以及为监理（业主）提供的条件等。

（5）监督施工进度计划的实施

这是进度控制的经常性工作。监理工程师除了及时检查分析承包单位报送的进度报表，还要现场实地检查，核实实际完成的工程量，杜绝虚报现象。

项目监理机构应检查施工进度计划的实施情况，发现实际进度严重滞后于计划进度且影响合同工期时，应签发监理通知单，要求施工单位采取措施加快施工进度。总监理工程师应向建设单位报告工期延误风险。

（6）组织现场协调会

施工中需要不同单位不同部门的协调配合，工程才能顺利进行，为此监理工程师需要根据工程需要定期召开不同层级的现场协调会。会上，通报重大变更事项，协商处理结果，解决各单位之间重大协调配合问题。会上各单位通报进度情况、存在问题、下期安排，如不同单位的工作面交接，水、电、道路对各自的影响，成品保护问题等。监理通过分析协商，能当场解决的当场解决，不能当场解决的也要尽快协商，对紧急事项可发布紧急协调指令，采取紧急措施，维护正常秩序。

（7）签发工程进度款支付凭证

监理工程师应对承包单位申报的已完成的工程量进行核实，根据合同规定签发工程进度款支付证书。

（8）审批工程延期

由承包单位原因造成的进度拖延叫工程延误，由非承包单位原因造成的进度拖延叫工程延期。

出现工程延误时，监理有权要求承包单位采取有效措施加快施工进度。如果经过一段时期进度无明显改善，仍然落后于进度计划，甚至影响按期竣工时，监理应要求承包单位修改进度计划，并提交监理审核确认。

如该延误是承包单位造成的，理应加快进度，因此监理对进度计划的确认，不能解除承包单位应负的任何责任，赶工费用和误期赔偿损失均由承包单位承担。

对非承包单位原因造成的进度拖延，承包单位有权提出延期申请，监理进行审批。监理批准的延期时间作为合同工期的一部分，即工程新的合同工期变为原合同工期加上监理批准的工期延长时间。

（9）向业主提供进度报告

监理工程师应随时整理进度资料，并做好工程记录，定期向业主提交工程进度报告。

（10）整理工程进度资料和工程移交

监理工程师要根据工程进展情况，督促承包单位及时整理有关技术资料。工程完工后，监理工程师及时收集整理工程进度资料，并归类、编目和建档。

工程竣工验收合格后，督促承包单位办理移交手续，颁发工程移交证书。进入保修期后，处理验收后的质量问题的原因及责任等争议问题，并督促施工单位及时修理。当保修期结束且再无争议时，建设工程进度控制的任务即告完成。

6.3.7　工程延期和工程延误

在工程施工过程中，因各种原因造成工期延长通常是不可避免的。工期的延长分为工程延误和工程延期两种。虽然它们都使工程拖期，但由于性质不同，因而业主与承包单位所承担的责任也就不同。如果是属于工程延误，则由此造成的一切损失由承包单位承担。同时，业主还有权对承包单位的误期根据合同进行违约罚款。而如果是属于工程延期，则承包单位不仅有权要求延长工期，而且还有权向业主提出赔偿费用的要求以弥补由此造成的额外损失。

1. 工程延期的申报与审批

（1）申报工程延期的条件

由于以下原因导致工程延期，承包单位有权提出延长工期的申请，监理应按合同规定，批准工程延期时间。

1）监理工程师发出工程变更指令而导致工程量增加。

2）合同所涉及的任何可能造成工程延期的原因，如延期交图、工程暂停、对合格工程的剥离检查及不利的外界条件等。

3）异常恶劣的气候条件。

4）由业主造成的任何延误、干扰或障碍。如未及时提供施工场地、未及时付款等。

5）除承包单位自身以外的其他任何原因。

（2）工程延期的审批程序

工程延期的审批程序如图 6-13 所示。当工程延期事件发生后，承包单位应在合同规定的有效期内以书面形式通知监理工程师（即工程延期意向通知），以便监理工程师尽早了解所发生的事件，及时作出一些减少延期损失的决定。随后，承包单位应在合同规定的有效期内（或监理工程师可能同意的合理期限内）向监理工程师提交详细的申述报告（延期理由及依据）。监理工程师收到该报告后应及时进行调查核实，准确地确定出工程延期时间。

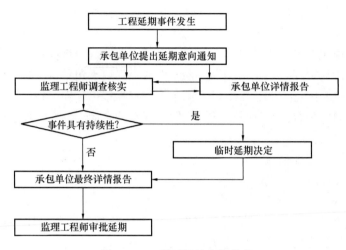

图 6-13　工程延期的审批程序

当延期事件具有持续性，承包单位在合同规定的有效期内不能提交最终详细的申述报告时，应先向监理工程师提交阶段性的详情报告。监理工程师应在调查核实阶段性报告的基础上，尽快作出延长工期的临时决定。临时决定的延期时间不宜太长，一般不超过最终批准的延期时间。

待延期事件结束后，承包单位应在合同规定的期限内向监理工程师提交最终的详情报告。监理工程师应复查详情报告的全部内容，然后确定该延期事件所需要的延期时间。

如果遇到比较复杂的延期事件，监理工程师可以成立专门小组进行处理。对于一时难以得出结论的延期事件，即使不属于持续性的事件，也可以采用先作出临时延期的决定，然后再作出最后决定的办法。这样既可以保证有充足的时间处理延期事件，又可以避免由于处理不及时而造成的损失。

监理工程师在作出临时工程延期批准或最终工程延期批准之前，均应与业主和承包单位进行协商。

（3）工程延期的审批原则

监理工程师在审批工程延期时应遵循下列原则：

1）合同条件

监理工程师批准工程延期必须符合合同条件。也就是说，导致工期拖延的原因确实属于承包单位自身以外的，否则不能批准为工程延期。这是监理工程师审批工程延期的一条根本原则。

2）影响工期

延期事件的工程部位，无论其是否处在施工进度计划的关键线路上，只有当所延长的时间超过其相应的总时差而影响到工期时，才能批准工程延期。如果延期事件发生在非关键线路上，且延长的时间并未超过总时差时，即使符合批准为工程延期的合同条件，也不能批准工程延期。

应当说明，建设工程施工进度计划中的关键线路并非固定不变，它会随着工程的进展

和情况的变化而转移。监理工程师应以承包单位提交的、经自己审核后的施工进度计划
（或调整后的进度计划）为依据来决定是否批准工程延期。

3）实际情况

批准的工程延期必须符合实际情况。为此，承包单位应对延期事件发生后的各类有关
细节进行详细记载，并及时向监理工程师提交详细报告。与此同时，监理工程师也应对施
工现场进行详细考察和分析，并做好有关记录，以便为合理确定工程延期时间提供可靠
依据。

【案例】

某建设工程业主与监理单位、施工单位分别签订了监理委托合同和施工合同，合同工
期为 18 个月。在工程开工前，施工承包单位在合同约定的时间内向监理工程师提交了施
工总进度计划，如图 6-14 所示。

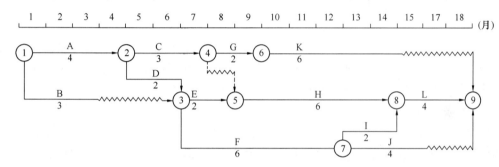

图 6-14　某工程施工总进度计划

该计划经监理工程师批准后开始实施，在施工过程中发生以下事件：

（1）因业主要求修改设计，致使工作 K 停工等待图纸 3.5 个月。

（2）部分施工机械由于运输原因未能按时进场，致使工作 H 的实际进度拖后 1 个月。

（3）由于施工工艺不符合施工规范要求，发生质量事故而返工，致使工作 F 的实际
进度拖后 2 个月。

【问题】

承包单位在合同规定的有效期内提出工期延长 3.5 个月的要求，监理工程师应批准工
程延期多少时间？为什么？

【参考答案】

由于工作 H 和工作 F 的实际进度拖后均属于承包单位自身原因，只有工作 K 的拖后
可以考虑给予工程延期。从图 6-14 可知，工作 K 原有总时差为 3 个月。该工作停工待图
3.5 个月，只影响工期 0.5 个月，故监理工程师应批准工程延期 0.5 个月。

2. 工程延期的控制

发生工程延期事件，不仅影响工程的进展，而且会给业主带来损失。因此，监理工程
师应做好以下工作，以减少或避免工程延期事件的发生。

（1）选择合适的时机下达工程开工令

监理工程师在下达工程开工令之前，应充分考虑业主的前期准备工作是否充分。特别

是征地、拆迁问题是否已解决，设计图纸能否及时提供，以及付款方面有无问题等，以避免由于上述问题缺乏准备而造成的工程延期。

（2）提醒业主履行施工承包合同中所规定的职责

在施工过程中，监理工程师应经常提醒业主履行自己的职责，提前做好施工场地及设计图纸的提供工作，并及时支付工程进度款，以减少或避免由此而造成的工程延期。

（3）妥善处理工程延期事件

当延期事件发生以后，监理工程师应根据合同规定进行妥善处理。既要尽量减少工程延期时间及其损失，又要在详细调查研究的基础上合理批准工程延期时间。

此外，业主在施工过程中应尽量减少干预、多协调，以避免由于业主的干扰和阻碍而导致延期事件的发生。

3. 工程延误的处理

如果由于承包单位自身的原因造成工期拖延，而承包单位又未按照监理工程师的指令改变拖延状态时，通常可以采用下列手段进行处理：

（1）拒绝签署付款凭证

当承包单位的施工活动不能使监理工程师满意时，监理工程师有权拒绝承包单位的支付申请。因此，当承包单位的施工进度拖后且又不采取积极措施时，监理工程师可以采取拒绝签署付款凭证的手段制约承包单位。

（2）误期损失赔偿

拒绝签署付款凭证一般是监理工程师在施工过程中制约承包单位延误工期的手段，而误期损失赔偿则是当承包单位未能按合同规定的工期完成合同范围内的工作时对其的处罚。如果承包单位未能按合同规定的工期和条件完成整个工程，则应向业主支付投标书附件中规定的金额，作为该项违约的损失赔偿费。

（3）取消承包资格

如果承包单位严重违反合同，又不采取补救措施，则业主为了保证合同工期，有权取消其承包资格。例如：承包单位接到监理工程师的开工通知后，无正当理由推迟开工时间，或在施工过程中无任何理由要求延长工期，施工进度缓慢，又无视监理工程师的书面警告等，都有可能受到取消承包资格的处罚。

取消承包资格是对承包单位违约的严厉制裁。因为业主一旦取消了承包单位的承包资格，承包单位不但要被驱逐出施工现场，而且还要承担由此而造成的业主的损失费用。这种惩罚措施一般不轻易采用，而且在作出这项决定前，业主必须事先通知承包单位，并要求其在规定的期限内做好辩护准备。

复 习 思 考 题

1. 什么是进度控制？影响进度的因素有哪些？

2. 工程进度计划实施中的监测包括哪些内容？

3. 简述进度计划调整的方法。

4. 工程施工阶段进度控制包括哪些内容？

5. 什么是工程延期和工程延误？监理审批工程延期的原则是什么？

6. 案例：某工程，建设单位与施工单位签订了施工合同，合同工期为 220 天。经总监理工程师批准的施工总进度计划如图 6-15 所示，各项工作均按最早开始时间安排且匀速施工。

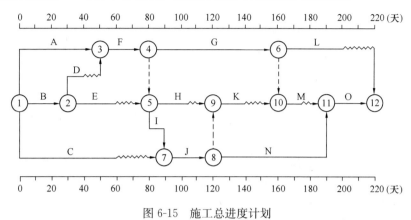

图 6-15 施工总进度计划

施工过程中发生如下事件：

事件 1：工作 B 完成后，验槽发现工程地质情况与设计不符。设计变更导致工作 D 和 E 分别比原计划推迟 10 天和 5 天开始施工，造成施工单位窝工损失 15 万元。施工单位向项目监理机构提出索赔，要求工程延期 15 天、窝工损失补偿 15 万元。

事件 2：工程开工后第 90 天下班时，专业监理工程师检查各工作的实际进度为：工作 G 正常；工作 H 超前 10 天；工作 I 拖后 10 天；工作 C 拖后 20 天。

问题：

（1）指出关键线路以及工作 H、K、M 的总时差和自由时差。

（2）事件 1 中，施工单位应向项目监理机构报送哪些索赔文件？项目监理机构应批准的工程延期和费用补偿分别为多少？说明理由。

（3）事件 2 中，分别指出第 90 天下班时各工作实际进度对总工期的影响，并说明理由。

6.4 工程建设质量控制

6.4.1 工程建设质量控制概述

1. 建设工程质量

质量是指一组固有特性满足要求的程度。"固有特性"包括明示的和隐含的特性，明示的特性一般以书面阐明或明确向顾客指出。隐含的特性是指惯例或一般做法。"满足要求"是指满足顾客和相关方的要求。

建设工程质量简称工程质量，是指建设工程满足相关标准规定和合同约定要求的程度，包括安全、使用功能以及在耐久性、节能与环境保护等方面所有明示和隐含的固有特性。

建设工程作为一种特殊产品，工程项目一般都是按照合同条件承包建设的，因此，工程项目质量是在"合同环境"下形成的。从功能和使用价值来看，工程质量体现在适用性、耐久性、安全性、可靠性、经济性、节能性以及与环境的协调性等方面。

由于工程项目是根据建设单位的要求而兴建的，不同建设单位也就有不同的功能要求。所以工程项目的功能与使用价值的质量是相对建设单位的需要而言，并无一个统一的标准，但上述几个方面的质量特性都是必须达到的基本要求。但对于不同门类不同专业的工程，可根据其所处的不同地域环境条件、技术经济条件的差异，有不同的侧重面。

工程质量的形成有以下几个阶段：

（1）可行性研究质量：是确定工程质量要求的依据，直接影响决策质量和设计质量。

（2）工程决策质量：是确定质量目标和质量控制水平的依据，明确投资、质量、进度三者的协调统一。

（3）工程勘察、设计质量：是体现目标的主体文件，使得质量目标和水平具体化，体现质量控制的具体依据，是决定工程质量的关键环节。

（4）工程施工质量：工程施工是指按照设计图纸和相关文件的要求，在建设场地上将设计意图付诸实现的测量、作业、检验，形成工程实体、建成最终产品的活动。工程施工质量是实现质量目标的实施过程，是质量控制的决定性环节。

（5）工程竣工验收质量：是最终确认工程质量是否达到要求、目标和水平，是工程质量控制的最后重要环节。

在工程项目施工阶段，质量的形成是通过施工中的各个控制环节逐步实现的，即通过工序质量→分项工程质量→分部工程质量→单位工程质量，最终形成工程项目质量。

工程质量还包含工作质量。工作质量是指参与工程建设者，为了保证工程质量标准所从事工作的水平和完善程度。工作质量包括经营决策工作质量和现场执行工作质量。工作质量涉及工程建设所有部分的全体人员，体现在一切生产经营活动之中，并通过经营效果、生产效率、工作效率和产品质量集中地体现出来。

工程项目施工从施工准备、施工、验收和保修的各个阶段都会直接影响建筑产品的质量，因此建设项目的质量管理必须重视每个环节的工作质量，才能最终保证建筑产品的质量。

对工程建设监理而言，质量是企业生存和发展的前提和保证，质量控制是监理工作的核心目标。在激烈的市场竞争中，企业必须确定明确的质量管理目标，通过有效的质量管理体系、措施和手段，确保工程质量目标的实现。

2. 工程质量特点及控制主体

（1）工程质量的特点

工程质量的特点是由建设工程产品和生产的特点决定的，具体表现在：

1）影响因素多。如项目决策、工程设计、材料、机具设备、环境、施工方法及工艺、管理制度、人员素质、工期、造价等因素，均直接或间接地影响工程质量。

2）质量波动大。建筑产品的单件性、流动性，所处环境变化大，决定了其质量容易产生较大波动。在影响质量的因素中的任何一项因素发生变动，都会使最终质量产生变动，如果几个因素叠加，则会产生更大影响甚至出现质量事故。

3）质量隐蔽性。工程施工过程中，由于检验批、分项工程多、工序交接多、中间产品多、隐蔽工程多，若不能及时检查并发现其中存在的质量问题，隐蔽后就很难发现内在存在的质量问题，这样就容易造成质量误判，从而留下质量隐患。所以规定上道工序未经检查合格，不得进入下道工序的施工。

4）终检的局限性。终检就是竣工验收。工程项目建成后，不可能像一般工业产品那样，可以解体或拆卸来检查产品内在质量，如发现不合格部件则可以进行更换，但建筑产品竣工时一般不要求同时也无法对大量内在质量进行检验，因而对内在缺陷也就无法发现。所以工程项目的终检存在一定的局限性，这就要求工程质量控制应以预防为主，防患于未然。

5）评价方法的特殊性

工程质量的检查评定及验收是按检验批、分项工程、分部工程、单位工程进行的。检验批的质量是整个工程质量验收的基础，检验批质量分为主控项目和一般项目。隐蔽工程在隐蔽前均要检查验收。涉及结构安全的试块、试件以及有关材料，应按规定进行见证取样检测，涉及结构安全和使用功能的重要分部工程要进行抽样检测。工程质量是在施工单位自行检查评定的基础上，由项目监理机构组织有关单位、人员进行检验确认。这种评价方法体现了"验评分离、强化验收、完善手段、过程控制"的指导思想。

（2）质量控制

质量控制是质量管理的一部分，致力于满足质量要求。

质量要求需要转化为可用定性或定量的规范表示的质量特性，以便于质量控制的执行和检查。质量控制的目的在于，在质量形成过程中控制各个工序和过程，实现以"预防为主"的方针，采取行之有效的技术工艺和技术措施，达到规定要求的产品质量。

质量控制活动划分为三个阶段：预防阶段，即控制计划阶段；实施阶段，即操作和检验阶段；措施阶段，即分析差异、纠正偏差阶段。

（3）工程质量控制主体

按实施控制的主体不同，对直接从事质量职能活动者内部实施的质量控制称为自控，实施者称为自控主体，对他人质量能力和效果实施控制的称为监控主体。

在建设工程参与主体中，通常属于监控主体的有政府、建设单位、监理单位，属于自控主体的有勘察设计单位、施工单位。

1）政府的工程质量控制。政府代表国家从宏观上对工程进行控制，它主要是以法律法规为依据，通过抓工程报建、施工图设计文件审查、施工许可、材料和设备准用、工程质量监督、工程竣工验收备案等主要环节实施监控。其特点是外部的、纵向的控制。

2）建设单位的工程质量控制。建设单位是工程质量的首要主体。建设单位在决策阶段主要通过项目可行性研究选择最佳建设方案，使项目的质量要求符合业主的意图，并与投资目标相协调，与所在地区环境相协调；在工程勘察设计阶段，主要是选择好勘察设计单位，保证设计成果符合决策阶段确定的质量要求，保证设计符合有关技术规范和标准的规定，满足施工的要求；在工程施工阶段，主要是择优选择施工单位和监理单位，委托监理单位严格监督施工单位按设计图纸进行施工、并形成符合合同文件规定质量要求的最终建设产品。

3）工程监理单位的质量控制。监理单位是受建设单位的委托，代表建设单位在施工阶段对工程施工质量进行监督和控制，以满足建设单位对工程质量的要求。其特点是外部的、横向的控制。

4）勘察设计单位的质量控制。勘察设计单位要对勘察设计的整个过程进行自控，包括工作质量和成果质量的控制，确保提交的勘察设计文件所包含的功能和使用价值，满足建设单位工程建造的要求。

5）施工单位的质量控制。施工单位是工程建设实施的主体，其对工程项目质量控制的特点是内部的、自身的控制。它是以合同、设计图纸和技术规范为依据，对施工准备阶段、施工阶段、竣工验收交付阶段等施工全过程的工作质量和工程质量进行的控制，以达到施工合同文件规定的质量要求。

3. 工程建设监理质量控制

（1）监理工程师质量控制的责任

在参与质量控制的各方中，监理工程师处于质量控制的中心地位。监理工程师根据工程建设监理合同中明确的权利和义务，在监理过程中，贯彻执行工程建设法律、法规、技术标准，严格依据监理合同和承包合同对工程实施监理。

由于监理工程师在质量控制中的中心地位，监理人员对其把关不严、决策或指挥失误、工作失误、犯罪行为等原因所造成的工程质量问题，应承担不可推卸的质量控制责任，因为监理人员具有事前介入权、事中检查权、事后验收权、质量认证和否决权，具备了承担质量控制责任的条件，并取得相应的经济报酬。但这种责任的性质是间接责任，并不能承担一切责任。施工中出现的质量问题，应由承包单位承担主要责任，不能因监理的介入而转化责任的性质。

工程质量的好坏最终取决于承包单位的工作，监理工程师的质量控制工作必须通过承包单位的实际工作才能起作用。因此，监理工程师应把承包单位的质量管理工作纳入自己的控制系统中。

（2）监理工程师质量控制应遵循的原则

监理工程师在质量控制过程中，应遵循以下几条原则：

1）坚持质量第一：工程项目使用期长，直接关系到人民生命财产的安全和国民经济的发展，是"百年大计"，监理工程师应始终把"质量第一"作为工程质量控制的基本原则。

2）坚持以人为核心：人是质量的创造者，质量控制必须"以人为核心"，充分发挥人的主动性和创造性，增强人的责任感，提高人的质量意识，以人的工作质量保证工序质量和工程质量。

3）坚持预防为主："预防为主"就是要重点做好质量的事前控制和事中控制，严格进行工作质量、工序质量的预控，加强过程和中间产品的质量检查和控制。这是确保工程质量的有效措施。

4）坚持质量标准：要以合同规定的质量标准为依据，一切用数据说话，严格检查，做好质量监控。

5）坚持公正、科学、守法的职业规范：要做到实事求是、严守法纪、尊重科学、秉公办事、以理服人，客观、公正地进行质量问题的处理。

（3）监理工程师质量控制的主要工作内容

1）审核承包单位的资格和质量保证体系，优选承包单位，确认分包单位。

2）明确质量标准和要求。

3）督促承包单位建立与完善质量保证体系。

4）组织与建立项目的质量监理控制体系。

5）跟踪、监督、检查和控制项目实施过程中的质量。

6）处理质量缺陷或事故。

（4）监理工程师质量控制的任务

工程质量控制的任务就是根据工程合同规定的工程建设各阶段的质量目标，对工程建设全过程的质量实施监督管理。

　　1）项目决策阶段质量控制的任务。审核可行性研究报告是否符合相关的技术经济方面的规范、标准和定额指标等；报告的内容、深度和计算指标是否达到标准要求；是否符合项目建议书或建设单位的要求；是否有可靠的自然、经济、社会环境等基础资料和数据。

　　2）设计阶段质量控制的任务。审查设计基础资料的正确性和完整性；协助建设单位编制设计招标文件，组织设计方案竞赛；审查设计方案的先进性和合理性，确定最佳设计方案；督促设计单位完善质量保证体系，建立内部专业交底及专业会签制度；进行设计质量跟踪检查，控制设计图纸质量；参与组织施工图会审；评定验收设计文件。

　　3）施工阶段质量控制的任务。施工阶段的质量控制是工程项目全过程质量控制的关键环节，是一个经由对投入资源和条件的质量进行控制（事前控制）进而对生产过程及各环节质量进行控制（事中控制），直到对完成的工程产出品的质量检验与控制（事后控制）为止的全过程系统控制过程。如图 6-16 所示。

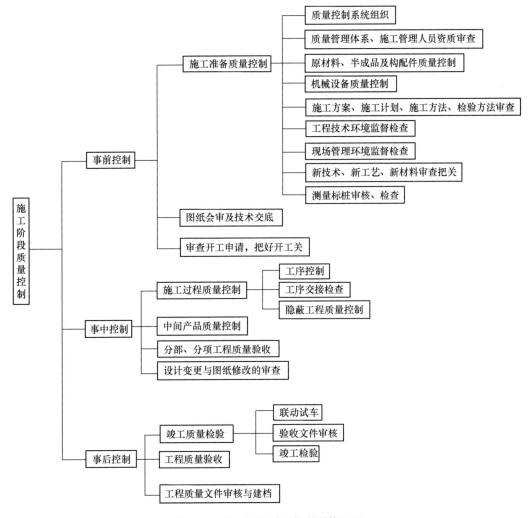

图 6-16　施工阶段质量控制系统过程

4）保修阶段质量控制的任务。审核承包单位的保修证书；检查、鉴定工程质量和工程使用状况；对出现的质量缺陷，确定责任；督促承包单位修复质量缺陷；在保修期结束后，检查工程保修状况，移交保修资料。

4. 质量管理和质量保证标准简介

（1）概述

质量管理和质量保证系列标准即 ISO 9000 系列标准，是国际标准化组织（ISO）于 1987 年正式发布的国际质量认证标准，提供在世界范围内实施的有关质量管理活动规则的标准文件，被称为国际通用质量管理标准，是质量认证国际化的标志。首次发布为 1986—1987 年，1994 年修订、补充为第二版，2000 年发布第三版，2008 年再次进行了修订。我国已将 ISO 9000 系列标准等同转化为国家标准 GB/T 19000。

（2）ISO 9000 族结构

1987 年 3 月 ISO 正式公布了 ISO 9000—9004 五个标准，这是通常所说的 ISO 9000 系列标准，到目前为止，ISO 9000 系列标准已发展成一个家族，这包括：

1）ISO 9000—9004 的所有国际标准，包括 ISO 9000—9004 的各个分标准。

2）ISO 10001—10020 的所有国际标准，包括各分标准，属于支持性技术标准。

3）ISO 8042 术语标准。

ISO 9000 当时有四个分标准，目的是为质量管理和质量保证两类标准的选择和使用或如何实施提供指南。

质量保证标准有三个，即 ISO 9001、ISO 9002 和 ISO 9003，分别是由一定数量的体系要素组成的三种不同的模式，反映了第二方或第三方对供方质量体系的要求及满足这些要求应提供的证实模式。

质量管理标准 ISO 9004 包括四个分标准，其目的都是用于指导组织进行内部的质量管理和建立、健全质量体系。

支持性技术标准 ISO 10000，其编号为 ISO 10001—10020 的所有国际标准是对质量管理和质量保证中的某个专题的实施方法提供的指南。

（3）2000 版和 2008 版 ISO 9000 族标准简介

2000 年 12 月 15 日，国际标准化组织 ISO 发布了 2000 版 ISO 9000 族标准，在指导思想、基本框架、术语方面均作了较大变化，并于 12 月 28 日发布。该标准按照更通用、更适用、更简练、更协调的原则，强调了质量管理和过程模式，以顾客满意或不满意的信息为关注焦点，减少了"质量保证标准"一词的使用，将质量保证定义为质量管理的一部分来理解，企业必须据此建立质量体系并进行认证。

2000 版 ISO 9000 族标准，包括 4 个核心标准和一个其他标准，即：

1）ISO 9000：2000 质量管理体系——基本原则和术语。

2）ISO 9001：2000 质量管理体系——要求。

3）ISO 9004：2000 质量管理体系——业绩改进指南。

4）ISO 19011：2000 质量和环境审核指南。

5）ISO 10012 测量控制系统。

2008 年 10 月 31 日正式发布实施的 2008 版 ISO 9000 族标准主要框架同 2000 版标准，少量术语和内容进行了修订。

（4）质量体系认证

质量体系认证是指根据有关的质量管理标准，企业建立自己的程序文件，由第三方机构对供方（承包方）的质量体系进行评定和注册的活动。这里的第三方机构指的是经国家质量监督检验检疫总局国家认证认可监督管理委员会认可的质量体系认证机构。质量认证机构是个专职机构，各认证机构具有自己的认证章程、程序、注册书和认证合格标志，国家质量监督检验检疫总局对质量认证工作实行统一管理。

5. 工程建设标准强制性条文

为了加强对建设工程质量的管理，保证工程建设质量，保护人民生命和财产安全，国务院发布了《建设工程质量管理条例》，建设部发布了《工程建设标准强制性条文》作为与之配套的技术性标准，要求参与工程建设的各方都必须严格执行。

《工程建设标准强制性条文》包括城乡规划、城市建设、房屋建筑、工业建筑、水利工程、电力工程、信息工程、水运工程、公路工程、铁道工程、石油和化工建设工程、矿山工程、人防工程、广播电影电视工程和民航机场工程等部分。其内容是工程建设现行国家和行业标准中直接涉及人民生命财产安全、人身健康、环境保护和其他公众利益，同时考虑了提高经济效益和社会效益等方面的要求。《工程建设标准强制性条文》是参与建设活动各方执行工程建设强制性标准和政府对执行情况实施监督的依据。

6.4.2　工程质量影响因素的控制

在工程建设中，尤其是在工程建设施工阶段，影响工程的因素来自于多方面，通常将其归纳为五大方面，即人（Man）、材料（Material）、机械（Machine）、方法（Method）和环境（Environment），简称为 4M1E。各因素的分解如图 6-17 所示。事前对这五方面

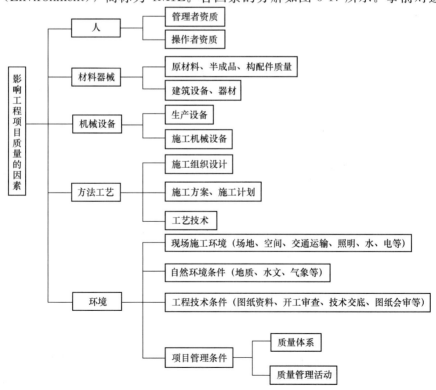

图 6-17　影响工程质量的因素构成

的影响因素进行严格控制，是保证工程质量的关键。

1. 人的控制

人是生产经营活动的主体，也是工程建设的决策者、组织者、操作者。人员素质是影响工程质量的一个重要因素，以人为核心是做好质量控制的一项重要原则。对人的控制主要从以下几方面着手：

（1）领导者的素质

在参与工程建设人员的各层次中，领导者的素质是确保工程质量的决定性因素。领导者素质的考核通常分两阶段进行，一是在对设计、施工承包单位进行资质认证和优选时，对承包单位领导层的素质进行考核；二是进入工程项目实施阶段对项目管理层素质进行考核。监理工程师有权随时检查承包单位的情况，有权建议撤销承包单位的任何施工人员，直至建议建设单位解除承包合同。

（2）人的理论、技术水平

人的理论、技术水平直接影响工程质量水平。尤其是对技术复杂、难度大、精度高、工艺新的结构设计和安装的工作，应由既有广泛的理论知识、又有丰富实践经验的结构工程师、建造师与技术人员担任。

（3）人的生理缺陷

根据工程施工的特点和环境，对有生理缺陷的人，应安排适当的工作岗位。

（4）人的心理行为

人由于受社会、经济、环境条件和人际关系的影响，要受组织纪律、法律、规章和管理制度的约束，要受劳动分工、生活福利和工资报酬的支配，人的劳动态度、注意力、情绪、责任心等在不同地点、不同时期、不同岗位也会有所变化。所以，对某些需要确保质量的关键工序和操作，一定要控制人的思想活动，稳定人的情绪。

（5）人的错误行为

人的错误行为是指人在工作场地或工作中吸烟、打赌、错视、错听、误判断、误动作等，都会影响质量或造成质量事故。对具有危险源的现场作业，应严禁吸烟、嬉戏。不同的作业环境，应采用不同的色彩、标志，以免产生误判断或误动作等。

（6）人的违纪违章

人的违纪违章是指粗心大意、漫不经心、不遵守劳动条例、不服从上级指挥、擅自违规操作等行为。因此，统一指挥，步调一致，奖罚分明是保证工作质量、确保工程质量的重要保障。

总之，在使用人的问题上，应从思想素质、业务素质、身体素质等方面综合考虑，全面控制。

2. 材料质量的控制

材料（包括原材料、成品、半成品、构配件）是工程施工的物质条件，材料质量是工程质量的基础，材料质量不符合要求，就不会有符合要求的工程质量。因此，加强材料质量控制，是创造正常施工条件，保证工程质量，实现质量、进度、投资三大目标控制的前提。

在工程建设监理中，监理工程师对材料质量的控制应着重于以下要点：

（1）掌握材料信息，优选供货厂家。掌握材料质量、价格、供货能力的信息，选择好供货厂家，就可获得质量好、价格低的材料来源，不仅会保证工程质量，还会降低工程造价。对建设单位供应的材料，监理工程师应能提供信息；对承包单位的供应材料，监理工程师要对承包单位的订货申报进行审核、论证，报建设单位同意后方可订货。

（2）对用于工程的主要材料，进场时必须具有正式的出厂合格证和材质化验单，经验证后方可使用。

（3）工程中所有构件，必须具有厂家批号和出厂合格证。钢筋混凝土和预应力钢筋混凝土构件，均应按规定的方法进行抽样检验。由于运输、安装等原因出现的构件质量问题，应分析研究，经处理、鉴定合格后方能使用。

（4）凡标志不清或怀疑质量有问题的材料，或对质量保证资料有怀疑或与合同规定不符合的一般材料，或受工程重要程度决定应进行一定比例试验的材料，或需要进行追踪检验以控制和保证其质量的材料等，均应进行抽检。对于进口的材料设备和重要工程或关键施工部位所用的材料，则应进行全部检验。

（5）材料质量抽样和检验的方法，应符合建筑材料质量标准和管理的相关规程，要能反映同批材料的质量性能。对于重要的构件和非均质材料，还应酌情增加采样数量。

（6）在现场配制的材料，如混凝土、砂浆、防水材料、防腐材料、绝缘材料等的配合比，应先提出试配要求，经试验合格后方可使用。

（7）主要设备订货前和进场后，应核定是否符合设计要求或标书所规定的厂家，并做好型号、规格、数量等的开箱验收。

（8）对进口材料、设备应会同商检局检验，如核对凭证中发现问题，应取得供方和商检局人员签署的商务记录，按期提出索赔。

（9）高压电缆、电压绝缘材料，要进行耐压试验。

（10）要充分了解材料性能、质量标准、适用范围和施工要求对工程质量的影响，以便慎重选择和使用材料。

（11）新材料的应用，必须通过试验和鉴定。代用材料必须通过计算和充分的论证，并要符合结构构造要求。

（12）材料检验不合格时，不许用于工程中。有些合格的材料，如过期受潮的水泥、锈蚀的钢筋是否降低使用，需结合工程特点等予以取舍，但决不允许用于重要的工程或部位。

3. 机械设备的质量控制

机械设备的控制包括生产机械设备和施工机械设备两大类。在施工阶段，监理工程师应综合考虑施工现场条件、建筑结构形式、机械设备性能、施工工艺和方法、施工组织与管理、建筑技术经济等各种因素，从保证项目施工的角度出发，着重从施工机械设备的选型、机械设备的主要性能参数和机械设备的使用操作要求三方面予以控制。

4. 方法的控制

方法是实现工程建设的重要手段，方法控制包含对工程项目建设中所采取的技术方案、工艺流程、施工措施、检测手段、施工组织设计等控制。尤其是施工方案正确与否，直接影响质量、进度、投资三大目标能否顺利实施。监理工程师在审核施工方案时，必须结合工程实际，从技术、组织、管理、经济等方面进行全面分析、综合考虑。

5．环境的控制

环境因素（如图 6-18 所示）对工程质量的影响，具有复杂而多变的特点。气象条件变化万千，如温度、湿度、大风、暴雨、酷暑、严寒等，都直接影响工程质量。往往前一工序就是后一工序的环境，前一分项、分部工程就是后一分项、分部工程的环境。因此，根据工程特点和具体条件，应对影响质量的环境因素，采取有效的措施进行控制。

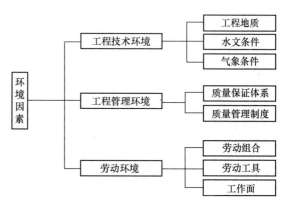

图 6-18　环境影响因素示意图

6.4.3　设计阶段的质量控制

工程项目的质量目标与水平，通过设计具体化，作为施工的依据。设计质量的优劣，直接影响工程项目的使用价值和功能，是工程质量的决定性环节。对设计质量加强控制，是顺利实现工程建设三大目标控制的有力措施。

1．设计质量的概念

设计质量就是在严格遵守技术标准、法规的基础上，正确处理和协调资金、资源、技术和环境的制约关系，使设计项目能更好满足建设单位所需要的功能和使用价值，充分发挥项目投资的经济效益。

2．设计阶段质量控制的依据和内容

（1）设计阶段质量控制的依据

1）有关工程建设及质量管理方面的法律、法规。

2）有关工程建设的技术标准，如各种设计规范、规程、标准；设计参数的定额、指标等。

3）项目可行性研究报告、项目评估报告及选址报告。

4）体现建设单位建设意图的设计规划大纲、设计纲要和设计合同等。

5）反映项目建设过程中和建成后有关技术、资源、经济、社会协作等方面的协议、数据和资料。

（2）设计阶段质量控制的内容

建设工程设计一般分为方案设计、初步设计、施工图设计三个阶段。设计阶段的质量控制是通过对质量目标和水平的控制，使项目设计在现行规范和标准下，满足建设单位所需的功能和使用价值，达到合理的投资和合理的质量。

合理的投资，是指满足建设单位所需的功能和使用价值的前提下，所付出的费用最小；合理的质量，是指在一定投资限额下，达到建设单位所需的最佳功能和质量水平。

1）方案设计阶段的质量控制。首先，根据有关要求、批文和资料，编制设计大纲或方案竞赛文件，设定质量目标。其次，组织方案竞赛，选择、评定总体设计方案。最后，组织设计招标。完成了质量目标设定和总体方案的评选之后，监理工程师协助建设单位进行设计招标工作，选定设计单位进行项目设计。

2）初步设计阶段的质量控制。初步设计阶段的质量控制的工作包括：设计方案的优化，将方案设计阶段的优选方案进行充实和完善；组织初步设计审查，初步审定后，提交各有关部门审查、征集意见，根据要求进行修改、补充、加深，经批准作为施工图设计的依据。

3）施工图设计阶段的质量控制。施工图是设计工作的最后成果，是设计质量的重要形成阶段，监理工程师要分专业不断地进行中间检查和监督，逐张审查图纸并签字认可。

第一，施工图质量的控制。主要有：所有设计资料、规范、标准的准确性；总说明及分项说明是否具体、明确；计算书是否说明清楚；套用图纸时是否已按具体情况作了必要的核算，并加以说明；图纸与计算书结果是否一致；图形符号是否符合统一规定；图纸中各部尺寸、节点详图，各图之间有无矛盾、漏注；图纸设计深度是否符合要求；套用的标准图集是否陈旧或有无必要的说明；图纸目录与图纸本身是否一致；有无与施工相矛盾的内容等。

第二，设计变更的控制。当有设计变更要求时，监理工程师应审查这些要求是否合理以及有没有可行性。在不影响质量目标的前提下，可会同设计部门作出设计变更。

第三，设计分包的控制。监理工程师应对设计合同的分包进行控制。承担设计的单位应完成设计的主要部分，分包出去的部分，应得到建设单位和监理工程师的批准。监理工程师在批准分包前，应对分包单位的资质进行审查，并作出评价，决定其是否能够胜任设计的任务。

3. 设计质量的审核

设计图纸是设计工作的最终成果，体现了设计质量的形成。因此，对设计质量的审核也是设计成果验收阶段对设计图纸的审核。

监理工程师代表建设单位对设计图纸的审核是分阶段进行的。在方案设计阶段，应审核工程所采用的技术方案是否符合总体方案的要求，以及是否达到项目决策阶段确定的质量标准；在初步设计阶段，应审核专业设计是否符合预定的质量标准和要求；在施工图设计阶段，应注重于反映使用功能及质量要求是否得到满足。

6.4.4　施工阶段的质量控制

工程项目施工是最终形成工程产品质量和工程项目使用价值的重要阶段。施工阶段的质量控制是建设监理的核心内容，也是工程质量控制的重点。

1. 施工质量控制的依据

施工阶段监理工程师进行质量控制的依据，根据其适用的范围及性质，大体上可以分为共同性依据和专门技术法规性依据两类。

（1）质量控制的共同性依据：主要是指那些适用于工程项目施工阶段与质量控制有关的、通用的、具有普遍指导意义和必须遵守的基本文件。它们包括以下几类：

1）工程合同文件：工程施工合同和监理合同等文件包含了参与建设的各方在质量控制方面的权利和义务的条款，监理工程师要熟悉这些条款，据此进行质量监督和控制，并在发生质量纠纷时，及时采取措施予以解决。

2）设计文件："按图施工"是施工阶段质量控制的一项重要原则，经过批准的设计图纸和技术说明书等设计文件，是质量控制的重要依据。监理工程师要参与并组织好设计交底和图纸会审工作，以便能充分了解设计意图和质量要求。

3）国家及政府有关部门颁布的有关质量管理方面的法律、法规性文件。

（2）质量控制的专门技术法规性依据：主要指针对不同的行业、不同的质量控制对象而制定的技术法规性文件，包括各种有关的标准、规范、规程或规定。属于这类依据的有以下几类：

　　1）工程施工质量验收标准；

　　2）有关工程材料、半成品和构配件质量控制方面的专门技术法规；

　　3）控制施工活动质量的技术法规；

　　4）采用新工艺、新技术、新方法的工程，其事先制定的有关质量标准和施工工艺规程。

2. 施工质量控制的工作程序

　　在工程施工阶段，监理工程师对工程质量要进行全过程的监督、检查与控制，不仅涉及最终产品的检查验收，而且涉及施工过程的各环节及中间产品的监督、检查与验收。这种全过程质量控制所涉及的内容及工作流程如图 6-19 所示。

　　在正式开工前，施工单位须做好施工准备工作，通过自查认为具备开工条件时，向监理机构报送工程开工报审表。专业监理工程师重点审查施工组织设计是否已由总监理工程师签认，现场质量、安全生产管理体系是否已经建立，管理人员、施工人员是否到位，开工所需主要工程材料、施工机械是否已准备妥当，设计交底和图纸会审是否已经完成等。审查合格后，由总监理工程师签署审核意见，报建设单位批准后，由总监理工程师签发开工令。否则，施工单位应进一步做好施工准备，待条件具备时，重新报送工程开工报审表。

　　在施工过程中，专业监理工程师应督促施工单位加强内部质量管理，严格控制质量。施工作业过程均应按规定工艺和技术要求进行。在每道工序完成后，施工单位应进行自检，只有上一道工序被确认质量合格后，方能准许下道工序施工。在每次隐蔽工程、检验批、分项工程完成后，施工单位应自检合格，填写相应报验表，并附有该部分工程质量检查记录，报送监理机构。经专业监理工程师现场检查及对相关资料审核后，质量符合要求时予以签认，如果质量不符合要求，则指令施工单位进行整改。

　　当施工单位完成了某分部工程施工，且该分部工程所包含的各分项工程全部检验合格后，应填写相应分部工程报验表，并附相应的质量控制资料，报送监理机构验收。由总监理工程师组织相关人员对分部工程进行验收，并签署验收意见。

　　当施工单位完成了施工合同所约定的所有工程，并自检合格，工程验收资料已整理完毕，应填报单位工程竣工验收报审表，报送监理机构进行竣工预验收。总监理工程师组织专业监理工程师等进行竣工预验收，并签署预验收意见。同时注意，按照当地建设主管部门规定，通知相关单位参加预验收。按照预验收意见整改合格后，施工单位提请建设单位组织竣工验收。

3. 施工准备阶段的质量控制

　　（1）图纸会审与设计交底

　　图纸会审是建设、监理、施工等相关单位，在收到施工图审查机构审查合格的施工图设计文件后，在设计交底前进行的全面细致的熟悉和审查施工图纸的活动。监理人员应熟悉工程设计文件，并应参加建设单位主持的图纸会审会议，建设单位应及时主持召开图纸会审会议，组织监理机构、施工单位等相关人员进行图纸会审，并整理成会审问题清单，由建设单位在设计交底前约定的时间内提交设计单位。图纸会审由施工单位整理会议纪要，与会各方会签。

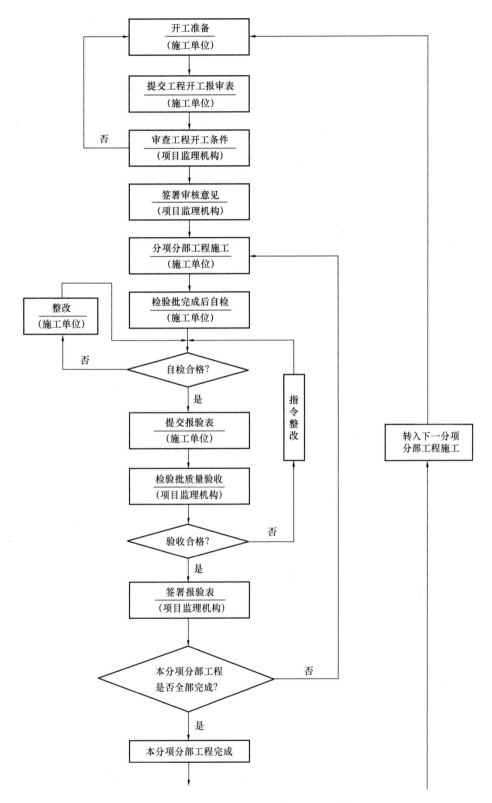

图 6-19 施工阶段工程质量控制工作流程图（一）

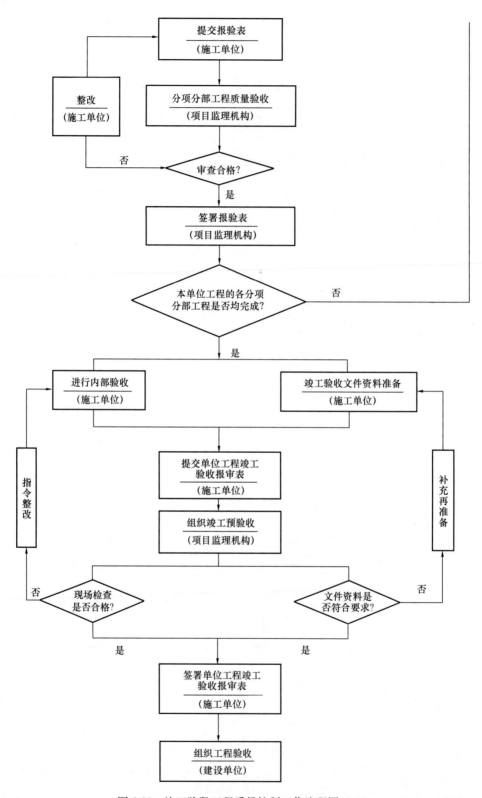

图 6-19　施工阶段工程质量控制工作流程图（二）

　　总监理工程师组织监理人员熟悉工程设计文件是实施事前质量控制的一项重要工作。通过熟悉工程设计文件，了解设计意图和工程设计特点、工程关键部位的质量要求，发现图纸差错，将质量隐患消灭在萌芽状态。

　　设计交底是指设计单位交付工程设计文件后，就工程设计文件的内容向建设、施工和监理单位作出的详细说明，帮助施工和监理单位正确贯彻设计意图，加深对设计文件特点、难点、疑点的理解，掌握关键部位的质量要求。设计交底的主要内容一般包括：施工图设计文件总体介绍，设计的意图说明，特殊的工艺要求，建筑、结构、工艺、设备等各专业在施工中的难点、疑点和容易发生的问题说明，以及对施工、监理、建设等单位对设计图纸疑问的解释等。

　　工程开工前，建设单位应组织并主持召开工程设计技术交底会。先由设计单位进行设计交底，后转入图纸会审问题解释，设计单位对图纸会审问题清单予以解答。通过建设、设计、监理、施工等单位研究协商，确定图纸存在的各种技术问题的解决方案。设计交底会议纪要由设计单位整理，与会各方会签。

　　（2）施工组织设计的审查

　　施工组织设计是指导施工单位进行施工的技术、经济和管理的文件，审查施工组织设计是监理机构的职责之一。施工单位应按监理批准的施工组织设计组织施工。施工组织设计需要调整时，应报送监理机构重新审批。

　　1）施工组织设计审查的基本内容

　　① 编审程序应符合相关规定；

　　② 施工进度、施工方案及工程质量保证措施应符合施工合同要求；

　　③ 资金、劳动力、材料、设备等资源供应计划应满足工程施工需要；

　　④ 安全技术措施应符合工程建设强制性标准；

　　⑤ 施工总平面布置应科学合理。

　　2）施工组织设计质量控制审查要点

　　① 在施工组织设计的编审手续齐全（即有编制人、施工单位技术负责人的签名和施工单位公章）的基础上，和施工组织设计报审表一起报送监理机构。

　　② 总监理工程师组织各专业监理工程师进行审查，专业监理工程师签署审查意见后，总监理工程师审核批准。需要修改时，由总监理工程师在报审表上签署意见，发回施工单位修改。施工单位修改后重新向监理机构报审。

　　③ 施工组织设计应符合国家的技术政策，充分考虑施工合同约定的条件、施工现场条件及法律法规的要求；施工组织设计应针对工程特点、难点及施工条件，具有可操作性，质量措施能切实保证工程质量目标，采用的技术方案和措施先进、适用、成熟。

　　④ 监理机构宜将施工组织设计审查情况，及时通报建设单位，应将审定的施工组织设计及时报送建设单位。涉及增加工程措施费的项目，必须与建设单位协商，并征得建设单位的同意。

　　⑤ 经审查批准的施工组织设计，施工单位应认真贯彻实施，不得擅自改动。若需进行实质性的调整、补充或变动，应报监理机构审查同意。如果施工单位擅自改动，监理机构应及时发出监理通知单要求按程序报审。

　　（3）施工方案的审查

审查施工方案也是监理机构的职责之一，总监理工程师应组织专业监理工程师审查施工单位报审的施工方案，符合要求后应予以签认。施工方案审查应包括：编审程序应符合相关规定；工程质量保证措施应符合有关标准。

1）审查的依据

有关合同文件，经批准的工程项目文件和设计文件，相关法律、法规、规范、规程、标准图集等，以及其他工程基础资料、工程场地周边环境（含管线）资料等。

2）审查的主要内容

施工方案审查的基本内容主要是编审程序是否符合相关规定、工程质量保证措施是否符合有关标准。应重点审查施工方案是否具有针对性、指导性、可操作性；现场施工管理机构是否建立了完善的质量保证体系，是否明确工程质量要求及目标，是否健全了质量保证体系组织机构及岗位职责，是否配备了相应的质量管理人员，是否建立了各项质量管理制度和质量管理程序等；施工质量保证措施是否符合现行的规范、标准等，特别是与工程建设强制性标准的符合性。

在专项施工方案中，审查内容应侧重于对某些分部分项工程的技术方案的有关说明、论证与评价。需要专家论证的要督促施工单位按计划及时履行相关工作。

对采用新技术的施工方案的审定，应满足：①技术方案的适用性、合理性；②技术方案编制的科学严密性；③技术方案与工程施工及周边环境条件等的适应性；④技术方案与承包单位技术力量、施工机械设备配置的相称性；⑤新技术方案中采用新材料、新工艺的可靠性；⑥新技术方案实施的安全性。必要时，应要求施工单位组织专题论证，审查合格后报总监理工程师签认。

（4）现场施工准备质量控制

1）施工现场质量管理检查

工程施工质量既是施工单位"做"出来的，也是"管"出来的，施工单位建立比较完善的质量管理责任制，是工程质量最大的保障。因此，监理机构要认真检查施工单位现场质量管理制度的建立健全情况，必要时提出整改意见。施工单位的主要质量管理制度有：工程质量总承包制度，施工技术交底制度，材料进场检验制度，样板引路制度，施工挂牌制度，过程三检制度，质量否决制度，培训（持证）上岗制度，工程质量事故报告及调查制度，成品保护制度，质量文件记录制度等。

此外，工程开工前，还应审查施工单位现场的质量管理组织机构、管理制度及专职管理人员和特种作业人员的资格，主要包括：项目部质量管理体系，现场质量岗位责任制，主要专业工种操作岗位证书，对分包单位的管理制度，图纸会审记录，地质勘察资料，施工技术标准，施工组织设计、施工方案编制及审批，物资采购管理制度，施工设施和机械设备管理制度，计量设备配备，检测试验管理制度，工程质量检查验收制度等。

2）分包单位资质的审核确认

分包工程开工前，监理机构应审核分包单位资格，专业监理工程师进行审核并提出审查意见，符合要求后，应由总监理工程师审批并签署意见。监理机构应查验建筑业企业资质证书、企业法人营业执照以及安全生产许可证，注意拟承担分包工程内容与资质等级、营业执照是否相符。对分包单位的类似工程业绩，要求提供工程名称、工程质量验收等证明文件；审查拟分包工程的内容和范围时，应注意施工单位的发包性质，禁止转包、肢解分包、层层分包等违法行为。

总监理工程师在报审表上签署书面意见前需征求建设单位意见。如分包单位的资质材料不符合要求，施工单位应根据总监理工程师的审核意见，或重新报审，或另选分包单位再行报审。

3）查验施工控制测量成果

专业监理工程师应检查、复核施工单位报送的施工控制测量成果及保护措施，并签署意见。检查、复核内容有：测量人员的资格证书及测量设备检定证书；施工平面控制网、高程控制网和临时水准点的测量成果及控制桩的保护措施。监理也要对施工过程中报送的施工测量放线成果及时进行查验。审查符合规范及标准要求的，予以签认。

4）施工试验室的检查

监理机构收到施工单位报送的试验室报审表及有关资料后，应组织对施工试验室进行审查。监理对施工试验室进行审查前要事先熟悉工程的试验项目及其要求。

另外，施工单位还有一些用于现场进行计量的设备，包括施工中使用的衡器、量具、计量装置等。施工单位应按有关规定定期对计量设备进行检查、检定，确保计量设备的精确性和可靠性。专业监理工程师应审查施工单位定期提交影响工程质量的计量设备检查和检定报告。

5）工程材料、构配件、设备的质量控制

监理机构收到施工单位的报审表后，应审查材料、构配件、设备的质量证明文件，并应按有关规定，对用于工程的材料进行见证取样。质量证明文件包括出厂合格证、质量检验报告、性能检测报告以及施工单位的质量抽检报告等。对于工程设备，应同时附有设备出厂合格证、技术说明书、质量检验证明、有关图纸、配件清单及技术资料等。对已进场经检验不合格的工程材料、构配件、设备，应要求施工单位限期将其撤出施工现场。

（5）工程开工条件审查与开工令的签发

监理机构对施工单位报送的工程开工报审表及相关资料进行审查，当同时具备下列条件时，应由总监理工程师签署审查意见，并应报建设单位批准后，总监理工程师签发工程开工令：

1）设计交底和图纸会审已完成；

2）施工组织设计已由总监理工程师签认；

3）施工单位现场质量、安全生产管理体系已建立，管理及施工人员已到位，施工机械具备使用条件，主要工程材料已落实；

4）进场道路及水、电、通信等已满足开工要求。

总监理工程师应在开工日期7天前向施工单位发出工程开工令。工期自工程开工令中载明的开工日期起计算。施工单位应在开工日期到达后尽快施工。

4. 施工过程质量控制

工程施工过程是由投入逐步转化为建筑产品的过程，任何一步的忽视，都可能造成质量问题，严重的会酿成质量事故。监理机构应着重做好以下工作：

（1）施工工艺过程质量控制

监理人员通过见证取样、旁站、巡视、平行检验等监控方法和手段对各工序的操作工艺进行控制。

（2）工序交接检查

坚持上道工序不经检查验收不准进行下道工序的原则，检验合格后经签署认可才能进行下道工序。对未经监理人员验收或验收不合格的工序，监理人员应拒绝签认，并要求承包单位严禁进行下一道工序的施工。

（3）隐蔽工程检查验收

隐蔽工程是指为下一道工序行将覆盖的工程，如建筑工程中的地基、钢筋工程、预埋件和预留孔洞、防腐处理等，应先由承包单位自检、初验合格后，填报隐蔽工程验收单，报请监理工程师验收签证。

对隐蔽工程的隐蔽过程、下道工序施工完成后难以检查的重点部位，专业监理工程师应安排监理员进行旁站。

专业监理工程师应根据承包单位报送的隐蔽工程报验申请表和自检结果进行现场检查，符合要求予以签认。

（4）中间产品质量控制

一个工程的各项工序完成后，承包单位在对该工序做系统自检的基础上，可提出中间验收报告。

项目监理机构应对施工单位报验的隐蔽工程、检验批、分项工程和分部工程进行验收，对验收合格的应给予签认；对验收不合格的应拒绝签认，同时应要求施工单位在指定的时间内整改并重新报验。

对已同意覆盖的工程隐蔽部位质量有疑问的，或发现施工单位私自覆盖工程隐蔽部位的，项目监理机构应要求施工单位对该隐蔽部位进行钻孔探测、剥离或其他方法进行重新检验。

（5）设计变更及技术方案核定的处理

（6）工程质量问题处理

项目监理机构应分析质量问题的原因、责任；审核、批准处理工程问题的技术措施或方案；检验处理措施的效果。

发现施工存在质量问题的，或施工单位采用不适当的施工工艺，或施工不当，造成工程质量不合格的，应及时签发监理通知单，要求施工单位整改。整改完毕后，项目监理机构应根据施工单位报送的监理通知回复单对整改情况进行复查，提出复查意见。

对需要返工处理或加固补强的质量缺陷，项目监理机构应要求施工单位报送经设计等相关单位认可的处理方案，并应对质量缺陷的处理过程进行跟踪检查，同时应对处理结果进行验收。

对需要返工处理或加固补强的质量事故，项目监理机构应要求施工单位报送质量事故调查报告和经设计等相关单位认可的处理方案，并应对质量事故的处理过程进行跟踪检查，同时应对处理结果进行验收。

项目监理机构应及时向建设单位提交质量事故书面报告，并应将完整的质量事故处理记录整理归档。

（7）行使质量监督权，下达停工和复工指令

有下列情况之一，监理人员发现可能造成质量事故的重大隐患或已发生质量事故的，总监理工程师应及时签发工程暂停令：建设单位要求暂停施工且工程需要暂停施工的；施

工单位未经批准擅自施工或拒绝监理机构管理的；施工单位未按审查通过的工程设计文件施工的；施工单位违反工程建设强制性标准的；施工存在重大质量、安全事故隐患或发生质量、安全事故的。

总监理工程师签发工程暂停令前应征得建设单位同意。在紧急情况下，未能事先征得建设单位同意的，应在事后及时向建设单位书面报告。施工单位未按要求停工，监理机构应及时报告建设单位，必要时应向有关主管部门报送监理报告。

暂停施工事件发生时，监理机构应如实记录所发生的情况。对于建设单位要求停工且工程需要暂停施工的，应重点记录施工单位人工、设备在现场的数量和状态；对于因施工单位原因暂停施工的，应记录直接导致停工发生的原因。

因建设单位原因或非施工单位原因引起工程暂停的，在具备复工条件时，应及时签发工程复工令，指令施工单位复工。

项目监理机构收到施工单位报送的工程复工报审表及有关材料后，应对施工单位的整改过程、结果进行检查、验收，符合要求的，总监理工程师应及时签署审批意见，并报建设单位批准后签发工程复工令。施工单位接到工程复工令后组织复工。施工单位未提出复工申请的，总监理工程师应根据工程实际情况指令施工单位恢复施工。

（8）对工程进度款的支付签署质量认证意见

（9）定期向建设单位报告有关工程质量的动态情况

5. 施工过程所形成产品的质量控制

（1）质量验收资料审核

专业监理工程师应对承包单位报送的分项工程质量验收资料进行审核，符合要求后予以签认；总监理工程师应组织监理人员对承包单位报送的分部工程和单位工程质量验收资料进行审核和现场检查，符合要求后予以签认。

（2）组织试车运转

（3）组织竣工预验收

总监理工程师应组织专业监理工程师，依据有关法律、法规、工程建设强制性标准、设计文件及施工合同，对承包单位报送的竣工资料进行审查，组织工程竣工预验收。对存在的问题，应及时要求承包单位整改。整改完毕由总监理工程师签署工程竣工验收报审表，并应在此基础上提出工程质量评估报告。工程质量评估报告应经总监理工程师和监理单位技术负责人审核签字后报建设单位。

（4）参加竣工验收

项目监理机构应参加由建设单位组织的竣工验收，并提供相关监理资料。对验收中提出的整改问题，项目监理机构应督促承包单位及时进行整改。工程质量符合要求，由总监理工程师会同参加验收的各方签署竣工验收报告。

6. 施工阶段质量控制的方法、手段和要点

（1）质量控制的方法

1）质量控制的组织方法：督促承包单位建立健全质量认证体系；进行质量控制职能分配、明确责任分工；实施质量审核制度。

2）质量控制的技术方法：审核设计图纸及参加技术交底；审核承包单位的施工组织设计；检查工序、部位的施工质量；召开专题会议；进行质量评定和质量验收。

3）质量控制的管理方法：开展全面质量管理活动；建立质量信息文字、报表、图像资料的管理办法；进行质量信息的数理统计分析；进行合同中的质量信息管理；建立质量管理的奖、惩制度。

（2）质量控制的手段

1）见证取样、旁站、巡视和平行检验：这是监理人员现场监控的几种主要形式。见证取样是项目监理机构对施工单位进行的涉及结构安全的试块、试件及工程材料现场取样、封样、送检工作的监督活动；旁站是项目监理机构对工程的关键部位或关键工序的施工质量进行的监督活动；巡视是项目监理机构对施工现场进行的定期或不定期的监督活动；平行检验是项目监理机构在施工单位自检的同时，按有关规定、建设工程监理合同约定对同一检验项目进行的检测试验活动。

2）指令性文件：监理工程师根据工程项目质量的预测和实施状况的了解，可及时发出书面指令加以控制。因时间紧迫而发出的口头指令，需及时补充书面文件予以确认。

3）工地例会、专题会议：监理工程师可通过工地例会检查分析工程项目质量状况，针对存在的质量问题提出改进措施。对于复杂的技术问题或质量问题还可以及时召开专题会议解决。

（3）质量控制的要点

1）主控项目和一般项目：主控项目指建设工程中对安全、卫生、环境保护和主要使用功能起决定性作用的检验项目；一般项目是指除主控项目以外的检验项目。

2）建设工程应按下列规定进行施工质量控制：

① 建筑工程采用的主要材料、半成品、成品、建筑构配件、器具和设备应进行进场检验。凡涉及安全、节能、环境保护和主要使用功能的重要材料、产品，应按各专业工程施工规范、验收规范和设计文件等规定进行复验，并应经监理工程师检查认可。

② 各施工工序应按施工技术标准进行质量控制，每道施工工序完成后，经施工单位自检符合规定后，才能进行下道工序施工。各专业工种之间的相关工序应进行交接检验，并应记录。

③ 对于监理单位提出检查要求的重要工序，应经监理工程师检查认可，才能进行下道工序施工。

3）做好过程控制。

项目监理机构应审查施工单位报送的用于工程的材料、构配件、设备的质量证明文件，并应按有关规定、建设工程监理合同约定，对用于工程的材料进行见证取样、平行检验。

应根据工程特点和施工单位报送的施工组织设计，将影响工程主体结构安全的、完工后无法检测其质量的或返工会造成较大损失的部位及其施工过程作为旁站的关键部位、关键工序，安排监理人员进行旁站，并应及时记录旁站情况。

应安排监理人员对工程施工质量进行巡视。巡视应包括下列主要内容：

① 施工单位是否按工程设计文件、工程建设标准和批准的施工组织设计、（专项）施工方案施工。

② 使用的工程材料、构配件和设备是否合格。

③ 施工现场管理人员，特别是施工质量管理人员是否到位。

④ 特种作业人员是否持证上岗。

应根据工程特点、专业要求，以及建设工程监理合同约定，对施工质量进行平行检验。

6.4.5 工程施工质量验收

质量验收是指施工质量在施工单位自行检查合格的基础上，由质量验收责任方组织，相关单位参加，对检验批、分项、分部、单位工程以及隐蔽工程的质量进行抽样检验，对技术文件进行审核，并根据设计文件和相关标准以书面形式对施工质量是否达到合格作出确认。质量验收包括施工过程质量验收和工程竣工质量验收，是质量控制的重要内容。

1. 质量验收划分

工程项目的划分关系到施工过程及竣工验收，施工前可由建设、监理、施工单位商议确定，并据此收集整理施工技术资料和进行验收。

（1）单位工程

单位工程是指具备独立施工条件并能形成独立使用功能的建筑物或构筑物。对于建筑工程，单位工程应按下列原则划分：

1）具备独立施工条件并能形成独立使用功能的建筑物或构筑物为一个单位工程。

2）对于规模较大的单位工程，可将其能形成独立使用功能的部分划分为一个子单位工程。

（2）分部工程

分部工程是单位工程的组成部分，一个单位工程往往由多个分部工程组成。

对于建筑工程，分部工程应按下列原则划分：

1）可按专业性质、工程部位确定。如建筑工程划分为地基与基础、主体结构、建筑装饰装修、屋面、建筑给水排水及供暖、通风与空调、建筑电气、智能建筑、建筑节能、电梯十个分部工程。

2）当分部工程较大或较复杂时，可按材料种类、施工特点、施工程序、专业系统及类别将分部工程划分为若干子分部工程。

（3）分项工程

分项工程是分部工程的组成部分。分项工程可按主要工种、材料、施工工艺、设备类别进行划分。

建筑工程的分部工程、分项工程划分宜按《建筑工程施工质量验收统一标准》GB 50300—2013 规定采用。

（4）检验批

检验批是分项工程的组成部分，是指按相同的生产条件或按规定的方式汇总起来供抽样检验用的，由一定数量样本组成的检验体。检验批可根据施工、质量控制和专业验收的需要，按工程量、楼层、施工段、变形缝进行划分。

施工前，应由施工单位制定分项工程和检验批的划分方案，并由项目监理机构审核。对于《建筑工程施工质量验收统一标准》GB 50300—2013 及相关专业验收规范未涵盖的分项工程和检验批，可由建设单位组织监理、施工等单位协商确定。

（5）室外工程

室外工程可根据专业类别和工程规模划分子单位工程、分部工程和分项工程，可以参考《建筑工程施工质量验收统一标准》GB 50300—2013 规定。

2. 工程施工质量验收要求

（1）建筑工程施工质量验收要求

建筑工程施工质量应按下列要求进行验收：

1）工程施工质量验收均应在施工单位自检合格的基础上进行。

2）参加工程施工质量验收的各方人员应具备相应的资格。

3）检验批的质量应按主控项目和一般项目验收。

4）对涉及结构安全、节能、环境保护和主要使用功能的试块、试件及材料，应在进场时或施工中按规定进行见证检验。

5）隐蔽工程在隐蔽前应由施工单位通知监理机构进行验收，并应形成验收文件，验收合格后方可继续施工。

6）对涉及结构安全、节能、环境保护和使用功能的重要分部工程，应在验收前按规定进行抽样检验。

7）工程的观感质量应由验收人员现场检查，并应共同确认。

（2）建筑工程施工质量验收合格规定

建筑工程施工质量验收合格应符合下列规定：

1）符合工程勘察、设计文件的要求。

2）符合《建筑工程施工质量验收统一标准》GB 50300—2013 和相关专业验收规范的规定。

3. 建筑工程质量验收

（1）检验批质量验收

检验批应由专业监理工程师组织施工单位质量检查员、专业工长等进行验收。

检验批质量验收合格应符合下列规定：

1）主控项目的质量经抽样检验均应合格。

2）一般项目的质量经抽样检验合格。当采用计数抽样时，合格点率应符合有关专业验收规范的规定，且不得存在严重缺陷。对于计数抽样的一般项目，正常检验一次、二次抽样可分别按有关规定判定。

3）具有完整的施工操作依据、质量验收记录。

（2）分项工程质量验收

分项工程应由专业监理工程师组织施工单位项目专业技术负责人等进行验收。

分项工程质量验收合格应符合下列规定：

1）所含检验批的质量均应验收合格。

2）所含检验批的质量验收记录应完整。

（3）分部工程质量验收

分部工程应由总监理工程师组织施工单位项目负责人和项目技术负责人等进行验收。

勘察、设计单位项目负责人和施工单位技术、质量部门负责人应参加地基与基础分部工程的验收。

设计单位项目负责人和施工单位技术、质量部门负责人应参加主体结构、节能分部工程的验收。

分部工程质量验收合格应符合下列规定：

1）所含分项工程的质量均应验收合格。

2）质量控制资料应完整。

3）有关安全、节能、环境保护和主要使用功能的抽样检验结果应符合相应规定。

4）观感质量应符合要求。

（4）单位工程质量验收

单位工程完工后，施工单位应依据验收规范、设计图纸等组织有关人员进行自检，对存在的问题自行整改处理，合格后填写单位工程竣工验收报审表，并将相关竣工资料报送项目监理机构申请预验收。如有分包情况，则分包单位应对所承包的工程进行自检，并应按规定的程序进行验收。

总监理工程师应组织各专业监理工程师审查施工单位报送的相关竣工资料，并对工程质量进行竣工预验收。存在施工质量问题时，应由施工单位及时整改。整改完毕后，由施工单位向建设单位提交工程竣工报告，申请工程竣工验收。

建设单位收到竣工报告后，应组织监理、施工、设计、勘察等单位项目负责人进行单位工程验收。

单位工程质量验收合格应符合下列规定：

1）所含分部工程的质量均应验收合格。

2）质量控制资料应完整。

3）所含分部工程中有关安全、节能、环境保护和主要使用功能的检验资料应完整。

4）主要使用功能的抽查结果应符合相关专业验收规范的规定。

5）观感质量应符合要求。

单位工程竣工验收，是建筑工程投入使用前的最后一次验收，也是最重要的一次验收。参建各方责任主体和有关单位及人员，应给予足够的重视，认真做好单位工程质量竣工验收，把好工程质量验收关。

4. 工程施工质量验收时不符合要求的处理

如果施工质量验收不符合要求，则应按下列规定进行处理：

（1）经返工或返修的检验批，应重新进行验收。

（2）经有资质的检测机构检测鉴定能够达到设计要求的检验批，应予以验收。

（3）经有资质的检测机构检测鉴定达不到设计要求，但经原设计单位核算认可能够满足安全和使用功能的检验批，可予以验收。

（4）经返修或加固处理的分项、分部工程，满足安全和使用功能要求时，可按技术处理方案和协商文件的要求予以验收。

（5）经返修或加固处理仍不能满足安全或重要使用功能要求的分部工程及单位工程，严禁验收。

【案例】

某建筑公司承接了一项综合楼施工任务，建筑面积 $100828m^2$，地下 3 层，地上 26 层，箱形基础，主体为钢筋混凝土框架剪力墙结构。该项目地处城市主要街道交叉路口，是该地区的标志性建筑物。因此，施工单位在施工过程中加强了对工序质量的控制。

在第 5 层楼板钢筋隐蔽工程验收时，监理工程师发现整个楼板受力钢筋型号不对、位置放错。施工单位接到监理通知后非常重视，及时进行了返工处理。

在第 10 层混凝土部分试块检测时，监理工程师发现强度达不到设计要求，但经有资质的检测单位对实体检测鉴定，强度达到了设计要求。由于加强了预防和检查，之后没有再发生类似情况。

该楼最终顺利完工，达到验收条件后，建设单位组织了竣工验收。

【问题】

1. 指出第 5 层钢筋隐蔽工程验收的要点。

2. 第 10 层的质量问题是否需要处理？说明理由。

3. 如果第 10 层实体混凝土强度经检测达不到要求，施工单位应如何处理？

【参考答案】

1. 验收要点为：

（1）钢筋的连接方式、接头位置、接头数量、接头面积百分率等；

（2）纵向受力钢筋的品种、数量、规格、位置、保护层设置、钢筋固定等；

（3）箍筋、横向钢筋的品种、数量、位置等；

（4）预埋件的品种、规格、数量、位置等。

2. 第 10 层的质量问题不需要处理。理由：国家验收标准中规定，经有资质的检测单位检测鉴定强度达到了设计要求，说明质量合格，可予以验收。

3. 如果第 10 层混凝土实体检测强度达不到要求，则按下列程序处理：

（1）请设计单位核算，如果能够满足结构安全要求，则可予以验收；

（2）如果经设计单位核算不能满足结构安全要求，则请设计单位编制技术处理方案，经监理工程师审核确认后，由施工单位进行处理；

（3）如果经加固补强后能够满足结构安全要求，可予以验收；

（4）如果经加固补强后仍不能满足结构安全要求，则严禁验收。

6.4.6 工程质量缺陷及事故

项目监理机构应采取有效措施预防工程质量缺陷及事故的出现。工程施工过程中一旦出现工程质量缺陷及事故，项目监理机构应按规定的程序进行处理。

1. 工程质量缺陷

（1）基本概念

工程质量缺陷是指工程不符合国家或行业的有关技术标准、设计文件及合同中对质量的要求，包括施工过程中的质量缺陷和永久质量缺陷。施工过程中的质量缺陷分为可整改质量缺陷和不可整改质量缺陷。

（2）工程质量缺陷的原因

造成工程质量缺陷的原因主要有：违背基本建设程序；违反法律法规；地质勘察数据失真；设计差错；施工与管理不到位；操作工人素质差；原材料、构配件、设备不合格；自然环境影响；盲目抢工；使用不当等。

（3）工程质量缺陷的处理

对已发生的质量缺陷，监理机构应按下列程序进行处理：

1）发生工程质量缺陷后，监理机构发出监理通知单，责成施工单位进行处理。

2）施工单位对质量缺陷进行调查、分析，提出经相关单位认可的处理方案。

3）监理机构审查施工单位报送的质量缺陷处理方案，并签署意见。

4）施工单位按审查批准的处理方案实施处理，监理机构对处理过程进行跟踪检查。

5）质量缺陷处理完毕后，监理机构对处理结果进行验收，并根据施工单位报送的监理通知回复单进行复查，提出复查意见。

6）缺陷处理记录资料整理归档。

2. 工程质量事故

（1）工程质量事故等级划分

工程质量事故是指由于建设、勘察、设计、施工、监理等单位违反工程质量有关法律法规和工程建设标准，使工程产生结构安全、重要使用功能等方面的质量缺陷，造成人身伤亡或者重大经济损失的事故。根据事故造成的人员伤亡或直接经济损失，工程质量事故分为 4 个等级：

1）特别重大事故，是指造成 30 人以上死亡，或者 100 人以上重伤，或者 1 亿元以上直接经济损失的事故；

2）重大事故，是指造成 10 人以上 30 人以下死亡，或者 50 人以上 100 人以下重伤，或者 5000 万元以上 1 亿元以下直接经济损失的事故；

3）较大事故，是指造成 3 人以上 10 人以下死亡，或者 10 人以上 50 人以下重伤，或者 1000 万元以上 5000 万元以下直接经济损失的事故；

4）一般事故，是指造成 3 人以下死亡，或者 10 人以下重伤，或者 100 万元以上 1000 万元以下直接经济损失的事故。

该等级划分所称的"以上"包括本数，"以下"不包括本数。

（2）工程质量事故处理依据

建设工程一旦发生质量事故，除相关行业有特殊要求外，应按照国家相关规定的要求，由各级政府建设行政主管部门按事故等级划分开展相关的工程事故调查，明确相应责任单位，提出相应的处理意见。项目监理机构除积极配合做好上述工程质量事故调查外，还应做好由于事故对工程产生的结构安全及重要使用功能等方面的质量缺陷处理工作。

进行工程质量事故处理的主要依据有四个方面：相关的法律法规；有关的合同文件；质量事故的实况资料；有关的工程技术文件、资料和档案。

（3）工程质量事故处理程序

事故发生后，监理机构应按以下程序进行处理：

1）质量事故发生后，总监理工程师应签发工程暂停令，要求暂停质量事故部位和与其有关联部位的施工，要求施工单位采取必要的措施，防止事故扩大并保护好现场。同时，要求质量事故发生单位迅速按类别和等级向相应的主管部门上报。

2）项目监理机构要求施工单位进行质量事故调查、分析事故产生的原因，并提交质量事故调查报告。如果由质量事故调查组处理，项目监理机构则应积极配合，提供相应证据。

3）根据施工单位的质量调查报告或调查组提出的处理意见，项目监理机构要求相关单位完成技术处理方案。质量事故技术处理方案一般由施工单位提出，经原设计单位同意签认，并报建设单位批准。对于涉及结构安全和加固处理等的重大技术处理方案，一般由原设计单位提出。必要时，应要求相关单位组织专家论证，以确保处理方案可靠、可行、保证结构安全和使用功能。

4）技术处理方案经相关各方签认后，项目监理机构应要求施工单位制定详细的施工方案，对处理过程进行跟踪检查，对处理结果进行验收，必要时应组织有关单位对处理结果进行鉴定。

5）质量事故处理完毕后，具备工程复工条件时，施工单位提出复工申请，监理机构应审查工程复工资料，符合要求后，总监理工程师签署审核意见，报建设单位批准后．签发工程复工令。

6）项目监理机构应及时向建设单位提交质量事故书面报告，并应将完整的质量事故处理记录整理归档。质量事故书面报告应包括如下内容：

① 工程及各参建单位名称。

② 质量事故发生的时间、地点、工程部位。

③ 事故发生的简要经过、造成工程损伤状况、伤亡人数和直接经济损失的初步估计。

④ 事故发生原因的初步判断。

⑤ 事故发生后采取的措施及处理方案。

⑥ 事故处理的过程及结果。

（4）工程质量事故处理的基本方法

质量事故处理的基本方法包括工程质量事故处理方案的确定及工程质量事故处理后的鉴定验收。其目的是消除质量缺陷，以达到建筑物的安全可靠和正常使用功能及寿命要求，并保证后续施工的正常进行。其一般处理原则是：正确确定事故性质，是表面性还是实质性、是结构性还是一般性、是迫切性还是可缓性；正确确定处理范围，除直接发生部位，还应检查处理事故相邻影响作用范围的结构部位或构件。其处理基本要求是：安全可靠，不留隐患；满足建筑物的功能和使用要求；技术可行，经济合理。

1）工程质量事故处理方案的确定

质量事故处理方案要以分析事故调查报告中事故原因为基础，结合实地勘查成果，并尽量满足建设单位的要求来确定。在确定处理方案时，应审核其是否遵循一般处理原则和要求，尤其应重视工程实际条件，以确保作出正确判断和选择。

尽管质量事故的技术处理方案多种多样，但根据质量事故的情况可归纳为修补处理、返工处理和不做处理等三种类型，监理人员应掌握从中选择最适用处理方案的方法，方能对相关单位上报的事故处理方案作出正确审核结论。

需要注意的是，选择工程质量处理方案，是复杂而重要的工作，它直接关系到工程的质量、费用和工期。处理方案选择不合理，不仅劳民伤财，严重的会留有隐患，危及人身安全，特别是对需要返工或不做处理的方案，更应慎重对待。实际工程质量事故处理还可以选择以下处理方案的辅助决策方法：

① 试验验证。对某些有严重质量缺陷的项目，可采取合同规定的常规试验以外的试验方法进一步进行验证，以便确定缺陷的严重程度。

② 定期观测。有些质量缺陷发生时尚未达到稳定、仍会继续发展，此时可以对其进行一段时间的观测，然后再根据情况作出决定。

③ 专家论证。对于某些工程质量缺陷，可能涉及的技术领域比较广泛，或问题很复杂，有时仅根据合同规定难以决策，这时可提请专家论证。采用这种方法时，应事先做好充分准备，尽早提供尽可能详尽的资料，以便专家能够进行较充分、全面和细致的分析研究，提出最佳的意见与建议。

④ 方案比较。这是比较常用的一种方法。同类型和同一性质的事故可先设计多种处理方案，然后结合当地的资源情况、施工条件等逐项给出权重，作出对比，从而选择具有较高处理效果又便于施工的处理方案。

2）工程质量事故处理的鉴定验收

质量事故的技术处理是否达到了预期目的，是否仍留有隐患，项目监理机构应通过组织检查和必要的鉴定，对此进行验收并予以最终确认。

① 检查验收。事故处理完成后，监理在施工单位自检合格的基础上，应严格按施工验收标准及有关规范的规定进行检查，依据质量事故技术处理方案设计要求，通过实际量测、检查各种资料数据进行验收，并应办理验收手续，组织各有关单位会签。

② 必要的鉴定。为确保工程质量事故的处理效果，凡涉及结构承载力等使用安全和其他重要性能的处理工作，常需做必要的试验和检验鉴定工作。如果质量事故处理施工过程中建筑材料及构配件保证资料严重缺乏，或对检查验收结果各参与单位有争议时，常见的检验工作有：混凝土钻芯取样，用于检查密实性和裂缝修补效果，或检测实际强度；结构荷载试验，确定其实际承载力；超声波检测焊接或结构内部质量；池、罐、箱柜工程的渗漏检验等。检测鉴定必须委托具有资质的法定检测单位进行。

③ 验收结论。对所有质量事故，无论经过技术处理通过检查鉴定验收还是不需专门处理的，均应有明确的书面结论。若对后续工程施工有特定要求，或对建筑物使用有一定限制条件，应在结论中提出。验收结论通常有以下几种：

A. 事故已排除，可以继续施工。

B. 隐患已消除，结构安全有保证。

C. 经修补处理后，完全能够满足使用要求。

D. 基本上满足使用要求，但使用时应有附加限制条件，例如限制荷载等。

E. 对耐久性的结论。

F. 对建筑物外观影响的结论。

G. 对短期内难以作出结论的，可提出进一步观测检验意见。

H. 对于处理后符合验收规定的，监理人员应予以验收、确认，并应注明责任方承担的经济责任。对经加固补强或返工处理仍不能满足安全使用要求的分部工程、单位（子单位）工程，应严禁验收。

复 习 思 考 题

1. 什么是质量？建设工程质量有哪些特性？

2. 试述影响工程质量的因素。

3. 什么是质量控制？简述施工质量控制的主体及其控制内容。

4. 简述项目监理机构进行工程质量控制应遵循的原则。

5. 简要说明施工阶段监理工程师质量控制的主要手段。

6. 检验批、分项工程、分部工程和单位工程的验收程序是什么？验收合格规定是什么？

7. 建筑工程质量验收不符合要求时应如何处理？

8. 试述工程质量缺陷处理的程序。

9. 简述工程质量事故的等级划分。

10. 某工程建设单位与施工单位按照《建设工程施工合同（示范文本）》签订了施工合同。工程实施中发生下列事件：

事件1：主体结构施工时，建设单位收到用于工程的商品混凝土不合格的举报，立刻指令施工总承包单位暂停施工。经检测鉴定单位对商品混凝土的抽样检验及混凝土实体质量抽芯检测，质量符合要求。为此，施工总承包单位向项目监理机构提交了暂停施工后人员窝工及机械闲置的费用索赔申请。

事件2：施工总承包单位按施工合同约定，将装饰工程分包给甲装饰分包单位。在装饰工程施工中，项目监理机构发现工程部分区域的装饰工程由乙装饰分包单位施工。经查实，施工总承包单位未按时完工，擅自将部分装饰工程分包给乙装饰分包单位。

问题：

（1）事件1中，建设单位的做法是否妥当？项目监理机构是否应批准施工总承包单位的索赔申请？分别说明理由。

（2）写出项目监理机构对事件2的处理程序。

第7章 工程建设监理的安全生产管理

摘要：安全生产和监理的安全生产管理工作；监理的安全生产管理主要工作内容；工程监理单位的安全责任；建设工程安全隐患和安全事故的处理。

工程建设监理的安全生产管理，是指在监理工作中对安全生产进行的一系列管理活动，以达到安全生产的目标。监理的安全生产管理是我国建设监理理论在实践中不断完善、提高和创新的体现和产物。监理单位进行安全生产管理工作不仅是建设工程监理的重要组成部分，是工程建设领域中的重要任务和内容，是促进工程施工安全管理水平提高、控制和减少安全事故发生的有效方法，也是建设管理体制改革中必然实现的一种理念和模式。

7.1 安全生产和监理的安全生产管理工作

7.1.1 安全生产

1. 基本概念

安全生产就是指生产经营活动中，为保证人身健康与生命安全，保证财产不受损失，确保生产经营活动得以顺利进行，促进社会经济发展、社会稳定和进步而采取的一系列措施和行动的总称。安全生产直接关系到经济建设的发展和社会稳定，标志着社会进步和文明发展的进程。建筑业作为我国经济发展的支柱产业，也是一个事故多发的行业，更应强调安全生产。

安全生产管理是指建设行政主管部门、建设工程安全监督机构、建筑施工企业及有关单位对建设工程生产过程中的安全工作，进行决策、计划、组织、指挥、控制、监督等一系列管理活动，实现生产过程中人与机器设备、物料、环境的和谐，达到安全生产的目标。

2. 安全生产指导方针

安全生产工作必须坚持"安全第一、预防为主、综合治理"的基本方针。这个方针是根据建设工程的特点，总结实践经验和教训得出的。在生产过程中，参与各方必须坚持以人为本，坚持安全发展，强化和落实生产经营单位的主体责任，建立生产经营单位负责、职工参与、政府监管、行业自律和社会监督的机制。在生产与安全的关系中，一切以安全为重，安全必须排在第一位。

"安全第一"是原则和目标，从保护和发展生产力的角度，确立了生产与安全的关系，肯定了安全在建设工程生产活动中的重要地位。"安全第一"的方针，就是要求从事生产经营活动的单位必须把安全放在首位，实行"安全优先"的原则，在确保安全的情况下，力争实现生产经营的其他目标。当安全与其他工作相冲突时，其他工作要服从安全工作，决不允许以牺牲人的生命、健康为代价换取经济的发展和效益。安全第一，体现了以人为本的安全理念，是预防为主、综合治理的统帅。没有安全第一的思想，预防为主就失去了思想支撑，综合治理就失去了整治的依据。

"预防为主"是基础和途径，是指在工程建设活动中，根据工程建设的特点，对不同的生产要素采取相应的管理措施，有效地控制不安全因素的发展和扩大，把生产安全事故的预防放在安全工作的首位。安全生产的管理，重要的是尊重科学、探索规律、采取有效的事前控制措施，将事故消灭在萌芽状态，而不是事故发生后的调查和追责。坚持预防为主，只有把安全生产的重点放在建立事故预防体系上，提前采取措施，才能从源头上控制、预防和减少生产安全事故。"预防为主"是安全生产方针的核心，是实施安全生产的根本。

"综合治理"是手段和方法，是一种新的安全管理模式，是保证安全管理目标实现的重要手段。综合治理是要运用行政、经济、法治、科技等多种手段，充分发挥社会、职工、舆论监督各个方面的作用，抓好安全生产工作。把"综合治理"充实到安全生产方针之中，标志着我国对安全生产的认识上升到一个新高度，是贯彻落实科学发展观的具体表现。只有采取综合治理措施，才能实现人、机、物、环境的统一，实现本质安全，真正把安全第一、预防为主落到实处，形成标本兼治、齐抓共管的格局。

安全与生产的关系是辩证统一的关系，是一个整体。生产必须安全，安全促进生产，不能将二者对立起来。首先，在施工过程中，必须尽一切可能为作业人员创造安全的生产环境和条件，积极消除生产中的不安全因素，防止伤亡事故的发生，使作业人员在安全的条件下进行生产；其次，安全工作必须紧紧围绕着生产活动进行，不仅要保障作业人员的生命安全，还要促进生产的发展，离开生产，安全工作就毫无实际意义。

3. 安全生产基本原则

做好建设工程安全生产，除了强调坚持安全生产方针，还必须强调坚持安全生产一系列原则。这些原则主要有：

（1）"管生产必须管安全"的原则

"管生产必须管安全"是企业各级领导在生产过程中必须坚持的原则。企业主要负责人是企业经营管理的领导，应当肩负起安全生产的责任，在抓经营管理的同时必须抓安全生产。企业要全面落实安全工作领导责任制，形成纵向到底、横向到边的严密的责任网络。

企业主要负责人是企业安全生产的第一责任人，对本单位的安全生产工作全面负责。项目负责人是施工现场安全生产的第一责任人，对建设工程项目的安全施工负责。监理单位的总监理工程师是项目监理的第一责任人，对施工现场的安全生产负有监理责任。

（2）"三同时"原则

"三同时"原则是指生产性基本建设项目中的劳动安全卫生设施必须符合国家规定的标准，必须与主体工程同时设计、同时施工、同时投入生产和使用，以确保建设项目竣工投产后，符合国家规定的劳动安全卫生标准，保障劳动者在生产过程中的安全与健康。

（3）全员安全生产教育培训的原则

全员安全生产教育培训的原则是指对企业全体员工进行安全生产法律、法规和安全专业知识，以及安全生产技能等方面的教育和培训。全员安全生产教育培训的要求在有关安全生产法规中都有相应的规定。全员安全生产教育培训是提高企业职工安全生产素质的重要手段，是企业安全生产工作的一项重要内容，有关重要岗位的安全管理人员、操作人员还应参加法定的安全资格培训与考核。企业应当将安全生产教育培训工作计划纳入本单位年度工作计划和长期工作计划，所需人员、资金和物资应予保证。

（4）"四不放过"原则

"四不放过"原则是指在查处各类事故时，要做到事故原因未查清不放过，责任人未追究责任不放过，整改措施未落实不放过，有关人员未受到教育不放过。不仅要追究事故直接责任人的责任，同时要追究有关负责人的领导责任，这是处理生产安全事故的重要原则，"四不放过"缺一不可。

7.1.2　监理的安全生产管理工作

1. 基本概念

《建设工程安全生产管理条例》规定了工程建设参与各方责任主体的安全责任，明确规定工程监理单位的安全责任，以及工程监理单位和监理工程师应对建设工程安全生产承担的监理责任。《建设工程安全生产管理条例》把安全纳入了监理的范围，将工程监理单位在建设工程安全生产活动中所要承担的安全责任法制化，使安全生产管理成为工程建设监理的重要组成部分。

监理的安全生产管理是指对工程建设中的人、机、环境及施工全过程进行安全评价、监控和督察，并采取法律、经济、行政和技术手段，保证建设行为符合国家安全生产、劳动保护法律、法规和有关政策，制止建设行为中的冒险性、盲目性和随意性，有效地把建设工程安全控制在允许的风险范围以内，以确保安全性。监理的安全生产管理是对建筑施工过程中安全生产状况所实施的监督管理。

2. 监理的安全生产管理作用

建设工程监理制在工程建设中发挥了重要作用，也取得了显著的效果，安全生产管理作为其一项重要工作，需要不断探索和实践。监理的安全生产管理作用主要表现在以下几方面：

（1）有利于防止或减少生产安全事故，保障人民群众的生命和财产安全

我国建设工程规模逐步扩大，建设领域安全事故起数和伤亡人数一直居高不下。个别地区施工现场安全生产情况仍然十分严峻，安全事故时有发生，导致群死群伤恶性事件，给广大人民群众的生命和财产带来巨大损失。实行安全生产管理，监理工程师及时发现建设工程实施过程中出现的安全隐患，并要求施工单位及时整改、消除，从而有利于防止或减少生产安全事故的发生，也就保障了广大人民群众的生命和财产安全，保障了国家公共利益，维护了社会安定团结。

（2）有利于规范工程建设参与各方主体的安全生产行为，提高安全生产责任意识

建设监理制是我国建设管理体制的重要组成部分，工程监理单位受业主委托对工程项目实行专业化管理，对保证项目目标的实现意义重大。实行安全生产管理，监理工程师采用事前、事中和事后控制相结合的方法，对建设工程安全生产的全过程进行动态监督管理，可以有效地规范各施工单位的安全生产行为，最大限度地避免不当安全生产行为的发生。即使出现不当安全生产行为，也可以及时加以制止，最大限度地减少其不良后果。此外，由于建设单位不了解建设工程安全生产等有关的法律法规、管理程序等，也可能发生

不当安全生产行为，为避免发生建设单位的不当安全生产行为，监理工程师可以向建设单位提出适当的建议，从而有利于规范建设单位的安全生产行为，提高安全生产责任意识。

（3）有利于促使施工单位保证建设工程施工安全，提高整体施工行业安全生产管理水平

实行安全生产管理，监理工程师通过对建设工程施工生产的安全监督管理，以及监理工程师的审查、督促和检查等手段，促使施工单位进行安全生产，改善劳动作业条件，提高安全技术措施等，保证建设工程施工安全，提高施工单位自身的施工安全生产管理水平，从而提高整体施工行业安全生产管理水平。

（4）有利于提高建设工程安全生产管理水平，形成良好的安全生产保障机制

实行安全生产管理，通过对建设工程安全生产实施施工单位自身的安全控制、工程监理单位的监理和政府的安全生产监督管理，有利于防止和避免安全事故。同时，政府通过改进市场监管方式，充分发挥市场机制，通过工程监理单位、安全中介服务机构等的介入，对事故现场安全生产的监督管理，改变以往政府被动的安全检查方式，弥补安全生产监管力量不足的状况，共同形成安全生产监管合力，从而提高我国建设工程安全生产管理水平，形成良好的安全生产保证机制。

（5）有利于构建和谐社会，为社会发展提供安全、稳定的社会和经济环境

做好建设工程安全生产工作，切实保障人民群众生命和财产安全，是全面建成小康社会、统筹经济社会全面发展的重要内容，也是建设活动各参与方必须履行的法定职责。工程建设监理单位要充分认识安全生产形势的严峻性，深入领会国家关于安全生产管理的方针和政策，牢固树立"责任重于泰山"的意识，行使安全生产相关职责，增强抓好安全生产工作的责任感和紧迫感，督促施工单位加强安全生产管理，促进工程建设顺利开展，为构建和谐社会，为社会发展提供安全、稳定的社会和经济环境发挥应有的作用。

7.2　安全生产管理的工作内容和程序

监理单位的安全生产管理可以适用于工程建设投资决策阶段、勘察设计阶段和施工阶段，目前主要是建设工程施工阶段。

7.2.1　监理的安全生产管理工作内容

监理单位应当按照法律、法规和工程建设强制性标准及监理合同，对所监理工程的施工安全生产进行监督管理，具体内容包括：

1. 施工准备阶段监理的工作内容

（1）项目监理机构应根据法律法规、工程建设强制性标准，履行建设工程安全生产管理的监理职责，并应将安全生产管理的监理工作内容、方法和措施纳入监理规划及监理实施细则。

（2）项目监理机构应审查施工单位现场安全生产规章制度的建立和实施情况，并应审查施工单位安全生产许可证及施工单位项目经理、专职安全生产管理人员和特种作业人员的资格，同时应核查施工机械和设施的安全许可验收手续。

（3）项目监理机构应审查施工单位报审的专项施工方案，符合要求的，应由总监理工程师签认后报建设单位。超过一定规模的危险性较大的分部分项工程的专项施工方案，应

检查施工单位组织专家进行论证、审查的情况，以及是否附具安全验算结果。项目监理机构应要求施工单位按已批准的专项施工方案组织施工。专项施工方案需要调整时，施工单位应按程序重新提交项目监理机构审查。

专项施工方案审查应包括下列基本内容：

1）编审程序应符合相关规定。

2）安全技术措施应符合工程建设强制性标准。

危险性较大的分部分项工程是指房屋建筑和市政基础设施工程在施工过程中，容易导致人员群死群伤或者造成重大经济损失的分部分项工程。《建设工程安全生产管理条例》规定，施工单位应当在施工组织设计中编制安全技术措施和施工现场临时用电方案，对下列达到一定规模的危险性较大的分部分项工程编制专项施工方案，并附具安全验算结果，经施工单位技术负责人、总监理工程师签字后实施，由专职安全生产管理人员进行现场监督：

1）基坑支护与降水工程。

2）土方开挖工程。

3）模板工程。

4）起重吊装工程。

5）脚手架工程。

6）拆除、爆破工程。

7）国务院建设行政主管部门或者其他有关部门规定的其他危险性较大的工程。

对所列工程中涉及深基坑、地下暗挖工程、高大模板工程的专项施工方案，施工单位还应当组织专家进行论证、审查。本条款规定的达到一定规模的危险性较大工程的标准，由国务院建设行政主管部门会同国务院其他有关部门制定。

加强对危险性较大的分部分项工程安全管理，确保安全专项施工方案实施，可以积极防范和遏制建筑施工生产安全事故的发生。监理单位应当建立危险性较大的分部分项工程安全管理档案。

危险性较大的分部分项工程安全专项施工方案，是指施工单位在编制施工组织（总）设计的基础上，针对危险性较大的分部分项工程单独编制的安全技术措施文件。施工单位应当在危险性较大的分部分项工程施工前组织工程技术人员编制专项施工方案。实行施工总承包的，专项施工方案应当由施工总承包单位组织编制；实行分包的，专项施工方案可以由相关专业分包单位组织编制。

专项施工方案应当由施工单位技术负责人审核签字、加盖单位公章，并由总监理工程师审查签字、加盖执业印章后方可实施。危险性较大的分部分项工程实行分包并由分包单位编制专项施工方案的，专项施工方案应当由总承包单位技术负责人及分包单位技术负责人共同审核签字并加盖单位公章。对于超过一定规模的危险性较大的分部分项工程，施工单位应当组织召开专家论证会对专项施工方案进行论证。实行施工总承包的，由施工总承包单位组织召开专家论证会。专家论证前专项施工方案应当通过施工单位审核和总监理工程师审查。专项施工方案审核流程如图 7-1、图 7-2 所示。

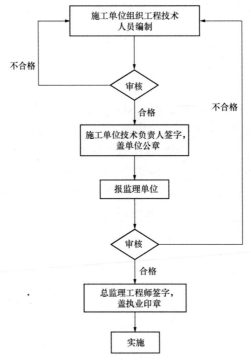

图 7-1　危险性较大的分部分项工程专项方案审核流程

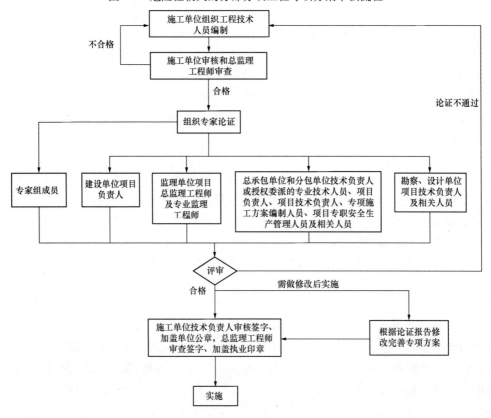

图 7-2　超过一定规模的危险性较大的分部分项工程专项方案审核流程

危险性较大的分部分项工程专项施工方案编制应当包括以下内容：

1）工程概况：危险性较大的分部分项工程概况和特点、施工平面布置、施工要求和技术保证条件。

2）编制依据：相关法律、法规、规范性文件、标准、规范及施工图设计文件、施工组织设计等。

3）施工计划：包括施工进度计划、材料与设备计划。

4）施工工艺技术：技术参数、工艺流程、施工方法、操作要求、检查要求等。

5）施工安全保证措施：组织保障措施、技术措施、监测监控措施等。

6）施工管理及作业人员配备和分工：施工管理人员、专职安全生产管理人员、特种作业人员、其他作业人员等。

7）验收要求：验收标准、验收程序、验收内容、验收人员等。

8）应急处置措施。

9）计算书及相关施工图纸。

监理工程师审查的主要内容应当包括：

1）施工单位编制的地下管线保护措施方案是否符合强制性标准要求。

2）基坑支护与降水、土方开挖与边坡防护、模板、起重吊装、脚手架、拆除、暗挖等分部分项工程的专项施工方案是否符合强制性标准要求。

3）施工现场临时用电施工组织设计或者安全用电技术措施和电气防火措施是否符合强制性标准要求。

4）冬期、雨期等季节性施工方案的制定是否符合强制性标准要求。

5）施工总平面布置图是否符合安全生产的要求，办公、宿舍、食堂、道路等临时设施设置以及排水、防火措施是否符合强制性标准要求。

（4）检查施工单位在工程项目上的安全生产规章制度和安全监管机构的建立、健全及专职安全生产管理人员配备情况，督促施工单位检查各分包单位的安全生产规章制度的建立情况。

（5）审查施工单位资质和安全生产许可证是否合法有效。

（6）审查项目经理和专职安全生产管理人员是否具备合法资格，是否与投标文件相一致。

（7）审核特种作业人员的特种作业操作资格证书是否合法有效。

（8）审核施工单位应急救援预案和安全防护措施费用使用计划。

2. 施工阶段监理的主要工作内容

（1）监督施工单位按照施工组织设计中的安全技术措施组织施工，督促施工单位进行安全自查工作。

（2）项目监理机构应巡视检查危险性较大的分部分项专项施工方案实施情况。发现未按专项施工方案实施时，应签发监理通知单，要求施工单位按专项施工方案实施。对于按照规定需要验收的危险性较大的分部分项工程，施工单位、监理单位应当组织相关人员进行验收。验收合格的，经施工单位项目技术负责人及总监理工程师签字确认后，方可进入下一道工序。

（3）项目监理机构在实施监理过程中，发现工程存在安全事故隐患时，应签发监理通知单，要求施工单位整改，情况严重时，应签发工程暂停令，并应及时报告建设单位。施工单位拒不整改或不停止施工时，项目监理机构应及时向有关主管部门报送监理报告。

7.2.2 监理的安全生产管理工作程序

（1）监理单位按照相关行业监理规范要求，编制含有安全生产管理内容的监理规划和监理实施细则。

（2）在施工准备阶段，监理单位审查核验施工单位提交的有关技术文件及资料，并由项目总监理工程师在有关技术文件报审表上签署意见；审查未通过的，安全技术措施及专项施工方案不得实施。

（3）在施工阶段，监理单位应对施工现场安全生产情况进行巡视检查，对发现的各类安全事故隐患，应书面通知施工单位，并督促其立即整改；情况严重的，监理单位应及时下达工程暂停令，要求施工单位停工整改，并同时报告建设单位。安全事故隐患消除后，监理单位应检查整改结果，签署复查或复工意见。施工单位拒不整改或不停工整改的，监理单位应当及时向工程所在地建设主管部门或工程项目的行业主管部门报告，以电话形式报告的，应当有通话记录，并及时补充书面报告。检查、整改、复查、报告等情况应记载在监理日志、监理月报中。

监理单位应核查施工单位提交的施工起重机械、整体提升脚手架、模板等自升式架设设施和安全设施等验收记录，并由安全监理人员签收备案。

（4）监理单位应将有关安全生产的技术文件、监理实施细则、专项施工方案审查、专项巡视检查、验收及整改等相关资料按规定立卷归档。

7.3 工程监理单位的安全责任

建设工程安全生产关系到人民群众生命和财产安全，是人民群众的根本利益所在，直接关系到社会稳定大局。造成建设工程安全事故的原因是多方面的，建设单位、施工单位、设计单位和监理单位等都是工程建设的责任主体。《建设工程安全生产管理条例》对监理企业在安全生产中的职责和法律责任作了原则上的规定，住房和城乡建设部在此基础上也进行了具体的规定。

7.3.1 建设工程安全生产的监理责任

1. 监理单位的法定职责

（1）工程监理单位和监理工程师应当按照法律、法规和工程建设强制性标准实施监理，并对建设工程安全生产承担监理责任。

（2）项目监理机构应审查施工单位现场安全生产规章制度的建立和实施情况，审查施工单位安全生产许可证及施工单位项目经理、专职安全生产管理人员和特种作业人员的资格，同时应核查施工机械和设施的安全许可验收手续。

（3）监理单位应当审查施工组织设计中的安全技术措施或者专项施工方案是否符合工程建设强制性标准。

（4）施工组织设计中的安全技术措施或专项施工方案未经监理单位审查签字认可，施工单位擅自施工的，监理单位应及时下达工程暂停令，并将情况及时书面报告建设单位。

（5）在实施监理过程中，发现存在安全事故隐患的，应当要求施工单位整改；情况严重的，应当要求施工单位暂时停止施工，并及时报告建设单位。施工单位拒不整改或者不停止施工的，应当及时向有关主管部门报告。

2. 监理实施细则和危险性较大的分部分项工程监理

对专业性较强、危险性较大的分部分项工程，项目监理机构应当编制监理实施细则。监理实施细则应当明确监理的方法、措施和控制要点，以及对施工单位安全技术措施的检查方案。

安全生产监理实施细则的主要内容：

1）专业工程安全生产特点。

2）监理工作流程。

3）监理工作要点。

4）监理工作方法及措施。

监理实施细则应在相应工程施工开始前由专业监理工程师编制，并应报总监理工程师审批。

危险性较大的分部分项工程监理实施细则是根据监理规划的安全生产管理要求，由专业监理工程师编写，并经总监理工程师批准，针对工程项目中危险性较大的分部分项工程监理工作的操作性文件。该监理实施细则应结合工程项目的专业特点，做到详细具体，具有可操作性。在监理工作实施过程中，监理实施细则应根据实际情况进行补充、修改和完善。

危险性较大的分部分项工程监理程序如图 7-3 所示。主要内容包括：

（1）监理单位应审查施工单位编制的危险性较大的分部分项工程安全专项施工方案，是否符合工程建设强制性标准要求。

（2）项目总监理工程师及专业监理工程师，应参加超过一定规模的危险性较大的分部分项工程专项施工方案专家论证会。

（3）监理单位应当结合危险性较大的分部分项工程专项施工方案编制监理实施细则，并对危险性较大的分部分项工程施工实施专项巡视检查。

（4）发现施工单位未按照专项施工方案施工的，应当要求其进行整改；情节严重的，应当要求其暂停施工，并及时报告建设单位。施工单位拒不整改或者不停止施工的，监理单位应当及时报告建设单位和工程所在地住房城乡建设主管部门。

（5）对于按照规定需要验收的危险性较大的分部分项工程，施工单位、监理单位应当组织相关人员进行验收。验收合格的，经施工单位项目技术负责人及总监理工程师签字确认后，方可进入下一道工序。

（6）应当建立危险性较大的分部分项工程安全管理档案。监理单位应当将监理实施细则、专项施工方案审查、专项巡视检查、验收及整改等相关资料纳入档案管理。

3. 监理单位的安全生产管理责任

（1）监理单位应对施工组织设计中的安全技术措施或专项施工方案进行审查，未进行审查的，监理单位应承担国家规定的法律责任。

施工组织设计中的安全技术措施或专项施工方案未经监理单位审查签字认可，施工单位擅自施工的，监理单位应及时下达工程暂停令，并将情况及时书面报告建设单位。监理单位未及时下达工程暂停令并报告的，应承担规定的法律责任。

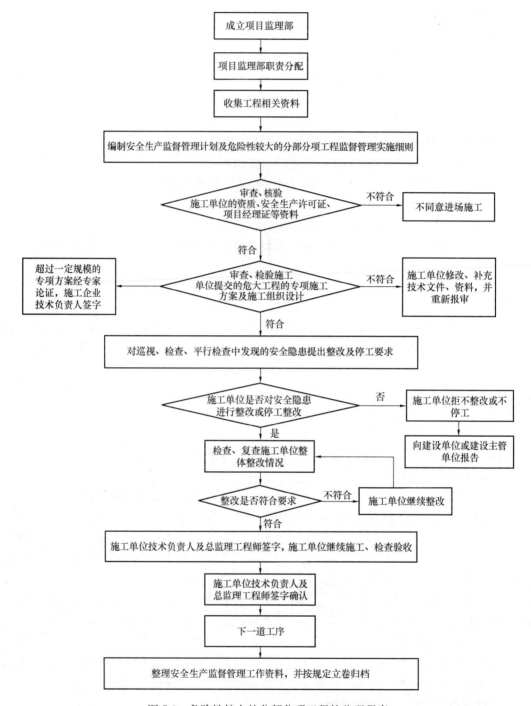

图 7-3 危险性较大的分部分项工程的监理程序

（2）监理单位在监理巡视检查过程中，发现存在安全事故隐患的，应按照有关规定及时下达书面指令要求施工单位进行整改或停止施工。监理单位发现安全事故隐患没有及时下达书面指令要求施工单位进行整改或停止施工的，应承担规定的法律责任。

（3）施工单位拒绝按照监理单位的要求进行整改或者停止施工的，监理单位应及时将情况向当地建设主管部门或工程项目的行业主管部门报告。监理单位没有及时报告，应承担规定的法律责任。

（4）监理单位未依照法律、法规和工程建设强制性标准实施监理的，应当承担规定的法律责任。

监理单位履行了上述规定的职责，施工单位未执行监理指令继续施工或发生安全事故的，应依法追究监理单位以外的其他相关单位和人员的法律责任。政府主管部门在处理建设工程安全生产事故时，对监理单位，主要看其是否履行了法律规定的安全生产管理职责。

【案例】

某实施监理的高层办公楼工程，现场监理机构监理人员包括总监理工程师、专业监理工程师和监理员等。

事件 1：施工单位进场后，首先进行塔式起重机安装。施工单位为赶工期，采用了未经项目监理机构审批的塔吊安装方案。总监理工程师发现后签发了工程暂停令，施工单位未执行总监理工程师的指令继续施工，造成塔吊倒塌的安全事故。

事件 2：施工单位编制了高大模板工程专项施工方案，经项目经理签字后报总监理工程师审批的同时，就开始搭设高大模板。

事件 3：项目监理机构为履行安全生产管理的监理职责，对危险性较大的分部分项工程编制了安全监理专项方案，审查了施工单位报送的安全生产相关资料。

【问题】

1. 按照相关规定，分析事件 1 中监理单位、施工单位的法律责任。

2. 指出事件 2 中施工单位的做法有哪些不妥，写出正确做法。

3. 指出事件 3 中监理工作不妥之处，说明项目监理机构审查安全资料的主要内容。

【参考答案】

1. 事件 1 中：（1）监理单位的责任是施工单位未执行工程暂停令时，没有及时向有关主管部门报告。（2）施工单位的责任是未报审安装方案，且未按指令停止施工，造成生产安全事故。

2. 事件 2 中：（1）专项施工方案应经施工单位技术负责人审核签字、加盖单位公章，并由总监理工程师审查签字、加盖执业印章后方可实施。仅经项目经理签字后报总监理工程师审批不妥，同时在专项施工方案报批的同时搭设高大模板不妥。（2）根据规定，高大模板工程属于超过一定规模的危险性较大的分部分项工程，应由施工单位组织专家进行论证，本工程高大模板工程专项施工方案未经专家论证不妥。

3. 事件 3 中：（1）编制安全监理专项方案的做法不正确，应按规定编制监理实施细则。（2）项目监理机构应审查施工单位报送的施工组织设计中的安全技术措施、专项施工方案是否符合工程建设强制性标准。

7.3.2　落实安全生产监理责任的主要工作

监理的安全生产管理工作的开展主要是通过落实责任制，建立完善的工作制度，使监理单位做好安全生产管理工作。监理单位法定代表人应对本企业监理工程项目的安全生产全面负责。总监理工程师要对工程项目的安全生产负责，并根据工程项目特点，明确监理人员的安全生产管理职责。定期召开工地例会，针对薄弱环节，提出整改意见，并督促落实；指定专人负责监理资料的整理、分类及立卷归档。

（1）监理单位应按照相关法规要求，编制含有安全监理内容的监理规划和监理实施细则，并在安全监理实施过程中严格执行。

（2）在施工准备阶段，监理单位审查核验施工单位提交的有关技术文件及资料，并由项目总监在有关技术文件报审表上签署意见。

（3）在施工阶段，对施工现场安全生产情况进行巡视检查，监督施工单位落实各项安全措施。

（4）将危险性较大的分部分项工程、易发生安全事故的薄弱环节等作为安全监理工作重点。检查安全文明施工措施费的使用情况，督促施工单位按照要求，分阶段进行标准化自查自评。

（5）发生重大安全事故或突发性事件时，配合有关单位做好应急救援和现场保护工作，并协助有关部门对事故进行调查处理。

（6）工程竣工阶段，对未完成的工程和工程缺陷的修补、复修及重建过程进行安全监督管理。工程竣工后，监理单位应将有关安全生产的技术文件和相关文件按规定立卷归档。

7.4　建设工程安全隐患和安全事故的处理

安全生产管理的主要目的是及时发现安全隐患，及时纠正和整改，防止事故的发生。对已发生的事故，要及时处理、分析，避免同类和类似的事故再次发生。工程监理单位在实施监理过程中，发现存在安全事故隐患的，应当要求施工单位整改；情况严重的，应当要求施工单位暂时停止施工，并及时报告建设单位。施工单位拒不整改或者不停止施工的，工程监理单位应当及时向有关主管部门报告。

7.4.1　安全隐患及其处理

隐患是指未被事先识别或未采取必要防护措施的可能导致安全事故的危险源或不利环境因素。通常情况下，生产安全事故隐患是指生产经营单位违反安全生产法律、法规、标准、安全生产管理制度的规定，或者其他因素在生产经营活动中存在的可导致事故发生的物的危险状态、人的不安全行为和管理上的缺陷。

生产安全事故隐患分为一般事故隐患和重大事故隐患。一般事故隐患，是指危害和整改难度较小，发现后能够立即整改排除的隐患。重大事故隐患，是指危害和整改难度较大，应当全部或者局部停产停业，并经一定时间整改治理方能排除的隐患，或者因外部因素影响致使生产经营单位自身难以排除的隐患。生产安全事故隐患与生产安全事故的共同特点是已给生产经营活动造成了损失，只是未发现或者对于损失认定的认识问题。实际上根据生产安全事故的定义和划分，生产安全事故隐患就是生产安全事故的一种类型。隐患就是事故，已成为安全生产管理的一个重要管理理念，工程建设过程中应当经常对事故隐患进行排查，并予以消除。

由于建筑施工的特点决定了建筑业是高危险、事故多发的行业，形成安全隐患的原因有多个方面，包括施工单位的违章作业、设计不合理和缺陷、勘察文件失真、使用不合格的安全防护装备、安全生产资金投入不足、安全事故的应急救援制度不健全、违法违规行为等。

1. 施工安全隐患原因分析方法

由于影响建设工程安全隐患的因素众多，一个建设工程安全隐患的发生，可能是上述原因之一或是多种原因所致，要分析确定是哪种原因引起的，必然要对安全隐患的特征、表现，以及其在施工中所处的实际情况和条件进行具体分析，基本步骤有以下方面：

（1）现场调查研究，观察记录，必要时留下影像资料，充分了解与掌握引发安全隐患的现象和特征，以及施工现场的环境和条件等。

（2）收集、调查与安全隐患有关的全部设计资料、施工资料。

（3）指出可能发生安全隐患的所有因素。

（4）分析、比较，找出最可能造成安全隐患的原因。

（5）进行必要的方案计算分析。

（6）必要时征求相关专家的意见。

2. 施工安全隐患的处理方式

（1）停止使用，封存。

（2）指定专人进行整改以达到要求。

（3）进行返工以达到要求。

（4）对有不安全行为的人进行教育或处罚。

（5）对不安全生产的过程重新组织。

3. 施工安全隐患的处理程序

监理工程师在监理过程中，对发现的施工安全隐患应按照一定的程序进行处理，如图 7-4 所示，保证工程生产顺利开展。

（1）当发现工程施工安全隐患时，监理工程师首先应判断其严重程度。当存在安全事故隐患时，应签发监理通知单，要求施工单位进行整改，施工单位提出整改方案，填写工作联系单报监理工程师审核后，批复施工单位进行整改处理，必要时应经设计单位认可。处理结果应重新进行检查、验收。

（2）当发现严重安全事故隐患时，总监理工程师应签发工程暂停令，指令施工单位暂时停止施工，必要时应要求施工单位采取安全防护措施，并报建设单位。监理工程师应要求施工单位提出整改方案，必要时应经设计单位认可。整改方案经监理工程师审核后，施工单位进行整改处理，处理结果应重新进行检查、验收。

（3）施工单位接到监理通知单后，应立即进行安全事故隐患的调查，分析原因，制定纠正和预防措施，制定安全事故隐患整改处理方案，并报总监理工程师。

安全事故隐患整改处理方案内容包括：

1）存在安全事故隐患的部位、性质、现状、发展变化、时间、地点等详细情况。

2）现场调查的有关数据和资料。

3）安全事故隐患原因的分析与判断。

4）安全事故隐患处理的方案。

5）确定安全事故隐患整改责任人、整改完成时间和整改验收人。

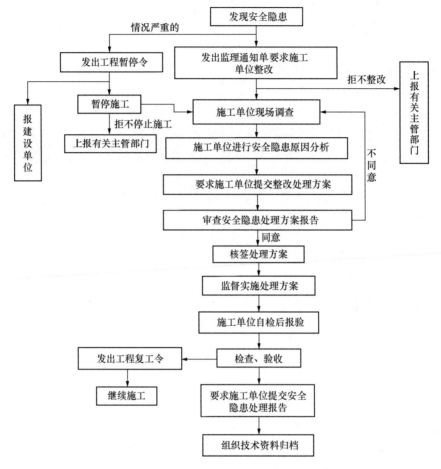

图 7-4　建设工程安全隐患处理程序

6）涉及的有关人员和责任及预防该安全事故隐患重复出现的措施等。

（4）监理工程师分析安全事故隐患整改处理方案，对处理方案进行认真深入的分析，特别是安全事故隐患原因分析，找出安全事故隐患的真正起源点。必要时，可组织设计单位、施工单位、供应单位和建设单位各方共同参加分析。

（5）在原因分析的基础上，审核签认安全事故隐患整改处理方案。

（6）指令施工单位按既定的整改处理方案实施处理并进行跟踪检查，总监理工程师应安排监理人员对施工单位的整改实施过程进行跟踪检查。

（7）安全事故隐患处理完毕，施工单位应组织人员检查验收，自检合格后报监理工程师核验，监理工程师组织有关人员对处理的结果进行严格的检查、验收。施工单位写出安全隐患处理报告，报监理单位存档，主要内容包括：

1）整改处理过程描述。

2）调查和核查情况。

3）安全事故隐患原因分析结果。

4）处理的依据。

5）审核认可的安全隐患处理方案。

6）实施处理中的有关原始数据、验收记录、资料。

7）对处理结果的检查、验收结论。

8）安全隐患处理结论等。

【案例】

某工程在实施过程中发生如下事件：

事件 1：在第一次工地会议上，总监理工程师提出签发工程暂停令的情形包括：①建设单位要求暂停施工的；②施工单位拒绝项目监理机构管理的；③施工单位采用不适当的施工工艺或施工不当，造成工程安全隐患的。

事件 2：专业监理工程师编写的深基坑工程监理实施细则主要包括：专业工程特点、监理工作方法及措施。其中，在监理工作方法及措施中提出：①要加强对深基坑工程的施工巡视检查；②发现施工单位未按深基坑工程专项施工方案施工的，应立即签发工程暂停令。

【问题】

1. 指出事件 1 中签发工程暂停令情形的不妥项，并写出正确做法。

2. 写出事件 2 中监理实施细则还应包括的内容，指出监理工作方法及措施中提出的具体要求是否妥当并说明理由。

【参考答案】

1. 事件 1 中，签发工程暂停令的不妥项有：

第①项。正确做法：建设单位要求暂停施工且工程需要暂停施工的。

第③项。正确做法：对施工存在重大事故隐患的，应签发工程暂停令。

2. 事件 2 中，监理实施细则还应包括的内容有：监理工作流程；监理工作要点。

对于监理工作方法及措施中提出的具体要求，第①项妥当，理由：深基坑工程属于危险性较大的分部分项工程；第②项不妥，理由：应签发监理通知单而不是签发工程暂停令。

7.4.2　安全事故及其处理

1. 安全事故的概念

事故就是指人们由不安全的行为、动作或不安全的状态所引起的、突然发生的、与人的意志相反因而事先未能预料到的意外事件，它能造成财产损失、生产中断、人员伤亡。从劳动保护角度上看，事故主要是指伤亡事故，又称伤害。

生产安全事故，是指在生产经营活动中发生的意外的突发事件的总称，通常会造成人员伤亡或者财产的损失，使正常的生产经营活动中断。生产安全事故的适用范围仅限于生产经营活动中的事故，社会安全、自然灾害、公共卫生事件，不属于生产安全事故。

2. 安全事故的分类

建设工程施工最常发生的事故，主要有高处坠落、触电、物体打击、机械伤害、坍塌等五大类事故。安全事故可按伤亡事故等级、事故伤亡与损失程度等进行分类。

根据生产安全事故（以下简称事故）造成的人员伤亡或者直接经济损失，事故一般分为以下等级：

（1）特别重大事故，是指造成30人以上死亡，或者100人以上重伤（包括急性工业中毒，下同），或者1亿元以上直接经济损失的事故。

（2）重大事故，是指造成10人以上30人以下死亡，或者50人以上100人以下重伤，或者5000万元以上1亿元以下直接经济损失的事故。

（3）较大事故，是指造成3人以上10人以下死亡，或者10人以上50人以下重伤，或者1000万元以上5000万元以下直接经济损失的事故。

（4）一般事故，是指造成3人以下死亡，或者10人以下重伤，或者1000万元以下直接经济损失的事故。

国务院安全生产监督管理部门可以会同国务院有关部门，制定事故等级划分的补充性规定。

3. 安全事故的报告程序

一旦发生安全事故，及时报告有关部门是组织抢救的基础，也是认真进行调查、分清责任的基础。因此，施工单位在发生安全事故时，不能隐瞒事故情况，监理工程师应按照各级政府行政主管部门的要求及时督促。事故报告应当及时、准确、完整，任何单位和个人对事故不得迟报、漏报、谎报或者瞒报。

（1）事故发生后，事故现场有关人员应当立即向本单位负责人报告；单位负责人接到报告后，应当于1小时内向事故发生地县级以上人民政府安全生产监督管理部门和负有安全生产监督管理职责的有关部门报告。

情况紧急时，事故现场有关人员可以直接向事故发生地县级以上人民政府安全生产监督管理部门和负有安全生产监督管理职责的有关部门报告。

（2）安全生产监督管理部门和负有安全生产监督管理职责的有关部门接到事故报告后，应当依照下列规定上报事故情况，并通知公安机关、劳动保障行政部门、工会和人民检察院：

1）特别重大事故、重大事故逐级上报至国务院安全生产监督管理部门和负有安全生产监督管理职责的有关部门。

2）较大事故逐级上报至省、自治区、直辖市人民政府安全生产监督管理部门和负有安全生产监督管理职责的有关部门。

3）一般事故上报至设区的市级人民政府安全生产监督管理部门和负有安全生产监督管理职责的有关部门。

安全生产监督管理部门和负有安全生产监督管理职责的有关部门依照前款规定上报事故情况，应当同时报告本级人民政府。国务院安全生产监督管理部门和负有安全生产监督管理职责的有关部门以及省级人民政府接到发生特别重大事故、重大事故的报告后，应当立即报告国务院。

必要时，安全生产监督管理部门和负有安全生产监督管理职责的有关部门可以越级上报事故情况。

（3）安全生产监督管理部门和负有安全生产监督管理职责的有关部门逐级上报事故情况，每级上报的时间不得超过2小时。

（4）报告事故应当包括下列内容：

1）事故发生单位概况。

2）事故发生的时间、地点以及事故现场情况。

3）事故的简要经过。

4）事故已经造成或者可能造成的伤亡人数（包括下落不明的人数）和初步估计的直接经济损失。

5）已经采取的措施。

6）其他应当报告的情况。

（5）事故报告后出现新情况的，应当及时补报。自事故发生之日起 30 日内，事故造成的伤亡人数发生变化的，应当及时补报。道路交通事故、火灾事故自发生之日起 7 日内，事故造成的伤亡人数发生变化的，应当及时补报。

4. 安全事故的调查和处理

（1）安全事故调查

事故调查的目的主要是为了弄清事故的情况，从思想、管理和技术等方面查明事故原因，分清事故责任，提出有效改进措施，从中吸取教训，防止类似事故重复发生。

《中华人民共和国安全生产法》规定，事故调查处理应当按照科学严谨、依法依规、实事求是、注重实效的原则，及时、准确地查清事故原因，查明事故性质和责任，总结事故教训，提出整改措施，并对事故责任者提出处理意见。

特别重大事故由国务院或者国务院授权有关部门组织事故调查组进行调查。

重大事故、较大事故、一般事故分别由事故发生地省级人民政府、设区的市级人民政府、县级人民政府负责调查。省级人民政府、设区的市级人民政府、县级人民政府可以直接组织事故调查组进行调查，也可以授权或者委托有关部门组织事故调查组进行调查。

未造成人员伤亡的一般事故，县级人民政府也可以委托事故发生单位组织事故调查组进行调查。

上级人民政府认为必要时，可以调查由下级人民政府负责调查的事故。

自事故发生之日起 30 日内（道路交通事故、火灾事故自发生之日起 7 日内），因事故伤亡人数变化导致事故等级发生变化，依照条例规定应当由上级人民政府负责调查的，上级人民政府可以另行组织事故调查组进行调查。

事故调查组的组成应当遵循精简、效能的原则。

根据事故的具体情况，事故调查组由有关人民政府、安全生产监督管理部门、负有安全生产监督管理职责的有关部门、监察机关、公安机关以及工会派人组成，并应当邀请人民检察院派人参加。

事故调查组可以聘请有关专家参与调查。

事故调查组组长由负责事故调查的人民政府指定。事故调查组组长主持事故调查组的工作。

事故调查组履行下列职责：

1）查明事故发生的经过、原因、人员伤亡情况及直接经济损失。

2）认定事故的性质和事故责任。

3）提出对事故责任者的处理建议。

4）总结事故教训，提出防范和整改措施。

5）提交事故调查报告。

事故调查报告应当包括下列内容：

1）事故发生单位概况。

2）事故发生经过和事故救援情况。

3）事故造成的人员伤亡和直接经济损失。

4）事故发生的原因和事故性质。

5）事故责任的认定以及对事故责任者的处理建议。

6）事故防范和整改措施。

事故调查报告应当附具有关证据材料。事故调查工作结束后，事故调查的有关资料应当归档保存。

（2）安全事故处理

建设工程安全事故发生后，监理工程师一般按以下程序进行处理，如图 7-5 所示。

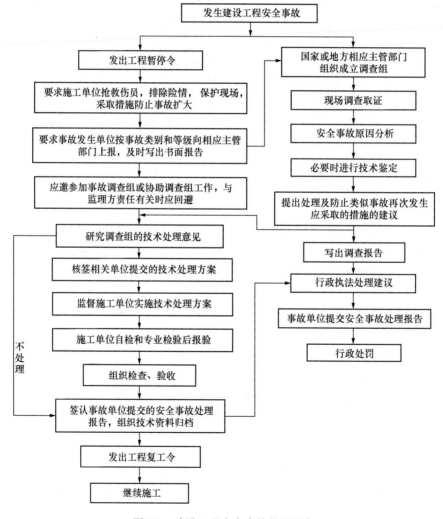

图 7-5　建设工程安全事故处理程序

1）建设工程安全事故发生后，总监理工程师应签发工程暂停令，并要求施工单位必须立即停止施工，施工单位应立即抢救伤员、排除险情，采取必要的措施，防止事故扩大，并做好标识，保护好现场。同时，要求发生安全事故的施工总承包单位迅速按安全事故类别和等级向相应的政府主管部门上报，并及时写出书面报告。

2）监理工程师在事故调查组展开工作后，应积极协助，客观地提供相应证据。若监理方无责任，监理工程师可应邀参加调查组，参与事故调查；若监理方有责任，则应予以回避，但应配合调查组工作。

3）监理工程师接到安全事故调查组提出的处理意见涉及技术处理时，可组织相关单位研究，并要求相关单位完成技术处理方案。必要时，应征求设计单位意见，技术处理方案必须依据充分，应在安全事故的部位、原因全部查清的基础上进行，必要时，组织专家进行论证，以保证技术处理方案可靠、可行，保证施工安全。

4）技术处理方案核签后，监理工程师应要求施工单位制定详细的施工方案，必要时监理工程师应编制监理实施细则，对工程安全事故技术处理的施工过程进行重点监控，对于关键部位和关键工序应派专人进行监控。

5）施工单位完工自检后，监理工程师应组织相关各方进行检查验收，必要时进行处理结果鉴定。要求事故单位整理编写安全事故处理报告，并审核签认，进行资料归档。

6）签发工程复工令，恢复正常施工。

为做好安全生产管理工作，事故发生单位应当认真吸取事故教训，落实防范和整改措施，防止事故再次发生。防范和整改措施的落实情况应当接受工会和职工的监督。安全生产监督管理部门和负有安全生产监督管理职责的有关部门，应当对事故发生单位落实防范和整改措施的情况进行监督检查。

复习思考题

1. 监理的安全生产管理、安全生产管理、安全事故隐患、安全生产事故的基本概念。

2. 安全生产方针是什么？"四不放过"主要内容？

3. 什么是危险性较大的分部分项工程？专项施工方案包括哪些内容？

4. 施工准备阶段监理的安全生产管理工作内容。

5. 施工阶段监理的安全生产管理工作内容。

6. 安全隐患的处理方式有哪些？

7. 安全事故如何分类？事故报告的要求和内容。

8. 事故调查处理的原则是什么？

9. 安全事故发生后监理工程师的工作程序？

第8章 工程建设监理的合同管理

摘要：合同及经济合同；工程承包合同文件的内容、优先次序、适用法律、解释和主导语言等；使用《建设工程施工合同（示范文本）》GF—2017—0201 的合同管理；FIDIC 条款的施工合同管理。

8.1 工程建设监理的合同管理概述

建筑市场经济是法制经济，法制经济的特征是社会经济行为的规范性和有序性，而市场经济的规范性和有序性是靠健全的合同秩序来体现的。在项目的整个建设过程中，建设单位与设计单位、承包单位、监理单位和设备、材料供应单位等之间的经济行为均由合同来约束和规范。所以合同管理是工程项目管理的核心，也是工程建设监理工作的核心。

8.1.1 合同的概念

合同一词有广义和狭义之分。广义的合同，泛指一切确立权利义务关系的协议。狭义的合同则仅指民法上的合同，又称民事合同。这里所讲的就是指狭义上的合同。《中华人民共和国民法典》（2021 年 1 月 1 日起施行）（以下简称《民法典》）第三编第四百六十四条规定："合同是民事主体之间设立、变更、终止民事法律关系的协议。"按照该条规定，凡民事主体之间设立、变更、终止民事权利义务关系的协议都是合同。

而广义的合同还应包括婚姻、收养、监护等有关身份关系的协议，适用《民法典》有关身份关系的法律。

合同有以下几个特征：

1. 合同是一种民事法律行为。民事法律行为，是指以意思表示为要件，依其意思表示的内容而引起民事法律关系设立、变更和终止的行为。而合同是合同当事人意思表示的结果，是以设立、变更、终止财产性的民事权利义务为目的，且合同的内容即合同当事人之间的权利义务是由意思表示的内容来确定的。因而，合同是一种民事法律行为。

2. 合同是平等主体间的一种协议。平等主体是指当事人在合同关系中的法律地位平等，彼此之间不存在隶属或从属关系，平等地享受合同权利和承担合同义务。这种平等主体包括自然人、法人和其他组织。双方订立的合同即使是协商一致的，也不能违反法律、行政法规，否则合同就是无效的。

3. 合同是以在当事人之间设立、变更和终止民事权利义务关系为目的的协议。所谓民事权利义务关系，属于民事法律关系，既包括债权债务关系的合同，也包括非债权债务关系的合同，如抵押合同、质押合同等，还包括非纯粹债权债务关系的合同，如联营合同等。

8.1.2 合同的内容

根据《民法典》第四百七十条规定，合同的内容由当事人约定，一般包含以下几个方面：

1. 当事人的名称或者姓名和住所

2. 标的

合同标的是合同中权利义务所指向的对象，包括货物、劳务、智力成果等。如工程承包合同，其标的是完成工程项目。标的是一切合同的首要条款。没有标的的合同是不存在的，标的不明确，就会给合同的履行带来严重的影响。

3. 数量

数量是合同标的的具体化。标的的数量一般以度量衡作计算单位，以数字作为衡量标的的尺度，也直接体现了合同双方权利义务的大小程度。

4. 质量

质量也是合同标的的具体化。标的质量是指质量标准、功能技术要求、服务条件等，表明了标的的内在素质和外观形态，是合同当事人履行权利和义务优劣的尺度，应加以明确。

5. 价款或者报酬

合同价款或报酬是接受标的的一方当事人以货币形式向另一方当事人支付的代价，作为对方完成合同义务的补偿。合同中应明确数额、支付时间及支付方式。合同应遵循等价互利的原则。

6. 履行期限、地点和方式

履行期限是合同当事人完成合同所规定的各自义务的时间界限，是衡量合同是否按时履行的标准。合同当事人必须在规定的时间内履行自己的义务，否则应承担违约或延迟履行的责任。

履行地点是指合同当事人履行义务的地点。履行地点由当事人在合同中约定，没约定则依法律规定或交易惯例确定。履行地点也是确定管辖权的依据之一。

履行方式是指合同当事人履行义务的方法，如转移财产、提供服务等。

7. 违约责任

即合同当事人一方或双方，由于自身的过错而未履行合同义务依法和依约所应承担的责任。规定违约责任，一方面可以促进当事人按时、按约履行义务，另一方面又可对当事人的违约行为进行制裁，弥补守约一方因对方违约而遭受的损失。

8. 解决争议的方法

合同当事人在履行合同过程中发生纠纷，首先应通过协商解决，协商不成的，可以调解或仲裁、诉讼。因此，解决争议的方法主要有四种方式：协商、调解、仲裁、诉讼。我国新的仲裁制度建立后，仲裁与诉讼成为平行的两种解决争议的最终方式。经济合同的当事人不能同时选择仲裁和诉讼作为解决争议的方式。

8.1.3　建设工程中的主要合同关系

1. 建设单位的主要合同关系

建设单位作为工程（或服务）的买方，是工程的所有者，可能是政府、企业、其他投资者，或几个企业的组合，或政府与企业的组合。建设单位根据对工程的需求，确定工程项目的整体目标，这个目标是所有相关工程合同的核心。要实现工程目标，建设单位必须将建筑工程的勘察设计、各专业施工、设备和材料供应等工作委托出去，并与有关单位签订咨询（监理）合同、勘察设计合同、供应合同、工程施工合同、贷款合同等。

2. 承包单位的主要合同关系

承包单位是工程施工的具体实施者，是工程承包合同的执行者。承包单位通过投标接受建设单位的委托，签订工程承包合同。承包单位要完成承包合同的责任，包括工程量表所确定的工程范围的施工、竣工和保修，为完成这些工程提供劳动力、施工设备、材料，有时也包括技术设计。但承包单位不可能也不必具备所有的专业工程的施工能力、材料设备的生产和供应能力，也同样需要将许多专业工作委托出去。故承包单位常常又有自己复杂的合同关系，如分包合同、供应合同、运输合同、加工合同、租赁合同、劳务供应合同、保险合同等。

3. 监理单位的主要合同关系

监理单位受建设单位的委托，对建设单位的工程项目实施建设监理。其主要合同是建设工程委托监理合同。

8.2 施工合同文件与合同条款

8.2.1 施工合同文件
1. 施工合同文件的内容

合同文件简称"合同"。《民法典》规定，订立合同可有书面形式、口头形式和其他形式，建设工程合同应当采用书面形式。对施工合同而言，通常包括下列内容：

（1）合同协议书

合同协议书指双方就最后达成协议所签订的协议书。按照《民法典》规定，承包单位提交了投标书（即要约）和建设单位发出了中标通知书（即承诺），已可以构成具有法律效力的合同。然而在有些情况下，仍需要双方签订一份合同协议书，它规定了合同当事人双方最主要的权利、义务，规定了组成合同的文件及合同当事人对履行合同义务的承诺，并且合同当事人在这份文件上签字盖章。

（2）中标通知书

中标通知书指建设单位发给承包单位表示正式接受其投标书的函件，即构成合同的由发包人通知承包人中标的书面文件。中标通知书应在其正文或附录中包括一个完整的合同文件清单，其中包含已被接受的投标书，以及经双方协商一致对投标书所作修改的确认。如有需要，中标通知书中还应写明合同价格以及有关履约担保和合同协议等问题。

（3）投标书及附件

投标书指承包单位根据合同的各项规定，为工程的实施、完工和修补缺陷向建设单位提出并为中标通知书所接受的报价表。投标书是投标者提交的最重要的单项文件。在投标书中投标者要确认他已阅读了招标文件并理解了招标文件的要求，并申明他为了承担和完成合同规定的全部义务所需的投标金额。这个金额必须和工程量清单中所列的总价相一致。此外，建设单位还必须在投标书中注明他要求投标书保持有效和同意被接受的时间，并经投标者确认同意。这一时间应足够用来完成评标、决标和授予合同等工作。

投标书附件指包括在投标书内的附件，它列出了合同条款所规定的一些主要数据。

（4）合同条款

合同条款指由建设单位拟定和选定，经双方协商达成一致意见的条款，它规定了合同当事人双方的权利和义务。合同条款一般包含两部分：第一部分——通用条款和第二部分——专用条款。

（5）规范

规范指合同中包括的工程规范以及由监理工程师批准的对规范所作的修改或增补。规范应规定合同的工作范围和技术要求。对承包单位提供的材料质量和工艺标准，必须作出明确的规定。规范还应包括在合同期间由承包单位提供的试样和进行试验的细节。规范通常还包括计量方法。

（6）图纸

图纸指监理工程师根据合同向承包单位提供的所有图纸、设计书和技术资料，以及由承包单位提出并经监理工程师批准的所有图纸、设计书，操作和维修手册以及其他技术资料。图纸应足够详细，以便投标者在参照了规范和工程量清单后，能确定合同所包括的工作性质和范围。《建设工程施工合同（示范文本）》GF—2017—0201 中规定，图纸是指构成合同的图纸，包括由发包人按照合同约定提供或经发包人批准的设计文件、施工图、鸟瞰图及模型等，以及在合同履行过程中形成的图纸文件。图纸应当按照法律规定审查合格。

（7）工程量清单

工程量清单指已标价的完整的工程量表，即构成合同的由承包人按照规定的格式和要求填写并标明价格的工程量清单，包括说明和表格。它列有按照合同应实施的工作的说明、估算的工程量以及由投标者填写的单价和总价。它是投标文件的组成部分。

（8）技术标准和要求

技术标准和要求是指构成合同的施工应当遵守的或指导施工的国家、行业或地方的技术标准和要求，以及合同约定的技术标准和要求。

（9）预算书

预算书是指构成合同的由承包人按照发包人规定的格式和要求编制的工程预算文件。

（10）其他合同文件

其他合同文件是指经合同当事人约定的与工程施工有关的具有合同约束力的文件或书面协议。合同当事人可以在专用合同条款中进行约定。

2. 合同文件的优先次序

构成合同的各种文件，应该是一个整体，应能相互解释，互为说明。但是，由于合同文件内容众多、篇幅庞大，很难避免彼此之间出现解释不清或有异议的情况。因此合同条款中应规定合同文件的优先次序，即当不同文件出现模糊或矛盾时，以哪个文件为准。《建设工程施工合同（示范文本）》GF—2017—0201 规定，除非合同专用条款另有约定外，组成合同的各种文件及优先解释顺序如下：

（1）合同协议书。

（2）中标通知书（如果有）。

（3）投标函及其附录（如果有）。

（4）专用合同条款及其附件。

（5）通用合同条款。

（6）技术标准和要求。

（7）图纸。

（8）已标价工程量清单或预算书。

（9）其他合同文件。

上述各项合同文件包括合同当事人就该项合同文件所作出的补充和修改，属于同一类内容的文件，应以最新签署的为准。

在合同订立及履行过程中形成的与合同有关的文件均构成合同文件组成部分，并根据其性质确定优先解释顺序。

如果建设单位选定不同于上述的优先次序，则可以在专用条款中予以修改说明；如果建设单位决定不分文件的优先次序，则亦可在专用条款中说明，并可将对出现的含糊或异议的解释和校正权赋予监理工程师，即监理工程师有权向承包单位发布指令，对这种含糊和异议加以解释和校正。

3. 合同文件的主导语言

在国际工程中，当使用两种或两种以上语言拟定合同文件时，或用一种语言编写，然后译成其他语言时，则应在合同中规定据以解释或说明合同文件以及作为翻译依据的一种语言，称为合同的主导语言。

规定合同文件的主导语言是很重要的。因为不同的语言在表达上存在着不同的习惯，往往不可能完全相同地表达同一意思。一旦出现不同语言的文本有不同的解释时，则应以主导语言编写的文本为准，这就是通常所说的"主导语言原则"。

《建设工程施工合同（示范文本）》GF—2017—0201 规定，合同以中国的汉语简体文字编写、解释和说明。合同当事人在专用合同条款中约定使用两种以上语言时，汉语为优先解释和说明合同的语言。

4. 合同文件的适用法律

国际工程中，应在合同中规定一种适用于该合同并据以对该合同进行解释的国家或州的法律，称为该合同的"适用法律"，适用法律可以选用合同当事人一方国家的法律，也可使用国际公约和国际立法，还可以使用合同当事人双方以外第三国的法律。

我国从维护国家主权的立场出发，遵照平等互利的原则和优选适用国际公约及参照国际惯例的做法，将涉外经济合同适用法律的选择分为一般原则、选择适用和强制适用三种类型。

（1）一般原则

是指我国涉外经济合同法的一般性规定，如在我国订立和履行的合同（除我国法律另有规定外），应适用中华人民共和国法律。

（2）选择适用

是指当事人可以选择适用与合同有密切联系的国家的法律，当事人没有作法律适用选择时，可适用合同缔结地或合同履行地的法律。

（3）强制适用

是指法律规定的某些方面的涉外经济合同必须适用于我国法律，而不论当事人双方选择适用与否。

选择适用法律是很重要的。因为从原则上讲，合同文件必须严格按适用法律进行解释，解释合同不能违反适用法律的规定，当合同条款与适用法律规定出现矛盾时，以法律规定为准。也就是说，法律高于合同，合同必须符合法律。这也就是所谓的"适用法律原则"。

在国际工程承包合同中，一般都选用工程所在国的法律为适用法律。因此，承包单位必须仔细研究工程所在国的法律和有关法规，以避免损失并维护自己的合法利益。

5. 合同文件的解释

对合同文件的解释，除应遵循上述合同文件的优先次序、主导语言原则和适用法律原则外，还应遵循国际上对工程承包合同文件进行解释的一些公认的原则，主要有如下几点：

（1）整体解释原则

根据合同的全部条款以及相关资料对合同进行解释，而不是咬文嚼字，受个别条款或文字的拘束。

（2）目的解释原则

订立合同的双方当事人是为了达到某种预期的目的，实现预期的利益。对合同进行解释时，应充分考虑当事人订立合同的目的，通过解释，消除争议。

（3）诚实信用原则

各国法律都普遍承认诚实信用原则（简称诚信原则），它是解释合同文件的基本原则之一。诚信原则指合同双方当事人在签订和履行合同中都应是诚实可靠、恪守信用的。根据这一原则，法律推定当事人签订合同之前都认真阅读和理解了合同文件，都确认合同文件的内容是自己真实意思的表示，双方自愿遵守合同文件的所有规定。因此，按这一原则解释，即"在任何法系和环境下，合同都应按其表述的规定准确而正当地予以履行"。

（4）交易习惯及惯例原则

当合同发生争议时，对合同内容的词语文字有不同理解时，可根据交易习惯及惯例，对合同进行解释。

（5）反义居先原则

这个原则是指：如果由于合同中有模棱两可、含糊不清之处，因而导致对合同的规定有两种不同的解释时，则按不利于起草方的原则进行解释，也就是以与起草方相反的解释居于优先地位。

对于工程施工承包合同，建设单位总是合同文件的起草、编写方，所以当出现上述情况时，承包单位的理解与解释应处于优先地位，但是在实践中，合同文件的解释权通常属于监理工程师，监理工程师可以就合同中的某些问题作出解释并书面通知承包商，并将其视为"工程变更"来处理经济与工期补偿问题。

（6）明显证据优先原则

这个原则是指：如果合同文件中出现几处对同一问题有不同规定时，则除了遵照合同文件的优先次序外，应服从如下原则，即具体规定优先于原则规定，直接规定优先于间接规定，细节的规定优先于笼统的规定。根据此原则形成了一些公认的国际惯例有：细部结构图纸优先于总装图纸；图纸上数字标注的尺寸优先于其他方式（如用比例尺换算），数值的文字表达优先于用阿拉伯数字表达；单价优先于总价；规范优先于图纸等。

（7）书写文字优先原则

按此原则规定：书写条文优先于打字条文；批字条文优先于印刷条文。

6. 合同文件中的明文条款、隐含条款和可推定条款

（1）明文条款

明文条款是指在合同文件中所有用明文写出的各项条款和规定。明文条款对双方的权利义务都已作出书面规定，合同双方应根据诚实信用原则严格按合同条款办事。

（2）隐含条款

隐含条款是指合同明文条款中没有写入，但符合合同双方签订合同时的真实思想和当时环境条件的一切条款。隐含条款可以从合同中明文条款所表达的内容引申出来，也可以从合同双方在法律上的合同关系引申出来。例如国际工程的合同，一般都以工程所在国的法律为适用法律。工程所在国的许多法律规定，如税收、保险、环保、海关、安全等，虽然在合同文件中没有明文写出，但合同双方必须遵照执行，这就是根据法律规定引申出来的隐含条款。此外，在合同实施过程中，双方常就一些合同中未明确规定的事项，经过协商一致，付诸实施，这实质上也是一种隐含条款。

隐含条款一旦按法律法规指明，或为双方一致接受，即成为合同文件的内容，合同双方必须遵照执行。

（3）可推定条款

可推定条款指在施工过程中，建设单位或监理工程师虽未发出正式指令，但其言行表示出了一种非正式的指示或意见，承包单位应予以执行。这种非正式的指示或意见，事实上相当于发布了一个正式指令，这在合同管理上称为"可推定指令"。

8.2.2　施工合同条款及其标准化

1. 合同条款的内容

施工承包合同的合同条款，一般均应包括下述主要内容：定义，合同文件的解释，建设单位的权利和义务，承包单位的权利和义务，监理工程师的权力和职责，分包单位和其他承包单位，工程进度、开工和完工，材料、设备和工作质量，支付与证书，工程变更，索赔，安全和环境保护，保险与担保，争议，合同解除与终止，其他。它的核心问题是规定双方的权利和义务，以及分配双方的风险责任。

2. 合同条款的标准化

由于合同条款在合同管理中的重要性，所以合同双方都很重视。对作为条款编写者的建设单位方而言，必须慎重推敲每一个词句，防止出现任何不妥或有疏漏之处。对承包单位而言，必须仔细研读合同条款，发现有明显错误应及时向建设单位指出，予以更正，有模糊之处必须及时要求建设单位方澄清，以便充分理解合同条款表示的真实思想与意图，还必须考虑条款可能带来的机遇和风险。只有在这些基础上才能得出一个合适的报价。因此，在订立合同的过程中，双方在编制、研究、协商合同条款上要投入很多的人力、物力和时间。

世界各国为了减少每个工程都必须花在编制讨论合同条款上的人力物力消耗，也为了避免和减少由于合同条款的缺陷而引起的纠纷，都制订出自己国家的工程承包标准合同条款。第二次世界大战以后，国际工程的招标承包日益增加，也陆续形成了一些国际工程常用的标准合同条款。

3. 常见的标准合同条款

国际和国内有代表性的标准合同条款见表 8-1。

标准合同条款　　　　　　　　　　　　　　　　表 8-1

适用范围	编制者	标准合同条款名称
准国际	国际咨询工程师联合会 (Fédération Internationale Des Ingénieurs Conseils)	FIDIC 合同条款
英国及英联邦	英国土木工程师学会 (The Institute of Civil Engineers)	ICE 合同条款
国际金融组织 贷款项目	欧洲发展基金会 (European Development Fund)	EDF 合同条款
	世界银行（国际复兴开发银行） (International Bank for Reconstruction and Development)	"工程采购招标文件 样本"等
	亚洲开发银行 (Asian Development Bank)	"土木工程采购招标文件 样本"等
美国	美国建筑师学会 (The American Institute of Architects)	AIA 合同条款
	美国总承包商协会 (Associated General Contractors of America)	AGC 合同条款
	美国工程师合同文件委员会 (Engineers Joint Contract Document Committee)	EJCDC 合同条款
	美国联邦政府	SF-23A 合同条款
中国	中国财政部	"世界银行贷款项目招 标采购标准文件范本"
	国家工商行政管理总局，住房和城乡建设部	建设工程施工合同

8.2.3　《建设工程施工合同（示范文本）》GF—2017—0201 简介

根据有关工程建设施工的法律、法规，结合我国工程建设施工的实际情况，并借鉴了国际通用土木工程施工合同，住房和城乡建设部、国家工商行政管理总局于 2017 年颁布了《建设工程施工合同（示范文本）》GF—2017—0201（以下简称《示范文本》）。

1.《示范文本》的组成

《示范文本》由合同协议书、通用合同条款和专用合同条款三部分组成。

《示范文本》合同协议书共计 13 条，主要包括：工程概况、合同工期、质量标准、签约合同价和合同价格形式、项目经理、合同文件构成、承诺以及合同生效条件等重要内容，集中约定了合同当事人基本的合同权利义务。

通用合同条款是合同当事人根据《中华人民共和国建筑法》《中华人民共和国合同法》等法律法规的规定，就工程建设的实施及相关事项，对合同当事人的权利义务作出的原则性约定。通用合同条款共计 20 条，具体条款分别为：一般约定、发包人、承包人、监理人、工程质量、安全文明施工与环境保护、工期和进度、材料与设备、试验与检验、变更、价格调整、合同价格、计量与支付、验收和工程试车、竣工结算、缺陷责任与保修、违约、不可抗力、保险、索赔和争议解决。前述条款安排既考虑了现行法律法规对工程建设的有关要求，也考虑了建设工程施工管理的特殊需要。

由于合同标的——建设工程的内容各不相同，工期也就随之变动，承发包双方的自身条件、能力、施工现场的环境和条件也都各异，双方的权利、义务也就各有特性。因此通用条款也就不可能完全适用于每个具体工程，需要进行必要的修改、补充，即配之以专用条款。专用合同条款是对通用合同条款原则性约定的细化、完善、补充、修改或另行约定的条款。合同当事人可以根据不同建设工程的特点及具体情况，通过双方的谈判、协商对相应的专用合同条款进行修改补充。在使用专用合同条款时，应注意以下事项：

（1）专用合同条款的编号应与相应的通用合同条款的编号一致。

（2）合同当事人可以通过对专用合同条款的修改，满足具体建设工程的特殊要求，避免直接修改通用合同条款。

（3）在专用合同条款中有横道线的地方，合同当事人可针对相应的通用合同条款进行细化、完善、补充、修改或另行约定；如无细化、完善、补充、修改或另行约定，则填写"无"或划"/"。

2.《示范文本》的性质和适用范围

《示范文本》为非强制性使用文本。《示范文本》适用于房屋建筑工程、土木工程、线路管道和设备安装工程、装修工程等建设工程的施工承发包活动，合同当事人可结合建设工程具体情况，根据《示范文本》订立合同，并按照法律法规规定和合同约定承担相应的法律责任及合同权利义务。

8.2.4 FIDIC 合同条件简介

1. FIDIC 合同条件范本

为了规范国际工程咨询和承包活动，FIDIC 先后发表过很多重要的管理性文件和标准化的合同文件范本，这些文件和范本由于其封面的颜色各不相同，而被称为"虹系列"。目前已成为国际工程界公认的标准化合同范本有"施工合同条件"（国际通称 FIDIC "红皮书"）、"生产设备和设计—建造合同条件"（黄皮书）、"EPC/Turnkey 项目合同条件"（银皮书）、"简明合同格式"（绿皮书）和"土木工程施工分包合同条件"（配合"红皮书"使用）。这些合同文件不仅已被 FIDIC 成员国广泛采用，还被其他非成员国和一些国际金融组织的贷款项目采用。红皮书和黄皮书多次改版印行，最后一版是 2017 年发布的，是 1999 版系列合同条件的第 2 版，简称"2017 版"。

最新的 FIDIC 合同条件范本是 2017 年出版的，新的"虹系列"包括四个范本，即：施工合同条件——适用于业主设计的建筑与工程项目（新红皮书）；生产设备和设计—建造合同条件——适用于电气和机械工程项目和承包商设计的建筑与工程项目（新黄皮书）；EPC/Turnkey 项目合同条件（新银皮书）；简明合同格式（绿皮书）。

2017 版的 FIDIC 施工合同条件范本，除绿皮书外，均包括三部分：一般条件；特殊条件准备指南；投标书、中标通知书、合同协议和争端评审协议格式。

（1）第一部分——一般条件

一般条件包括 21 条 168 款。它包括了每个土木工程施工合同应有的条款，全面地规定了合同双方的权利和义务，风险和责任，确定了合同管理的内容及做法。这部分可以不作任何改动附入招标文件。

（2）第二部分——特殊条件准备指南

特殊条件的作用是对第一部分一般条件进行修改和补充，它的编号与其所修改或补充的一般条件的各条相对应。一般条件和特殊条件是一个整体，相互补充和说明，形成描述合同双方权利和义务的合同条件。对每一个项目，都有必要准备特殊条件。必须把相同编号的一般条件和特殊条件一起阅读，才能全面正确地理解该条款的内容和用意。如果一般条件和特殊条件有矛盾，则特殊条件优先于一般条件。

（3）第三部分——投标书、中标通知书、合同协议和争端评审协议格式

2. FIDIC 合同条件的适用条件

FIDIC 合同条件的适用条件，主要有下列几点：

（1）必须要由独立的监理工程师来进行施工监督管理。从某种意义上讲，也可以说 FIDIC 条款是专门为监理工程师进行施工管理而编写的。

（2）业主应采用竞争性招标方式选择承包单位。可以采用公开招标（无限制招标）或邀请招标（有限制招标）。

（3）适用于单价合同。

（4）要求有较完整的设计文件（包括规范、图纸、工程量清单等）。

8.3　使用《建设工程施工合同（示范文本）》GF—2017—0201 的合同管理

8.3.1　施工合同双方的一般权利和义务

1. 发包人工作

（1）许可或批准

发包人应遵守法律，并办理法律规定由其办理的许可、批准或备案，包括但不限于建设用地规划许可证、建设工程规划许可证、建设工程施工许可证、施工所需临时用水、临时用电、中断道路交通、临时占用土地等许可和批准。发包人应协助承包人办理法律规定的有关施工证件和批件。

因发包人原因未能及时办理完毕前述许可、批准或备案，由发包人承担由此增加的费用和（或）延误的工期，并支付承包人合理的利润。

（2）发包人代表

发包人应在专用合同条款中明确其派驻施工现场的发包人代表的姓名、职务、联系方式及授权范围等事项。发包人代表在发包人的授权范围内，负责处理合同履行过程中与发包人有关的具体事宜。发包人代表在授权范围内的行为由发包人承担法律责任。发包人更换发包人代表的，应提前 7 天书面通知承包人。

发包人代表不能按照合同约定履行其职责及义务，并导致合同无法继续正常履行的，承包人可以要求发包人撤换发包人代表。

不属于法定必须监理的工程，监理人的职权可以由发包人代表或发包人指定的其他人员行使。

（3）发包人人员

发包人应要求在施工现场的发包人人员遵守法律及有关安全、质量、环境保护、文明施工等规定，并保障承包人免于承受因发包人人员未遵守上述要求给承包人造成的损失和责任。

发包人人员包括发包人代表及其他由发包人派驻施工现场的人员。

（4）施工现场、施工条件和基础资料的提供

1）提供施工现场。除专用合同条款另有约定外，发包人应最迟于开工日期7天前向承包人移交施工现场。

2）提供施工条件。除专用合同条款另有约定外，发包人应负责提供施工所需要的条件，包括：

① 将施工用水、电力、通信线路等施工所必需的条件接至施工现场内。

② 保证向承包人提供正常施工所需要的进入施工现场的交通条件。

③ 协调处理施工现场周围地下管线和邻近建筑物、构筑物、古树名木的保护工作，并承担相关费用。

④ 按照专用合同条款约定应提供的其他设施和条件。

3）提供基础资料。

发包人应当在移交施工现场前向承包人提供施工现场及工程施工所必需的毗邻区域内供水、排水、供电、供气、供热、通信、广播电视等地下管线资料，气象和水文观测资料，地质勘察资料，相邻建筑物、构筑物和地下工程等有关基础资料，并对所提供资料的真实性、准确性和完整性负责。

按照法律规定确需在开工后方能提供的基础资料，发包人应尽其努力及时地在相应工程施工前的合理期限内提供，合理期限应以不影响承包人的正常施工为限。

4）逾期提供的责任。

因发包人原因未能按合同约定及时向承包人提供施工现场、施工条件、基础资料的，由发包人承担由此增加的费用和（或）延误的工期。

（5）资金来源证明及支付担保

除专用合同条款另有约定外，发包人应在收到承包人要求提供资金来源证明的书面通知后28天内，向承包人提供能够按照合同约定支付合同价款的相应资金来源证明。除专用合同条款另有约定外，发包人要求承包人提供履约担保的，发包人应当向承包人提供支付担保。支付担保可以采用银行保函或担保公司担保等形式，具体由合同当事人在专用合同条款中约定。

（6）支付合同价款

发包人应按合同约定向承包人及时支付合同价款。

（7）组织竣工验收

发包人应按合同约定及时组织竣工验收。

（8）现场统一管理协议

发包人应与承包人、由发包人直接发包的专业工程的承包人签订施工现场统一管理协议，明确各方的权利义务。施工现场统一管理协议作为专用合同条款的附件。

2. 项目经理的一般责任

（1）项目经理应为合同当事人所确认的人选，并在专用合同条款中明确项目经理的姓名、职称、注册执业证书编号、联系方式及授权范围等事项，项目经理经承包人授权后代表承包人负责履行合同。项目经理应是承包人正式聘用的员工，承包人应向发包人提交项目经理与承包人之间的劳动合同，以及承包人为项目经理缴纳社会保险的有效证明。承包人不提交上述文件的，项目经理无权履行职责，发包人有权要求更换项目经理，由此增加的费用和（或）延误的工期由承包人承担。

项目经理应常驻施工现场，且每月在施工现场时间不得少于专用合同条款约定的天数。项目经理不得同时担任其他项目的项目经理。项目经理确需离开施工现场时，应事先通知监理人，并取得发包人的书面同意。项目经理的通知中应当载明临时代行其职责的人员的注册执业资格、管理经验等资料，该人员应具备履行相应职责的能力。

承包人违反上述约定的，应按照专用合同条款的约定，承担违约责任。

（2）项目经理按合同约定组织工程实施。在紧急情况下为确保施工安全和人员安全，在无法与发包人代表和总监理工程师及时取得联系时，项目经理有权采取必要的措施保证与工程有关的人身、财产和工程的安全，但应在 48 小时内向发包人代表和总监理工程师提交书面报告。

（3）承包人需要更换项目经理的，应提前 14 天书面通知发包人和监理人，并征得发包人书面同意。通知中应当载明继任项目经理的注册执业资格、管理经验等资料，继任项目经理继续履行项目经理的一般责任中（1）所约定的职责。未经发包人书面同意，承包人不得擅自更换项目经理。承包人擅自更换项目经理的，应按照专用合同条款的约定承担违约责任。

（4）发包人有权书面通知承包人更换其认为不称职的项目经理，通知中应当载明要求更换的理由。承包人应在接到更换通知后 14 天内向发包人提出书面的改进报告。发包人收到改进报告后仍要求更换的，承包人应在接到第二次更换通知的 28 天内进行更换，并将新任命的项目经理的注册执业资格、管理经验等资料书面通知发包人。继任项目经理继续履行项目经理的一般责任中（1）所约定的职责。承包人无正当理由拒绝更换项目经理的，应按照专用合同条款的约定承担违约责任。

（5）项目经理因特殊情况授权其下属人员履行其某项工作职责的，该下属人员应具备履行相应职责的能力，并应提前 7 天将上述人员的姓名和授权范围书面通知监理人，并征得发包人书面同意。

3. 承包人工作

承包人在履行合同过程中应遵守法律和工程建设标准规范，并履行以下义务：

（1）办理法律规定应由承包人办理的许可和批准，并将办理结果书面报送发包人留存。

（2）按法律规定和合同约定完成工程，并在保修期内承担保修义务。

（3）按法律规定和合同约定采取施工安全和环境保护措施，办理工伤保险，确保工程及人员、材料、设备和设施的安全。

（4）按合同约定的工作内容和施工进度要求，编制施工组织设计和施工措施计划，并对所有施工作业和施工方法的完备性和安全可靠性负责。

（5）在进行合同约定的各项工作时，不得侵害发包人与他人使用公用道路、水源、市政管网等公共设施的权利，避免对邻近的公共设施产生干扰。承包人占用或使用他人的施工场地，影响他人作业或生活的，应承担相应责任。

（6）按照第 6.3 款〔环境保护〕约定负责施工场地及其周边环境与生态的保护工作。

（7）按第 6.1 款〔安全文明施工〕约定采取施工安全措施，确保工程及其人员、材料、设备和设施的安全，防止因工程施工造成的人身伤害和财产损失。

（8）将发包人按合同约定支付的各项价款专用于合同工程，且应及时支付其雇用人员工资，并及时向分包人支付合同价款。

（9）按照法律规定和合同约定编制竣工资料，完成竣工资料立卷及归档，并按专用合同条款约定的竣工资料的套数、内容、时间等要求移交发包人。

（10）应履行的其他义务。

8.3.2 工程转包与分包

1. 转包

转包是指中标的承包商把对工程的承包权转让给另一家施工企业的行为。一般来说，业主是不希望转让的。因为原承包商是业主经过资格预审、招标投标等程序选中的，授予合同意味着业主对原承包商的信任。《中华人民共和国建筑法》（以下简称《建筑法》）第二十八条规定："禁止承包单位将其承包的全部建筑工程转包给他人，禁止承包单位将其承包的全部建筑工程肢解以后以分包的名义分别转包给他人。"

以下两种行为被认为是转包：

（1）建筑施工企业将承包的工程全部包给其他施工单位，从中提取回扣的行为。

（2）总包单位将工程的主要部分或群体工程（指结构技术要求相同的）中半数以上的单位工程包给其他施工单位的行为。

2. 工程分包

工程分包，是指经合同约定或发包单位认可，从工程总包单位承包的工程中承包部分工程的行为。《建筑法》第二十九条规定："建筑工程总承包单位可以将承包工程中的部分工程发包给具有相应资质条件的分包单位；但是，除总承包合同中已约定的分包外，必须经建设单位认可。"施工总承包的建筑工程主体结构的施工必须由总承包单位自行完成，不得将工程主体结构、关键性工作及专用合同条款中禁止分包的专业工程分包给第三人，主体结构、关键性工作的范围由合同当事人按照法律规定在专用合同条款中予以明确。

分包的确定。承包人应按专用合同条款的约定进行分包，确定分包人。已标价工程量清单或预算书中给定暂估价的专业工程，按照《示范文本》第10.7款（暂估价）确定分包人。按照合同约定进行分包的，承包人应确保分包人具有相应的资质和能力。工程分包不减轻或免除承包人的责任和义务，承包人和分包人就分包工程向发包人承担连带责任。除合同另有约定外，承包人应在分包合同签订后7天内向发包人和监理人提交分包合同副本。

分包商与总承包商的责任。《建筑法》第二十九条是这样说明的："建筑工程总承包单位按照总承包合同的约定对建设单位负责；分包单位按照分包合同的约定对总承包单位负责。总承包单位和分包单位就分包工程对建设单位承担连带责任。"

分包工程价款的结算。《示范文本》中作了相应的规定："生效法律文书要求发包人向分包人支付分包合同价款的，发包人有权从应付承包人工程款中扣除该部分款项；除上述约定的情况或专用合同条款另有约定外，分包合同价款由承包人与分包人结算，未经承包人同意，发包人不得向分包人支付分包工程价款。"

《示范文本》还对分包合同权益的转让作了规定："分包人在分包合同项下的义务持续到缺陷责任期届满以后的，发包人有权在缺陷责任期届满前，要求承包人将其在分包合同项下的权益转让给发包人，承包人应当转让。除转让合同另有约定外，转让合同生效后，由分包人向发包人履行义务。"

分包管理。承包人应向监理人提交分包人的主要施工管理人员表，并对分包人的施工人员进行实名制管理，包括但不限于进出场管理、登记造册以及各种证照的办理。

分包规定。在项目实施过程中可能需要分包人承担部分工作，如设计分包人、施工分包人、供货分包人等。尽管委托分包人的招标工作由承包人完成，发包人也不是分包合同的当事人，但为了保证工程项目完满实现发包人预期的建设目标，通用条款中对工程分包作了如下的规定：

（1）承包人不得将其承包的全部工程转包给第三人，也不得将其承包的全部工程肢解后以分包的名义分别转包给第三人。

（2）分包工作需要征得发包人同意。除发包人已同意投标文件中说明的分包外，合同履行过程中承包人还需要分包的工作，仍应征得发包人同意。

（3）承包人不得将设计和施工的主体、关键性工作的施工分包给第三人。要求承包人是具有实施工程设计和施工能力的合格主体，而非皮包公司。

（4）分包人的资格能力应与其分包工作的标准和规模相适应，其资质能力的材料应经监理人审查。

（5）发包人同意分包的工作，承包人应向发包人和监理人提交分包合同副本。

我国禁止分包工程再分包，《建筑法》第二十九条规定"禁止分包单位将其承包的工程再分包"。

8.3.3　合同争议的调解及合同解除的处理

1. 争议的解决方式

《示范文本》就双方在履行合同发生争议时提出了以下解决方案：

（1）和解。合同当事人可以就争议自行和解，自行和解达成协议的经双方签字并盖章后作为合同补充文件，双方均应遵照执行。

（2）调解。合同当事人可以就争议请求建设行政主管部门、行业协会或其他第三方进行调解，调解达成协议的，经双方签字并盖章后作为合同补充文件，双方均应遵照执行。

（3）争议评审。合同当事人在专用合同条款中约定采取争议评审方式解决争议以及评审规则，并按下列约定执行：

1）争议评审小组的确定。合同当事人可以共同选择一名或三名争议评审员，组成争议评审小组。除专用合同条款另有约定外，合同当事人应当自合同签订后 28 天内，或者争议发生后 14 天内，选定争议评审员。选择一名争议评审员的，由合同当事人共同确定；选择三名争议评审员的，各自选定一名，第三名成员为首席争议评审员，由合同当事人共同确定或由合同当事人委托已选定的争议评审员共同确定，或由专用合同条款约定的评审机构指定第三名首席争议评审员。除专用合同条款另有约定外，评审员报酬由发包人和承包人各承担一半。

2）争议评审小组的决定。合同当事人可在任何时间将与合同有关的任何争议共同提请争议评审小组进行评审。争议评审小组应秉持客观、公正原则，充分听取合同当事人的意见，依据相关法律、规范、标准、案例经验及商业惯例等，自收到争议评审申请报告后 14 天内作出书面决定，并说明理由。合同当事人可以在专用合同条款中对本项事项另行约定。

3）争议评审小组决定的效力。争议评审小组作出的书面决定经合同当事人签字确认后，对双方具有约束力，双方应遵照执行。任何一方当事人不接受争议评审小组决定或不履行争议评审小组决定的，双方可选择采用其他争议解决方式。

（4）仲裁或诉讼。因合同及合同有关事项产生的争议，合同当事人可以在专用合同条款中约定以下一种方式解决争议：

1）向约定的仲裁委员会申请仲裁。

2）向有管辖权的人民法院起诉。

合同有关争议解决的条款独立存在，合同的变更、解除、终止、无效或者被撤销均不影响其效力。

2. 监理工程师对合同争议的调解

项目监理机构接到合同争议的调解要求后应进行以下工作：

（1）及时了解合同争议的全部情况，包括进行调查取证。

（2）及时与合同争议的双方进行磋商。

（3）在项目监理机构提出调解方案后，由总监理工程师进行争议调解。

（4）当调解未能达成一致时，总监理工程师应在施工合同规定的期限内提出处理该合同争议的意见。

（5）在争议调解过程中，除已达到施工合同规定的暂停履行合同的条件之外，项目监理机构应要求施工合同的双方继续履行施工合同。

在总监理工程师签发合同争议处理意见后，业主或承包商在施工合同规定的期限内未对合同争议处理决定提出异议，在符合施工合同的前提下，此意见成为最后的决定，双方必须执行。

在合同争议的仲裁或诉讼过程中，项目监理机构接到仲裁机关或法院要求提供有关证据的通知后，应公正地向仲裁机关或法院提供与争议有关的证据。

3. 监理工程师对合同解除的处理

当业主违约导致施工合同最终解除时，项目监理机构应就承包商按施工合同规定应得到的款项与业主和承包商进行协商，并应按施工合同的规定从下列应得的款项中确定承包商应得到的全部款项，并书面通知业主和承包商：

（1）承包商已完成的工程量表中的各项工作所应得的款项。

（2）按批准的采购计划订购工程材料、设备、构配件的款项。

（3）承包商撤离施工设备至原基地或其他目的地的合理费用。

（4）承包商所有人员的合理遣返费用。

（5）合理的利润补偿。

（6）施工合同规定的业主应支付的违约金。

当承包商违约导致施工合同最终解除时，项目监理机构应按下列程序清理承包商的应得款项，或偿还业主的相关款项，并书面通知业主和承包商：

（1）施工合同终止时，清理承包商已按施工合同规定实际完成的工作所应得的款项和已经得到支付的款项。

（2）施工现场余留的材料、设备及临时工程价值。

（3）对已完工程进行检查和验收、移交工程资料、该部分工程的清理、质量缺陷修复等所需的费用。

（4）施工合同规定的承包单位应支付的违约金。

（5）总监理工程师按照施工合同的规定，在与建设单位和承包单位协商后，书面提交承包单位应得款项或偿还建设单位款项的证明。

由于不可抗力或非建设单位、承包单位原因导致施工合同终止时，项目监理机构应按施工合同规定处理合同解除后的有关事宜。

8.3.4　合同的违约处理

违约责任是指合同当事人违反合同约定所应承担的民事责任。

1. 发包人违约

《示范文本》中规定在合同履行过程中发生的下列情形，属于发包人违约：

（1）因发包人原因未能在计划开工日期前 7 天内下达开工通知的。

（2）因发包人原因未能按合同约定支付合同价款的。

（3）发包人违反《示范文本》中第 10.1 款第二条，自行实施被取消的工作或转由他人实施的。

（4）发包人提供的材料、工程设备的规格、数量或质量不符合合同约定，或因发包人原因导致交货日期延误或交货地点变更等情况的。

（5）因发包人违反合同约定造成暂停施工的。

（6）发包人无正当理由没有在约定期限内发出复工指示，导致承包人无法复工的。

（7）发包人明确表示或者以其行为表明不履行合同主要义务的。

（8）发包人未能按照合同约定履行其他义务的。

发包人发生除本项第（7）条目以外的违约情况时，承包人可向发包人发出通知，要求发包人采取有效措施纠正违约行为。发包人收到承包人通知后 28 天内仍不纠正违约行为的，承包人有权暂停相应部位工程施工，并通知监理人。

2. 承包方违约

《示范文本》中规定在合同履行过程中发生的下列情形，属于承包人违约：

（1）承包人违反合同约定进行转包或违法分包的。

（2）承包人违反合同约定采购和使用不合格的材料和工程设备的。

（3）因承包人原因导致工程质量不符合合同要求的。

（4）承包人违反第 8.9 款（材料与设备专用要求）的约定，未经批准，私自将已按照合同约定进入施工现场的材料或设备撤离施工现场的。

（5）承包人未能按施工进度计划及时完成合同约定的工作，造成工期延误的。

（6）承包人在缺陷责任期及保修期内，未能在合理期限对工程缺陷进行修复，或拒绝按发包人要求进行修复的。

（7）承包人明确表示或者以其行为表明不履行合同主要义务的。

（8）承包人未能按照合同约定履行其他义务的。

承包人发生除本项第（7）条目约定以外的其他违约情况时，监理人可向承包人发出整改通知，要求其在指定的期限内改正。

【案例】

项目按照《建设工程施工合同（示范文本）》2017版签订了合同，合同工期2年。经建设单位同意，甲施工单位将其中的专业工程分包给乙施工单位。工程实施过程中发生以下事件：

事件1：甲施工单位在基础工程施工时发现，现场条件与施工图不符，遂向项目监理机构提出变更申请。总监理工程师指令甲施工单位暂停施工后，立即与设计单位联系，设计单位同意变更，但同时表示无法及时提交变更后的施工图。总监理工程师将此事报告建设单位，建设单位随即要求总监理工程师修改施工图并签署变更文件，交甲施工单位执行。

事件2：专业监理工程师巡视时发现，乙施工单位未按审查后的施工方案施工，存在工程质量、安全事故隐患。总监理工程师分别向甲、乙施工单位发出整改通知，甲、乙施工单位既不整改也未回函答复。

事件3：工程竣工结算时，甲施工单位将事件1中基础工程设计变更所增加的费用列入工程竣工结算申请，总监理工程师以甲施工单位未及时提出变更工程价款申请为由，拒绝变更基础工程价款。

事件4：施工单位在施工中突遇合同中约定属于不可抗力的事件，造成经济损失（见表8-2）和工地全面停工15天。由于合同双方均未投保，建设工程施工单位在合同约定的有效期内，向项目监理机构提出了费用补偿和工程延期申请。

经济损失表　　　　　　　　　　　　　　　　　　表8-2

序号	项目	全费用金额（万元）
1	施工单位采购的已运至现场待安装的设备修理费	5.0
2	现场施工人员受伤医疗补偿费	2.0
3	已通过工程验收的供水管爆裂修复费	0.5
4	建设单位采购的已运至现场的水泥损失费	3.5
5	建设工程施工单位配备的停电时用于应急施工的发电机修复费	0.2
6	停工期间施工作业人员窝工费	8.0
7	停工期间必要的留守管理人员工资	1.5
8	现场清理费	0.3
	合计	21.0

【问题】

1）分别指出事件1中总监理工程师和建设单位做法的不妥之处。写出该变更的正确处理程序。

2）事件2中，总监理工程师分别向甲、乙施工单位发出整改通知是否正确？分别说明理由。在发出整改通知后，甲、乙施工单位既不整改也未回函答复，总监理工程师应采取什么措施？

3）事件3中，总监理工程师的做法是否正确？说明理由。

4）事件4中，发生的经济损失分别由谁承担？建设工程施工单位总共可获得的费用补偿为多少？工程延期要求是否成立？

【参考答案】

1）总监理工程师做法的不妥之处：总监理工程师与设计单位联系；建设单位做法的不妥之处：建设单位要求总监理工程师修改施工图并签署变更文件，交甲施工单位执行。正确做法：总监理工程师报建设单位，建设单位联系设计单位，设计单位修改施工图并签署设计变更文件，建设单位收到设计变更文件后转交项目监理机构，总监理工程师向甲施工单位发出工程变更单。

2）总监理工程师向甲施工单位发出整改通知正确，理由：甲施工单位属于总承包单位，总监理工程师的所有指令均发给总承包单位；总监理工程师向乙施工单位发出整改通知不正确，理由：乙施工单位是分包单位，和建设单位没有合同关系。采取措施：总监理工程师应下达暂停令，要求承包单位停工整改；同时报告给建设单位和有关行政管理部门。

3）正确，理由：根据有关规定，承包人应在工程变更确定后14天内，提出变更涉及的追加合同价款要求的报告，经工程师确认后相应调整合同价款。如果承包人在双方确定变更后的14天内，未向工程师提出变更工程价款的报告，视为该项变更不涉及合同价款的调整。

4）建设单位承担的经济损失：待安装的设备修理费，供水管爆裂修复费，水泥损失费，留守管理人员工资，现场清理费；施工单位承担的经济损失：现场施工人员受伤医疗补偿费，应急发电机修复费，施工作业人员窝工费。

费用补偿总额：5+0.5+1.5+0.3=7.3万元

工期延误要求成立。

8.3.5　施工合同的质量、进度和费用控制

1. 质量控制

（1）对标准、规范的约定

《示范文本》第1.4款中对合同双方标准、规范的约定作了如下规定：

工程适用的国家标准、行业标准、工程所在地的地方性标准，以及相应的规范、规程等，合同当事人有特别要求的，应在专用合同条款中约定。

发包人要求使用国外标准、规范的，发包人负责提供原文版本和中文译本，并在专用合同条款中约定提供标准规范的名称、份数和时间。

发包人对工程的技术标准、功能要求高于或严于现行国家、行业或地方标准的，应当在专用合同条款中予以明确。除专用合同条款另有约定外，应视为承包人在签订合同前已充分预见前述技术标准和功能要求的复杂程度，签约合同价中已包含由此产生的费用。

（2）工程验收的质量控制

1）不合格工程的处理：《示范文本》第5.4款规定：

因承包人原因造成工程不合格的，发包人有权随时要求承包人采取补救措施，直至达到合同要求的质量标准，由此增加的费用和（或）延误的工期由承包人承担。无法补救的，按照拒绝接收全部或部分工程约定执行。因发包人原因造成工程不合格的，由此增加的费用和（或）延误的工期由发包人承担，并支付承包人合理的利润。

同时《示范文本》第5.5款对质量争议检测作了如下规定：合同当事人对工程质量有争议的，由双方协商确定的工程质量检测机构鉴定，由此产生的费用及因此造成的损失，由责任方承担。合同当事人均有责任的，由双方根据其责任分别承担。合同当事人无法达成一致的，按照商定或确定执行。

2) 工程质量保证措施：《示范文本》第5.2款从发包人、承包人和监理人三方对工程质量保证措施作了相应规定：

发包人应按照法律规定及合同约定完成与工程质量有关的各项工作。

承包人按照施工组织设计约定向发包人和监理人提交工程质量保证体系及措施文件，建立完善的质量检查制度，并提交相应的工程质量文件。对于发包人和监理人违反法律规定和合同约定的错误指示，承包人有权拒绝实施。承包人应对施工人员进行质量教育和技术培训，定期考核施工人员的劳动技能，严格执行施工规范和操作规程。承包人应按照法律规定和发包人的要求，对材料、工程设备以及工程的所有部位及其施工工艺进行全过程的质量检查和检验，并作详细记录，编制工程质量报表，报送监理人审查。此外，承包人还应按照法律规定和发包人的要求，进行施工现场取样试验、工程复核测量和设备性能检测，提供试验样品、提交试验报告和测量成果以及其他工作。

监理人按照法律规定和发包人授权对工程的所有部位及其施工工艺、材料和工程设备进行检查和检验。承包人应为监理人的检查和检验提供方便，包括监理人到施工现场，或制造、加工地点，或合同约定的其他地方进行察看和查阅施工原始记录。监理人为此进行的检查和检验，不免除或减轻承包人按照合同约定应当承担的责任。监理人的检查和检验不应影响施工正常进行。监理人的检查和检验影响施工正常进行的，且经检查检验不合格的，影响正常施工的费用由承包人承担，工期不予顺延；经检查检验合格的，由此增加的费用和（或）延误的工期由发包人承担。

3) 隐蔽工程检查：《示范文本》第5.3款规定，承包人应当对工程隐蔽部位进行自检，并经自检确认是否具备覆盖条件。

除专用合同条款另有约定外，工程隐蔽部位经承包人自检确认具备覆盖条件的，承包人应在共同检查前48小时书面通知监理人检查，通知中应载明隐蔽检查的内容、时间和地点，并应附有自检记录和必要的检查资料。

监理人应按时到场并对隐蔽工程及其施工工艺、材料和工程设备进行检查。经监理人检查确认质量符合隐蔽要求，并在验收记录上签字后，承包人才能进行覆盖。经监理人检查质量不合格的，承包人应在监理人指示的时间内完成修复，并由监理人重新检查，由此增加的费用和（或）延误的工期由承包人承担。

除专用合同条款另有约定外，监理人不能按时进行检查的，应在检查前24小时向承包人提交书面延期要求，但延期不能超过48小时，由此导致工期延误的，工期应予以顺延。监理人未按时进行检查，也未提出延期要求的，视为隐蔽工程检查合格，承包人可自行完成覆盖工作，并作相应记录报送监理人，监理人应签字确认。监理人事后对检查记录有疑问的，可按重新检查的约定重新检查。

承包人覆盖工程隐蔽部位后，发包人或监理人对质量有疑问的，可要求承包人对已覆盖的部位进行钻孔探测或揭开重新检查，承包人应遵照执行，并在检查后重新覆盖恢复原状。经检查证明工程质量符合合同要求的，由发包人承担由此增加的费用和（或）延误的工期，并支付承包人合理的利润；经检查证明工程质量不符合合同要求的，由此增加的费用和（或）延误的工期由承包人承担。

承包人未通知监理人到场检查，私自将工程隐蔽部位覆盖的，监理人有权指示承包人钻孔探测或揭开检查，无论工程隐蔽部位质量是否合格，由此增加的费用和（或）延误的工期均由承包人承担。

4）工程试车：《示范文本》第 13.3 款规定，工程需要试车的，除专用合同条款另有约定外，试车内容应与承包人承包范围相一致，试车费用由承包人承担。工程试车应按如下程序进行：

具备单机无负荷试车条件，承包人组织试车，并在试车前 48 小时书面通知监理人，通知中应载明试车内容、时间、地点。承包人准备试车记录，发包人根据承包人要求为试车提供必要条件。试车合格的，监理人在试车记录上签字。监理人在试车合格后不在试车记录上签字，自试车结束满 24 小时后视为监理人已经认可试车记录，承包人可继续施工或办理竣工验收手续。

监理人不能按时参加试车，应在试车前 24 小时以书面形式向承包人提出延期要求，但延期不能超过 48 小时，由此导致工期延误的，工期应予以顺延。监理人未能在前述期限内提出延期要求，又不参加试车的，视为认可试车记录。

具备无负荷联动试车条件，发包人组织试车，并在试车前 48 小时以书面形式通知承包人。通知中应载明试车内容、时间、地点和对承包人的要求，承包人按要求做好准备工作。试车合格，合同当事人在试车记录上签字。承包人无正当理由不参加试车的，视为认可试车记录。

因设计原因导致试车达不到验收要求，发包人应要求设计人修改设计，承包人按修改后的设计重新安装。发包人承担修改设计、拆除及重新安装的全部费用，工期相应顺延。因承包人原因导致试车达不到验收要求，承包人按监理人要求重新安装和试车，并承担重新安装和试车的费用，工期不予顺延。

因工程设备制造原因导致试车达不到验收要求的，由采购该工程设备的合同当事人负责重新购置或修理，承包人负责拆除和重新安装，由此增加的修理、重新购置、拆除及重新安装的费用和延误的工期由采购该工程设备的合同当事人承担。

如需进行投料试车的，发包人应在工程竣工验收后组织投料试车。发包人要求在工程竣工验收前进行或需要承包人配合时，应征得承包人同意，并在专用合同条款中约定有关事项。

投料试车合格的，费用由发包人承担；因承包人原因造成投料试车不合格的，承包人应按照发包人要求进行整改，由此产生的整改费用由承包人承担；非承包人原因导致投料试车不合格的，如发包人要求承包人进行整改，由此产生的费用由发包人承担。

（3）工程保修

《示范文本》第 15 条规定在工程移交发包人后，因承包人原因产生的质量缺陷，承包人应承担质量缺陷责任和保修义务。缺陷责任期届满，承包人仍应按合同约定的工程各部位保修年限承担保修义务。

工程保修期从工程竣工验收合格之日起算，具体分部分项工程的保修期由合同当事人在专用合同条款中约定，但不得低于法定最低保修年限。在工程保修期内，承包人应当根据有关法律规定以及合同约定承担保修责任。发包人未经竣工验收擅自使用工程的，保修期自转移占有之日起算。

在保修期内，修复的费用按照以下约定处理：因承包人原因造成工程的缺陷、损坏，承包人应负责修复，并承担修复的费用以及因工程的缺陷、损坏造成的人身伤害和财产损失；因发包人使用不当造成工程的缺陷、损坏，可以委托承包人修复，但发包人应承担修复的费用，并支付承包人合理利润；因其他原因造成工程的缺陷、损坏，可以委托承包人修复，发包人应承担修复的费用，并支付承包人合理的利润，因工程的缺陷、损坏造成的人身伤害和财产损失由责任方承担。

在保修期内，发包人在使用过程中，发现已接收的工程存在缺陷或损坏的，应书面通知承包人予以修复，但情况紧急必须立即修复缺陷或损坏的，发包人可以口头通知承包人并在口头通知后48小时内书面确认，承包人应在专用合同条款约定的合理期限内到达工程现场并修复缺陷或损坏。

因承包人原因造成工程的缺陷或损坏，承包人拒绝维修或未能在合理期限内修复缺陷或损坏，且经发包人书面催告后仍未修复的，发包人有权自行修复或委托第三方修复，所需费用由承包人承担。但修复范围超出缺陷或损坏范围的，超出范围部分的修复费用由发包人承担。

在保修期内，为了修复缺陷或损坏，承包人有权出入工程现场，除情况紧急必须立即修复缺陷或损坏外，承包人应提前24小时通知发包人进场修复的时间。承包人进入工程现场前应获得发包人同意，且不应影响发包人正常的生产经营，并应遵守发包人有关保安和保密等规定。

2. 进度控制

（1）约定合同工期

《示范文本》第1.1.4.1款明确，开工日期包括计划开工日期和实际开工日期。计划开工日期是指合同协议书约定的开工日期；实际开工日期是指监理人按照开工通知约定发出符合法律规定的开工通知书中载明的开工日期。

《示范文本》第1.1.4.2款明确，竣工日期包括计划竣工日期和实际竣工日期。计划竣工日期是指合同协议书约定的竣工日期；实际竣工日期按照以下规定确定：工程经竣工验收合格的，以承包人提交竣工验收申请报告之日为实际竣工日期，并在工程接收证书中载明；因发包人原因，未在监理人收到承包人提交的竣工验收申请报告42天内完成竣工验收，或完成竣工验收不予签发工程接收证书的，以提交竣工验收申请报告的日期为实际竣工日期；工程未经竣工验收，发包人擅自使用的，以转移占有工程之日为实际竣工日期。

《示范文本》第1.1.4.3款明确，工期是指在合同协议书约定的承包人完成工程所需的期限，包括按照合同约定所作的期限变更。

（2）施工组织设计及进度计划的提交及修改

《示范文本》第7.1.2款规定：除专用合同条款另有约定外，承包人应在合同签订后14天内，但至迟不得晚于开工通知中载明的开工日期前7天，向监理人提交详细的施工组织设计，并由监理人报送发包人。除专用合同条款另有约定外，发包人和监理人应在监理人收到施工组织设计后7天内确认或提出修改意见。对发包人和监理人提出的合理意见和要求，承包人应自费修改完善。根据工程实际情况需要修改施工组织设计的，承包人应向发包人和监理人提交修改后的施工组织设计。

《示范文本》第 7.2 款规定：承包人应按照施工组织设计的规定来提交详细的施工进度计划，施工进度计划的编制应当符合国家法律规定和一般工程实践惯例，施工进度计划经发包人批准后实施。施工进度计划是控制工程进度的依据，发包人和监理人有权按照施工进度计划检查工程进度情况。

施工进度计划不符合合同要求或与工程的实际进度不一致的，承包人应向监理人提交修订的施工进度计划，并附具有关措施和相关资料，由监理人报送发包人。除专用合同条款另有约定外，发包人和监理人应在收到修订的施工进度计划后 7 天内完成审核和批准或提出修改意见。发包人和监理人对承包人提交的施工进度计划的确认，不能减轻或免除承包人根据法律规定和合同约定应承担的任何责任或义务。

（3）进度计划执行中的特殊问题

1）开工

《示范文本》第 7.3 款规定：除专用合同条款另有约定外，承包人应在合同签订后 14 天内，但至迟不得晚于开工通知中载明的开工日期前 7 天，向监理人提交工程开工报审表，经监理人报发包人批准后执行。开工报审表应详细说明按施工进度计划正常施工所需的施工道路、临时设施、材料、工程设备、施工设备、施工人员等落实情况以及工程的进度安排。除专用合同条款另有约定外，合同当事人应按约定完成开工准备工作。

发包人应按照法律规定获得工程施工所需的许可。经发包人同意后，监理人发出的开工通知应符合法律规定。监理人应在计划开工日期 7 天前向承包人发出开工通知，工期自开工通知中载明的开工日期起算。

除专用合同条款另有约定外，因发包人原因造成监理人未能在计划开工日期之日起 90 天内发出开工通知的，承包人有权提出价格调整要求，或者解除合同。发包人应当承担由此增加的费用和（或）延误的工期，并向承包人支付合理利润。

2）暂停施工

《示范文本》第 7.8 款规定：

① 发包人原因引起的暂停施工

因发包人原因引起暂停施工的，监理人经发包人同意后，应及时下达暂停施工指示。情况紧急且监理人未及时下达暂停施工指示的，视为"紧急情况下的暂停施工"，按紧急情况下暂停施工的相关规定执行。

因发包人原因引起的暂停施工，发包人应承担由此增加的费用和（或）延误的工期，并支付承包人合理的利润。

② 承包人原因引起的暂停施工

因承包人原因引起的暂停施工，承包人应承担由此增加的费用和（或）延误的工期，且承包人在收到监理人复工指示后 84 天内仍未复工的，视为承包人无法继续履行合同的情形。

③ 指示暂停施工

监理人认为有必要时，并经发包人批准后，可向承包人作出暂停施工的指示，承包人应按监理人指示暂停施工。

④ 紧急情况下的暂停施工

因紧急情况需暂停施工，且监理人未及时下达暂停施工指示的，承包人可先暂停施工，并及时通知监理人。监理人应在接到通知后 24 小时内发出指示，逾期未发出指示，视为同意承包人暂停施工。监理人不同意承包人暂停施工的，应说明理由，承包人对监理人的答复有异议，按照合同中争议解决条款的约定处理。

⑤ 暂停施工后的复工

暂停施工后，发包人和承包人应采取有效措施积极消除暂停施工的影响。在工程复工前，监理人会同发包人和承包人确定因暂停施工造成的损失，并确定工程复工条件。当工程具备复工条件时，监理人应经发包人批准后向承包人发出复工通知，承包人应按照复工通知要求复工。

承包人无故拖延和拒绝复工的，承包人承担由此增加的费用和（或）延误的工期；因发包人原因无法按时复工的，视为"因发包人原因导致工期延误"，按相关规定办理。

⑥ 暂停施工持续 56 天以上

监理人发出暂停施工指示后 56 天内未向承包人发出复工通知，除该项停工属于承包人原因引起的暂停施工或合同中约定的不可抗力事件外，承包人可向发包人提交书面通知，要求发包人在收到书面通知后 28 天内准许已暂停施工的部分或全部工程继续施工。发包人逾期不予批准的，则承包人可以通知发包人，将工程受影响的部分视为可取消工作，列入工程变更范围。

暂停施工持续 84 天以上不复工的，且不属于承包人原因引起的暂停施工及合同中约定的不可抗力事件，并影响到整个工程以及合同目的实现的，承包人有权提出价格调整要求，或者解除合同。解除合同的，视为"因发包人违约解除合同"，按相关规定执行。

⑦ 暂停施工期间的工程照管

暂停施工期间，承包人应负责妥善照管工程并提供安全保障，由此增加的费用由责任方承担。

⑧ 暂停施工的措施

暂停施工期间，发包人和承包人均应采取必要的措施确保工程质量及安全，防止因暂停施工扩大损失。

3）工期延误

《示范文本》第 7.5 款规定：

① 因发包人原因导致工期延误

在合同履行过程中，因下列情况导致工期延误和（或）费用增加的，由发包人承担由此延误的工期和（或）增加的费用，且发包人应支付承包人合理的利润：

（A）发包人未能按合同约定提供图纸或所提供图纸不符合合同约定的。

（B）发包人未能按合同约定提供施工现场、施工条件、基础资料、许可、批准等开工条件的。

（C）发包人提供的测量基准点、基准线和水准点及其书面资料存在错误或疏漏的。

（D）发包人未能在计划开工日期之日起 7 天内同意下达开工通知的。

（E）发包人未能按合同约定日期支付工程预付款、进度款或竣工结算款的。

（F）监理人未按合同约定发出指示、批准等文件的。

（G）专用合同条款中约定的其他情形。

因发包人原因未按计划开工日期开工的，发包人应按实际开工日期顺延竣工日期，确保实际工期不低于合同约定的工期总日历天数。因发包人原因导致工期延误需要修订施工进度计划的，按照合同约定执行。

② 因承包人原因导致工期延误

因承包人原因造成工期延误的，可以在专用合同条款中约定逾期竣工违约金的计算方法和逾期竣工违约金的上限。承包人支付逾期竣工违约金后，不免除承包人继续完成工程及修补缺陷的义务。

4）提前竣工

《示范文本》第7.9款规定：发包人要求承包人提前竣工的，发包人应通过监理人向承包人下达提前竣工指示，承包人应向发包人和监理人提交提前竣工建议书，提前竣工建议书应包括实施的方案、缩短的时间、增加的合同价格等内容。发包人接受该提前竣工建议书的，监理人应与发包人和承包人协商采取加快工程进度的措施，并修订施工进度计划，由此增加的费用由发包人承担。承包人认为提前竣工指示无法执行的，应向监理人和发包人提出书面异议，发包人和监理人应在收到异议后7天内予以答复。任何情况下，发包人不得压缩合理工期。

发包人要求承包人提前竣工，或承包人提出提前竣工的建议能够给发包人带来效益的，合同当事人可以在专用合同条款中约定提前竣工的奖励。

3. 费用控制

《示范文本》第12条就合同价格形式、预付款、计量、工程进度款支付作了规定。

（1）合同价格形式

《示范文本》第12.1款规定：招标工程的合同价款由发包人和承包人依据中标通知书中的中标价格在协议书内约定。非招标工程的合同价款由发包人和承包人依据工程预算书在协议书内约定。发包人和承包人应在合同协议书中选择下列一种合同价格形式：

1）单价合同

单价合同是指合同当事人约定以工程量清单及其综合单价进行合同价格计算、调整和确认的建设工程施工合同，在约定的范围内合同单价不作调整。合同当事人应在专用合同条款中约定综合单价包含的风险范围和风险费用的计算方法，并约定风险范围以外的合同价格的调整方法，其中因市场价格波动引起的调整按市场价格波动引起的调整约定执行。

2）总价合同

总价合同是指合同当事人约定以施工图、已标价工程量清单或预算书及有关条件进行合同价格计算、调整和确认的建设工程施工合同，在约定的范围内合同总价不作调整。合同当事人应在专用合同条款中约定总价包含的风险范围和风险费用的计算方法，并约定风险范围以外的合同价格的调整方法，其中因市场价格波动引起的调整按市场价格波动引起的调整约定、因法律变化引起的调整按法律变化引起的调整约定执行。

3）其他价格形式

合同当事人可在专用合同条款中约定其他合同价格形式。一般而言，新建大中型工程项目很少整体上使用成本加酬金合同，但在单价合同和固定总价合同模式下，处理需要重新估价的变更和索赔事项时，常采用成本加酬金方式。

（2）预付款

《示范文本》第12.2款规定：预付款的支付按照专用合同条款约定执行，但至迟应在开工通知载明的开工日期7天前支付。预付款应当用于材料、工程设备、施工设备的采购及修建临时工程、组织施工队伍进场等。除专用合同条款另有约定外，预付款在进度付款中同比例扣回。在颁发工程接收证书前，提前解除合同的，尚未扣完的预付款应与合同价款一并结算。发包人逾期支付预付款超过7天的，承包人有权向发包人发出要求预付的催告通知，发包人收到通知后7天内仍未支付的，承包人有权暂停施工，视为"发包人违约的情形"，按相关规定处理。

发包人要求承包人提供预付款担保的，承包人应在发包人支付预付款7天前提供预付款担保，专用合同条款另有约定除外。预付款担保可采用银行保函、担保公司担保等形式，具体由合同当事人在专用合同条款中约定。在预付款完全扣回之前，承包人应保证预付款担保持续有效。发包人在工程款中逐期扣回预付款后，预付款担保额度应相应减少，但剩余的预付款担保金额不得低于未被扣回的预付款金额。

（3）计量

《示范文本》第12.3款规定：承包人按专用条款约定的时间，每月25日向监理人报送上月20日至当月19日已完成的工程量报告，并附具进度付款申请单、已完成工程量报表和有关资料。

监理人应在收到承包人提交的工程量报告后7天内完成对承包人提交的工程量报表的审核并报送发包人，以确定当月实际完成的工程量。监理人对工程量有异议的，有权要求承包人进行共同复核或抽样复测。承包人应协助监理人进行复核或抽样复测，并按监理人要求提供补充计量资料。承包人未按监理人要求参加复核或抽样复测的，监理人复核或修正的工程量视为承包人实际完成的工程量。

监理人收到承包人报告后7天内未进行计量，从第8天起，承包人报告中开列的工程量即视为被确认，作为工程价款支付的依据。监理人不按约定时间通知承包人，致使承包人未能参加计量，计量结果无效。

需要重新计量的单价合同，合同文件中通常包括明确、详细的工程量清单。通常有两种计量方式：一是在工程现场进行实地测量，由承包商和工程师共同完成；二是根据规范依据记录进行测量。

总价合同采用支付分解表计量支付的，可以按照总价合同的计量约定进行计量，但合同价款按照支付分解表进行支付。

合同当事人可在专用合同条款中约定其他价格形式合同的计量方式和程序。

（4）工程进度款支付

《示范文本》第12.4款规定：承包人按照约定的时间按月向监理人提交进度付款申请单，并附上已完成工程量报表和有关资料。除专用合同条款另有约定外，发包人应在进度款支付证书或临时进度款支付证书签发后14天内完成支付，发包人逾期支付进度款的，应按照中国人民银行发布的同期同类贷款基准利率支付违约金。按约定时间发包人应扣回的预付款，与进度款同期结算。

承包商应于合同约定的每一个支付周期的期末之后，提交期中报表。期中报表应包括规定中列明的金额，并附支持资料（含进度报告）。

发包人超过约定的支付时间不支付进度款，承包人可向发包人发出要求付款的通知，发包人收到承包人通知后仍不能按要求付款，可与承包人协商签订延期付款协议，经承包人同意后可延期支付。协议应明确延期支付的时间和从计量结果确认后 15 天起应付款的贷款利息。

在对已签发的进度款支付证书进行阶段汇总和复核中发现错误、遗漏或重复的，发包人和承包人均有权提出修正申请。经发包人和承包人同意的修正，应在下期进度付款中支付或扣除。

除专用合同条款另有约定外，承包人应根据工程量等因素对合同按月进行分解，编制支付分解表。承包人应当在收到监理人和发包人批准的施工进度计划后 7 天内，将支付分解表及编制支付分解表的支持性资料报送监理人。监理人应在收到支付分解表后 7 天内完成审核并报送发包人。发包人应在收到经监理人审核的支付分解表后 7 天内完成审批，经发包人批准的支付分解表为有约束力的支付分解表。发包人逾期未完成支付分解表审批的，也未及时要求承包人进行修正和提供补充资料的，则承包人提交的支付分解表视为已经获得发包人批准。

对于固定总价合同，每期的支付并不完全以合同中列明的单价和实际完成工程量为基础进行计算，合同双方会提前约定一个支付计划表，以确定每期支付的对应当期完成工程及承包商文件价值的金额。其中主要包括 3 种类型的支付计划表：分期按约定金额或比例支付；按约定的里程碑支付；按照约定的永久工程主要工程量清单（BPQPW）支付。

（5）竣工结算

《示范文本》第 14 条规定：除专用合同条款另有约定外，承包人应在工程竣工验收合格后 28 天内向发包人和监理人提交竣工结算申请单，并提交完整的结算资料，有关竣工结算申请单的资料清单和份数等要求由合同当事人在专用合同条款中约定。双方按照协议书约定的合同价款及专用条款约定的合同价款调整内容，进行工程竣工结算。

监理人应在收到竣工结算申请单后 14 天内完成核查并报送发包人。发包人应在收到监理人提交的经审核的竣工结算申请单后 14 天内完成审批，并由监理人向承包人签发经发包人签认的竣工付款证书。监理人或发包人对竣工结算申请单有异议的，有权要求承包人进行修正和提供补充资料，承包人应提交修正后的竣工结算申请单。发包人在收到承包人提交竣工结算申请书后 28 天内未完成审批且未提出异议的，视为发包人认可承包人提交的竣工结算申请单，并自发包人收到承包人提交的竣工结算申请单后第 29 天起视为已签发竣工付款证书。

发包人收到竣工结算报告及结算资料后 28 天内无正当理由不支付工程竣工结算价款，从第 29 天起按承包人同期向银行贷款利率支付拖欠工程价款的利息，并承担违约责任。

发包人收到竣工结算报告及结算资料后 28 天内不支付工程竣工结算价款，承包人可以催告发包人支付结算价款。发包人应在签发竣工付款证书后的 14 天内，完成对承包人的竣工付款。发包人逾期支付的，按照中国人民银行发布的同期同类贷款基准利率支付违约金；发包人在收到竣工结算报告及结算资料后 56 天内仍不支付的，按照中国人民银行发布的同期同类贷款基准利率的两倍支付违约金。

发包人要求甩项竣工的，合同当事人应签订甩项竣工协议。在甩项竣工协议中应明确，合同当事人按照竣工结算申请及竣工结算审核的约定，对已完合格工程进行结算，并支付相应合同价款。

除专用合同条款另有约定外，承包人应在缺陷责任期终止证书颁发后 7 天内，按专用合同条款约定的份数向发包人提交最终结清申请单，并提供相关证明材料。最终结清申请单应列明质量保证金、应扣除的质量保证金、缺陷责任期内发生的增减费用。发包人对最终结清申请单内容有异议的，有权要求承包人进行修正和提供补充资料，承包人应向发包人提交修正后的最终结清申请单。

发包人应在收到承包人提交的最终结清申请单后 14 天内完成审批并向承包人颁发最终结清证书。发包人逾期未完成审批，又未提出修改意见的，视为发包人同意承包人提交的最终结清申请单，且自发包人收到承包人提交的最终结清申请单后 15 天起视为已颁发最终结清证书。

发包人应在颁发最终结清证书后 7 天内完成支付。发包人逾期支付的，按照中国人民银行发布的同期同类贷款基准利率支付违约金；逾期支付超过 56 天的，按照中国人民银行发布的同期同类贷款基准利率的两倍支付违约金。

发包人和承包人对工程竣工结算价款发生争议时，按争议解决的约定处理。

8.3.6　设计变更与施工索赔

1. 设计变更

（1）设计变更

《示范文本》第 10 条规定：施工中发包人需要进行变更，应通过监理人提前 14 天以书面形式向承包人发出变更指示。涉及设计变更的，应由设计人提供变更后的图纸和说明。如变更超过原设计标准或批准的建设规模时，发包人应及时办理规划、设计变更等审批手续。承包人按照监理人签发的变更单实施变更，工程变更单的格式见附录 C.0.2 表，包括工程变更的要求、说明、费用、工期以及必要的附件。

通常的变更内容有以下几方面：

1）增加或减少合同中任何工作，或追加额外的工作。

2）取消合同中任何工作，但转由他人实施的工作除外。

3）改变合同中任何工作的质量标准或其他特性。

4）改变工程的基线、标高、位置和尺寸。

5）改变工程的时间安排或实施顺序。

因以上变更导致合同价款的增减及造成的承包人损失，由发包人承担，延误的工期相应顺延。

施工中承包人不得对原工程设计进行变更。因承包人擅自变更设计发生的费用和由此导致发包人的直接损失，由承包人承担，延误的工期不予顺延。

承包人提出合理化建议的，应向监理人提交合理化建议说明，说明建议的内容和理由，以及实施该建议对合同价格和工期的影响；监理人应在收到承包人提交的合理化建议后 7 天内审查完毕并报送发包人，发现其中存在技术上的缺陷，应通知承包人修改，发包人应在收到监理人报送的合理化建议后 7 天内审批完毕。合理化建议经发包人批准的，监理人应及时发出变更指示，由此引起的合同价格调整按照《示范文本》第 10.4 款（变更估价）约定执行；发包人不同意变更的，监理人应书面通知承包人。合理化建议降低了合同价格或者提高了工程经济效益的，发包人可对承包人给予奖励，奖励的方法和金额在专用合同条款中约定。

合同履行中发包人要求变更工程质量标准及发生其他实质性变更，由双方协商解决。

（2）确定变更价款

《示范文本》第 10 条规定：承包人应在收到变更指示后 14 天内，向监理人提出变更估价申请；监理人应在收到承包人提交的变更估价申请后 7 天内审查完毕并报送发包人，监理人对变更估价申请有异议，通知承包人修改后重新提交；发包人应在承包人提交变更估价申请后 14 天内审批完毕，逾期未审批或未提出异议的，视为认可承包人提交的变更估价申请。

因变更引起的价格调整应计入最近一期的进度款中支付，除专用合同另有约定外，变更合同价款按下列方法进行：

1）已标价工程量清单或预算书有相同项目的，按照相同项目单价认定。

2）已标价工程量清单或预算书中无相同项目，但有类似项目的，参照类似项目的单价认定。

3）变更导致实际完成的变更工程量与已标价工程量清单或预算书中列明的该项目工程量的变化幅度超过 15％的，或已标价工程量清单或预算书中无相同项目及类似项目单价的，按照合理的成本与利润构成的原则，由合同当事人商定变更工作的单价。

承包人在收到变更指示后 14 天内未向监理人提出变更工程价款的报告时，视为该项变更不涉及合同价款的变更。因承包人自身原因导致的工程变更，承包人无权要求追加合同价款。

因变更引起工期变化的，合同当事人均可要求调整合同工期，由合同当事人参考工程所在地的工期定额标准确定增减工期天数。

（3）项目监理机构对设计变更的处理

应符合下列要求：

1）项目监理机构在设计变更的质量、费用和工期方面取得建设单位授权后，应按施工合同规定与承包单位进行协商，经协商达成一致后，总监理工程师应将协商结果向建设单位（业主）通报，并由建设单位与承包单位（承包商）在变更文件上签字。

2）项目监理机构未能就设计变更的质量、费用和工期方面取得建设单位授权时，总监理工程师应协助建设单位与承包单位进行协商，并达成一致。

3）在建设单位和承包单位未能就设计变更的费用等方面达成协议时，项目监理机构应提出一个暂定的价格，作为临时支付工程进度款的依据。该项工程款最终结算时，应以建设单位和承包单位达成的协议为依据。

4）在总监理工程师签发工程变更单之前，承包单位不得实施工程变更。

5）未经审查同意而实施的工程变更，项目监理机构不得予以计量。

2. 施工索赔

（1）施工索赔的概念

1）索赔定义——当事人在合同实施过程中，根据法律、合同规定及惯例，对并非由于自己的过错，而是属于应由合同对方承担责任的情况造成，且实际发生了损失，向对方提出给予补偿或赔偿的权利要求。

2）索赔的双向性——不仅承包人可以向发包人索赔，发包人同样也可以向承包人索赔。由于在实践中，发包人向承包人索赔发生的频率相对较低，而且在索赔处理中，发包人始终处于主动和有利地位，一般无须经过繁琐的索赔程序，其遭受的损失可以从应付工程款中扣抵、扣留保留金或通过履约保函来兑取。因此在工程实践中大量发生的、处理比较困难的是承包人向发包人的索赔，合同条款多数也是规定承包商向业主索赔的处理程序和方法。

3）索赔与变更的不同——变更是建设单位或者监理工程师提出变更要求后，主动与承包商协商确定一个补偿额付给承包商；而索赔则是承包商根据法律和合同的规定，对认为他有权得到的权益主动向建设单位提出要求。

（2）施工索赔的分类

1）按索赔依据分类

① 合同中明示的索赔。合同中明示的索赔是指承包人提出索赔的根据是明确规定应由业主承担责任或风险的合同条款。而这些合同条款，被称为明示条款。一般情况下，合同中明示的索赔处理和解决方法比较容易。

② 合同中默示的索赔。合同中默示的索赔是指虽然合同条款中未明确写明，但根据条款隐含的意思可以推定出应由业主承担赔偿责任的情况，以及根据适用法律规定的业主应承担责任的情况。这种索赔要求，同样具有法律效力，承包商有权得到相应的经济补偿。这种有经济补偿含义的条款，在合同管理工作中被称为"默示条款"或称为"隐含条款"。

③ 道义索赔。亦称通融索赔，是指承包商在合同内和合同外都找不到可以索赔的合同依据或法律根据，因而没有提出索赔的条件和理由。但是承包商认为自己有要求补偿的道义基础，而对其所受的损失提出具有优惠性质的补偿要求。道义索赔的主动权由业主掌握，业主在以下四种情况下，可能会接受这种索赔：一，若另找其他承包商，费用会更高；二，为了树立自己的形象；三，出于对承包商的同情和信任；四，寻求与承包商的相互理解和更长久的合作。

2）按索赔目的分类

在施工中，索赔按其目的可分为延长工期索赔、费用索赔和综合索赔。

① 延长工期索赔，简称工期索赔。这种索赔的目的是承包商要求业主延长施工期限，使原合同中规定的竣工日期顺延，以避免承担拖期损失赔偿的风险。如遇特殊风险、变更工程量或工程内容等，使得承包商不能按合同规定工期完工，为避免追究违约责任，承包商在事件发生后就会提出顺延工期的要求。

② 费用索赔，亦称经济索赔。它是承包商向业主要求补偿自己额外费用支出的一种方式，以挽回不应由他负担的经济损失。

③ 综合索赔。综合索赔是指承包商对某一事件提出费用赔偿与工期延长两项索赔要求。按国际惯例，一份索赔报告只能提出一种索赔要求，所以对于综合索赔，虽然是同一件事，但是工期及经济的索赔，要分别编写两份报告。

（3）引起承包商索赔的常见原因

在施工过程中，引起承包商向业主索赔的原因多种多样，主要有：

1）业主违约

在施工招标文件中规定了业主应承担的义务，承包商正是在这个基础上投标和报价的。若开始施工后，业主没有按合同文件（包括招标文件）规定，如期提供必要条件，势必造成承包商工期的延误或费用的损失，这就可能引起索赔。如，应由业主提供的施工场内外交通道路没有达到合同规定的标准，造成承包商运输机构效率降低或磨损增加，这时承包商就有可能提出补偿要求。

2）不利的自然条件

一般施工合同规定，若遇到一个有经验的承包商无法预料到的不利的自然条件，如超标准洪水、地震、超标准的地下水等，承包商就可提出索赔。

3）合同缺陷

合同缺陷表现为合同文件规定不严谨甚至矛盾、合同中的遗漏或错误。其缺陷既包括商务条款缺陷，也可能包括技术规程和图纸中的缺陷。对合同缺陷，监理工程师有权作出解释，但承包商在执行监理工程师的解释后引起施工成本的增加或工期的延长，有权提出索赔。

4）设计图纸或工程量表中的错误

这种错误包括：①设计图纸与工程量清单不符；②现场条件与图纸要求相差较大；③纯粹工程量错误。若这些错误引起承包商施工费用增加或工期延长，则承包商极有可能提出索赔。

5）计划不周或不适当的指令

承包商按施工合同规定的计划和规范施工，对任何因计划不周而影响工程质量的问题不承担责任，而弥补这种质量问题而影响的工期和增加的费用应由业主承担。业主和监理工程师不适当的指令，由此而引发的工期拖延和费用的增加也应由业主承担。

（4）施工索赔的程序

1）寻找施工索赔的正当理由

施工企业从对索赔管理的角度出发，应积极寻找索赔机会，认为有权得到追加付款和（或）延长工期的，首先应对事件进行详尽调查、记录；其次对事件原因进行分析，判断其责任应由谁承担；最后对事件的损失进行调查和计算。

2）发出索赔通知

《示范文本》第 19.1 款指出：承包人应在知道或应当知道索赔事件发生后 28 天内，向监理人发出索赔意向通知，并说明发生索赔事件的事由；承包人未在前述 28 天内发出索赔意向通知书的，丧失要求追加付款和延长工期的权利；承包人应在发出索赔意向通知书后 28 天内，向监理人正式递交索赔报告，索赔报告应详细说明索赔理由以及要求追加的付款金额和（或）延长工期，并附必要的记录和证明材料。

对于具有持续影响的索赔事件，承包人应按合理时间间隔继续递交延续索赔通知，做好实际情况的记录，列出累计的追加付款金额和工期延长天数；在索赔事件影响结束后 28 天内，承包人应向监理人递交最终索赔报告，说明最终要求索赔的追加付款金额和（或）延长工期，并附上必要的证明材料。

3）索赔的批准

《示范文本》第 19.2 款第一点指出：监理人在收到索赔报告及有关资料后 14 天内完成审查并报送发包人；对索赔报告存在异议的，有权要求承包人提交全部原始记录副本。

发包人应在监理人收到索赔报告或有关索赔的进一步证明材料后的 28 天内，由监理人向承包人出具经发包人签认的索赔处理结果。发包人逾期未答复的，则视为认可承包人的索赔要求。

承包人接受索赔处理结果的，索赔款项在当期进度款中进行支付；承包人不接受索赔处理结果的，按照争议约定处理。

监理人应抓紧时间对索赔通知，特别是有关证据进行分析，并提出处理意见。特别需要注意的是，应当在合同规定的期限内对索赔给予答复。工程临时/最终延期审批表式见附录 B.0.14 表，费用索赔审批表式见附录 B.0.13 表。

监理人对索赔的管理，应当通过加强合同管理、严格执行合同，使对方找不到索赔的理由和根据来实现。在索赔事件发生后，也应积极收集证据，以便分清责任，反击对方的无理索赔要求。

【案例】

某公司在北京地区新建一栋办公楼，建筑面积 20000m²，开工日期为 2001 年 6 月 20 日，竣工日期为 2003 年 11 月 20 日。工程按照合同约定顺利开工，在结构工程施工到 1/2 时，甲方与承包商协商，并达成如下协议：甲方将该楼外墙的玻璃幕装修项目、室内隔墙砌筑项目，单独发包给专业公司施工，并支付承包商该项目价格的 1.5% 作为管理配合费使用，专业公司按承包商管理要求的日期进场，有关工程款由甲方直接支付给专业公司。

承担外墙玻璃幕装修项目的专业公司根据有关承包商的要求，于 2002 年 4 月 20 日进场施工，但是在进场后的 2002 年 6 月 10 日，该专业公司因甲方未按其双方签署的合同约定支付工程款而停工，承包商因外墙装修停工，原计划 2002 年 10 月 20 日开始的其他外墙施工项目无法进行。

外墙装修项目在 2003 年 6 月份才恢复施工。

在 2002 年 5 月 20 日，承包商按进度计划安排，要求室内隔墙砌筑项目的施工单位进场，要求完工日期为 2002 年 11 月 20 日。该项目的施工单位按合同约定准时进场。在施工过程中，因施工质量不合格，多次返工，致使承包商的机电施工受到影响。直到 2003 年 3 月 20 日才合格地完成砌筑任务，致使机电项目施工拖延了 5 个月。

【问题】

(1) 承包商是否可以因外墙装修项目停工，向发包人提出工期索赔、经济损失索赔？

(2) 发包人是否可以向外墙玻璃幕装修单位因停工提出经济损失的索赔？为什么？

(3) 因室内砌筑进展缓慢，承包商是否可以向发包人提出工期索赔和窝工索赔？

【参考答案】

(1) 承包商可以向发包人提出工期索赔和经济索赔，因为工期的延长和因工期延长引发的费用增加不是承包人自身原因造成的。

(2) 发包人因自身原因未能按合同约定支付工程款，给外墙玻璃幕装修项目的施工单位造成了经济损失，故不能对该施工单位进行索赔，而且该项目的施工单位可以向发包人提出工期索赔和经济损失索赔。

(3) 因室内砌筑进展缓慢，承包商可以向发包人提出工期索赔和窝工费用损失索赔。

8.4　使用 FIDIC 条款的施工合同管理简介

8.4.1　合同双方

1. 业主的职责及风险承担

（1）业主的职责

1）及时提供施工图纸。2017 版 FIDIC 通用条款 1.8 款规定由业主向承包商提供一式两份合同文本（含图纸）和后续图纸。

2）及时给予现场进入权。2017 版 FIDIC 通用条款 2.1 款规定业主应在投标书附录中规定的时间内给予承包商进入现场、占用现场各部分的权利。

3）协助承包商办理许可、执照或批准等。2017 版 FIDIC 通用条款 2.2 款规定业主应根据承包商的请求，对其提供以下合理的协助：取得与合同有关、但不易得到的工程所在国的法律文本；协助承包商申办工程所在国的法律要求的许可、执照或批准。

4）提供现场勘察资料。2017 版 FIDIC 通用条款 2.5 和 4.10 款规定业主应在基准日期前，即在承包商递交投标书截止日期前 28 天之前，将该工程勘察所得的现场地下、水文条件及环境方面的所有情况资料提供给承包商；同样地，业主在基准日期后所得的所有此类资料，也应提交给承包商。

5）及时支付工程款。2017 版 FIDIC 通用条款 14 条对业主给承包商的预付款、期中付款和最终付款作了详细规定。

6）2017 版 FIDIC 通用条款 17.5 款规定，业主应保障承包商、承包商人员以及他们各自的代理人免受以下原因导致的来自第三方的索赔、损害赔偿、损失和开支（包括法律费用和开支）：①由于业主、业主人员或他们各自的代理人的过失、故意行为或违约行为造成的人身伤害、患病、疾病或死亡，或对除工程外的任何财产造成的损失或损害；②第 17.2 款（工程照管责任）下的 6 类例外事件造成的对任何财产、不动产或动产（工程除外）的损失或损害。

（2）业主承担的风险

1）业主风险承担。2017 版 FIDIC 通用条款 17.2 款列举了以下 6 类事件属于业主方应该承担的风险：①按照合同实施工程对道路通行权、光、空气、水或者其他通行权不可避免的干扰（由承包商施工方法导致的除外）；②业主对永久工程任何部分的使用，除非合同中另有规定；③业主负责的设计或者业主要求中任何错误、缺陷或遗漏（一个有经验的承包商在投标前考察现场和检查业主要求时尽到了应有的注意后仍未能发现），根据合同规定承包商负责设计的部分除外；④任何不可预见的或一个有经验的承包商不能合理预见到并采取足够预防措施的自然力的作用（合同数据表中分配给承包商的风险除外）；⑤第 18.1 款（例外事件）中列明的时间或情形；⑥业主人员或业主其他承包商的任何行为或违约。17.2 款规定以上事件引发的工程、货物或承包商文件的损失或损害，承包商不应承担责任（除非在以上事件发生前工程、货物或承包商文件已被工程师根据合同拒收）。17.5 款规定因业主负责事件造成财产损失的所有费用由业主承担。

2）其他不能合理预见的可能风险。13.6 款规定了法规变化后合同价的调整，在基准日期后做出的法律改变使承包商遭受的工程延误和成本费用增加，应由业主承担；13.7

款规定了劳务和材料价格变化后合同价的调整，由于劳务和材料价格的上涨带来的风险应由业主承担；14.15 款规定了按一种或多种外币支付时，工程所在国货币与这些外币之间的汇率按投标书附录中的规定执行。如果投标书附录中没有说明汇率，应采用基准日期工程所在国中央银行确定的汇率。由此而造成的风险由业主自己承担。

2. 承包商的责任

承包商应按照合同及工程师的指示，设计（在合同规定的范围内）、实施和完成工程，并修补工程中的任何缺陷。主要有以下几方面：

1）对设计图纸和文件应承担责任。1.11 款规定由业主（或以业主名义）编制的规范、图纸和其他文件，其版权和其他知识产权归业主所有。除合同需要外，未经业主同意，承包商不得将图纸、文件复制、使用或转给第三方。强调承包商要对其设计中出现的所有错误导致的业主的直接损失负责（但受责任限额的约束）。4.1 款规定承包商应保证设计和承包商文件符合规范和法律（在工程接收时生效）中规定的技术标准，且符合构成合同的文件。

2）提交履约担保。4.2 款规定了当变更或调整导致合同价格相比中标价增加或减少20％以上时，业主可要求承包商增加履约担保金额，承包商也可减少履约担保金额，如因业主要求导致承包商成本增加，此时应该适用变更条款。明确承包商应按投标书附录规定的金额取得担保，并在收到中标函后 28 天内向业主提交这种担保，并向工程师递交一份副本。履约担保应由业主批准的国家内的实体提供。

3）对工程质量负责。4.9 款明确承包商应建立质量保证体系，该体系应符合合同的详细规定。承包商在每一设计和实施阶段开始前，应向工程师提交所有程序和如何贯彻要求的文件的细节。4.1 款明确承包商应精心施工、修补其任何缺陷。明确承包商应对整个现场作业、所有施工方法和全部工程的完备性、稳定性和完全性负全责；并对承包商自己的设计承担责任。10.1 款明确承包商只有通过合同规定的各项竣工试验，若有缺陷，则必须在纠正后并使工程师满意后才有权获得接收证书。除非工程师根据 4.4 款就竣工记录和操作与维修手册已发出（或被视为已发出）无异议通知，且承包商根据 4.5 款已按照规范提供培训，工程才可竣工。11.10 款规定，除非法律禁止（或在任何欺诈、重大过失、故意违约或鲁莽不当行为的情况下），否则承包商对生产设备的潜在缺陷或损害的修复责任应在缺陷通知期满两年后解除。

4）按期完成施工任务。8.1 款规定承包商应在收到中标函后 42 天内开工，除非专用条款另有说明。开工后承包商在合理可能的情况下尽早开始工程的实施，随后应以正当的速度，不拖延地进行工程。8.2 款规定承包商应在工程或分项工程的竣工时间内，完成整个工程和每个分项工程。

5）对施工现场的健康、安全和环境保护负责。明确规定承包商应按合同的要求在开工日期之后的 21 天内，向工程师提交健康和安全手册。4.8 款、4.18 款和 6.7 款分别对此作出了规定。

6）为合作者（如其他承包商）提供方便。合同条款 4.6 款对此作了规定。

8.4.2　合同的转让与分包

1. 合同的转让

转让是指中标的承包商把对工程的承包权转让给另一家施工企业的行为。2017 版

FIDIC 条款 1.7 款规定：没有业主的事先同意，承包商不得将合同或合同任何部分转让给第三方。

2. 合同的分包

分包是指中标的承包商委托第三方为其实施部分或全部合同工程。分包与转让不同，它并不涉及权利转让，其实质不过是承包商为了履约而借助第三方的支援。

2017 版 FIDIC 条款 5.1 款对一般分包有如下几点规定：

（1）除非合同另有规定，承包商不得将整个合同工程分包出去。

（2）承包商在选择材料供应商或合同中已指明的分包商进行分包时，无需取得同意；对其他建议的分包商应事先取得工程师的同意。

（3）不解除业主与承包商间的合同规定的承包商的任何责任或义务。

2017 版 FIDIC 条款 5 条对业主指定分包作出了相应的规定。

8.4.3　合同争端的解决

2017 版 FIDIC 条款 21 条要求在项目开工之后尽快设立争端裁决委员会 DAAB（Dispute Adjudication/Avoidance Board），且强调 DAAB 是一个常设机构，第 21.2 款对当事人未能任命 DAAB 成员作了详细规定。第 21.3 款中提出并强调 DAAB 非正式的避免纠纷的作用，DAAB 可应合同双方的共同要求，非正式地参与或尝试进行合同双方问题或分歧的解决，相关要求可在除工程师对此事按 3.7 款开展工作以外的任何时间发出；同时，若 DAAB 意识到问题或分歧存在，可邀请双方发起 DAAB 介入的请求，以尽量避免争端的发生。

2017 版 FIDIC 条款 21.4.1 款要求在与工程师的决定有关的 NOD 发出后 42 天内将争端提交给 DAAB，如果超过此时间限制，则该决定将变为最终的并具有约束力。

8.4.4　施工合同的质量、进度和费用控制

1. 施工前的质量控制

（1）施工前的质量控制

2017 版 FIDIC 条款 1.8 款规定承包商应获得正确的设计图纸、文件等技术资料。

2017 版 FIDIC 条款 2.5 款及 4.10 款规定业主应向承包商提供现场水文、地质、气候和环境资料等。

2017 版 FIDIC 条款 4.7 款对承包商施工放线作了相应的规定。

（2）材料、设备的质量控制

2017 版 FIDIC 条款 7.5 款规定承包商负责采购或供应的材料、设备运抵施工现场用于永久工程前，应接受工程师的质量检查，不合格应拒收。

（3）施工过程的质量控制

2017 版 FIDIC 条款 7.3 款规定业主人员在所有合理的时间内有充分机会进入现场所有部分，以及获得天然材料的所有地点，有权在生产、加工和施工期间检查、检验、测量和试验所用材料和工艺，检查生产设备的制造和材料的生产加工的进度。

同时规定未经工程师批准，工程的任何部分都不能被覆盖或掩盖。否则，当工程师提出要求时，承包商应按工程师发出的指示，对工程的任何部分剥露，或在其中或贯穿其中开孔，接受检查，然后再将这部分工程恢复原样和使之完好。

2017 版 FIDIC 条款 1.1.27 款规定"缺陷通知期限"应在投标书附录中指明。

2017 版 FIDIC 条款 11.1 款（b）子条款指出对"缺陷"，承包商应在缺陷通知期限内，按照业主的要求，完成修补缺陷或损害所需的所有工作。

2. 进度控制

（1）进度计划的提交

2017 版 FIDIC 条款 8.3 款规定承包商应在收到开工通知后 28 天内向工程师提交一份详细的用于工程实施的初始（基线）进度计划。如果工程师向承包商发出通知，指出进度计划不符合合同要求，或实际进展和承包商提出的意向不一致时，承包商应向工程师提交一份经过修订的进度计划。

（2）进度计划执行过程的控制

2017 版 FIDIC 条款 8.1 款规定承包商应在收到中标函后 42 天内开工，除非专用条款另有说明。开工后承包商在合理可能的情况下尽早开始工程的实施，随后应以正当的速度，不拖延地进行工程。

2017 版 FIDIC 条款 4.20 款规定，除非专用条件中另有规定，承包商应按照业主要求中的格式编制并提交月进度报告，一式六份提交给工程师。

2017 版 FIDIC 条款 8.7 款规定在承包商无任何理由延长工期的情况下，如工程师认为工程或其任何部分在任何时候的进度太慢，有权指示承包商提交一份修订的进度计划，以及说明承包商为加快进度并在竣工时间内竣工，建议采用的修订方法的补充报告。

另外，2017 版 FIDIC 条款 8.9 和 8.13 款规定了工程师指示工程暂时停工和复工的情况；FIDIC 条款 8.2 款对工程竣工时间作了规定；2017 版 FIDIC 条款 8.5 款规定了承包商在工期受到或将受到延误有权提出竣工时间的延长的情形。

3. 费用控制

（1）预付款

1）动员预付款，是业主为解决承包商开展施工前期准备工作时的资金短缺，而预先支付的一笔款项。

2017 版 FIDIC 通用条款 14.2 款规定，业主在收到承包商提交的预付款返还保函后，应支付一笔预付款，作为用于动员的无息贷款的额度、预付次数及时间应在投标书附录中说明。FIDIC 通用条款 14.7 款规定首期预付款支付时间在业主收到 14.2 款规定提交的文件后 21 天。

2）材料预付款

2017 版 FIDIC 条款 14.5 款规定承包商订购货物运抵施工现场，业主将以货物发票值乘以合同约定的百分比（一般为 70%～75%）所得的款额在进度款中预付给承包商。材料、设备一旦用于永久工程，则应从工程进度款内扣回。

（2）支付工程进度款

2017 版 FIDIC 条款 14.3 款规定，承包商应在每个月末后，按工程师批准的格式向工程师提交报表，一式六份，详细说明承包商自己认为有权得到的款额。大致包含下列几项内容：①截至月末已实施的工程的合同价（含变更工程）；②因法律改变和成本改变应增减的款额；③应扣留的保留金；④应增加或返还的预付款；⑤因生产设备和材料应增加或减少的款额；⑥因协议或决定到期应付的其他增加或减少的款额；⑦因暂列金额增加的金额；⑧因保留金发放增加的金额；⑨因临时公用设施扣除的金额；⑩应扣除的先前付款证书中证明的金额。

2017 版 FIDIC 条款 14.6 款规定了工程师在收到月报表和证明文件后 28 天内，应向业主发出期中付款证书，其中应说明工程师公正地确定的应付金额，并附细节说明。他所确定的有关支付款项应当到期支付给承包商。

2017 版 FIDIC 条款 14.7 款规定了各期中付款证书确认的金额，在工程师收到报表和证明文件后 56 天内支付。最终付款证书确认的金额，在业主收到该付款证书后 56 天内支付。

（3）竣工结算

2017 版 FIDIC 条款 14.10 款规定承包商在收到工程接收证书后 84 天内，应向工程师提交竣工报表及证明文件，一式六份；规定承包商在收到履约证书后 56 天内，应向工程师提交按照工程师批准的格式编制的最终报表草案并附证明文件，一式六份。FIDIC 条款 14.12 款规定承包商在提交最终报表时，应提交一份书面结清证明，确认最终报表上的总额代表了根据合同或合同有关的事项，应付给承包商的所有款项的全部和最终的结算总额。该结清证明可注明在承包商收到退回的履约担保和尚未付清的余额后生效。2017 版 FIDIC 条款 14.13 款规定工程师在收到最终报表和结清证明后 28 天内，应向业主发出最终付款证书。

（4）保留金

2017 版 FIDIC 条款 14.9 款规定工程接收证书颁发后，工程保留金的前一半应支付给承包商，缺陷通知期限满日期后工程保留金的后一半应支付给承包商，除非工程缺陷没有得到承包商的修补。

8.4.5　工程变更与索赔

1. 工程变更

（1）工程变更

2017 版 FIDIC 条款 13.1 款指出工程师可以对工程或其任何部分的形式、质量或数量进行他认为必要的任何变更，指示承包商执行。这种变更决不应以任何方式使合同作废或无效，但若这种变更是由承包商的过失或违约造成的，则费用应由承包商负担。2017 版 FIDIC 条款 13.2 款指出承包商经价值工程提出的对业主有益的变更，以书面形式提交工程师批准。

（2）变更程序

2017 版 FIDIC 条款 13.3 款指出如果工程师在发出变更指示前要求承包商提出一份建议书，承包商应在收到工程师指示后 28 天内（或承包商提议并经工程师同意的其他期限）作出书面回应：（a）对建议要完成的工作的说明，以及实施的进度计划；（b）根据原进度计划和竣工时间的要求，承包商对进度计划编写必要的建议书；（c）承包商对变更估价的建议书。工程师收到建议书后，应尽快给予批准或提出意见的回复。

2. 施工索赔

业主和承包商第一类和第二类索赔，2017 版 FIDIC 条款 20 条对业主和承包商的索赔程序作如下说明：

（1）索赔通知

索赔方应在其察觉或本应已察觉索赔事件或情况发生后尽快并在 28 天内将其索赔意

图通知工程师。未能在 28 天内发出索赔通知，则不得索赔。

（2）工程师的初步答复

若工程师认为索赔方未能在规定的 28 天内发出索赔通知，工程师应在收到索赔通知后 14 天内，相应地向索赔方发出通知（说明理由），否则索赔通知应视为有效通知。

（3）索赔记录

索赔事件发生后索赔方应有当时相应的记录，并在索赔事件解决前继续保持合理的记录，以备检查、核实。

（4）索赔证明

索赔方应在其察觉或本应已察觉事件或情况后 84 天或其他约定时间（该时间需由索赔方提议并征得工程师同意）内向工程师提交完整详细的索赔报告（含引起索赔事件或情况的详细描述、索赔的合同或其他法律依据、所有索赔方所依据的同期记录以及证明索赔的详细支持性材料等），在索赔事件的影响结束后的 28 天内递交最终账单。

（5）索赔回应

工程师在收到索赔报告或对过去索赔的任何进一步证明资料后 42 天内，或在工程师可能建议并经索赔方认可的期限内，作出回应，表示批准，或不批准并附具体意见。

（6）支付索赔金额

当索赔方提供了足够的索赔事件细节，索赔金额是经过工程师同业主和承包商协商的，则索赔方应有权将该索赔金额列入由工程师核准的付款证书中。

业主和承包商第三类索赔，这类索赔应由工程师根据 2017 版 FIDIC 条款 3.7 款同意或决定。针对这类索赔，2017 版 FIDIC 条款第 20 条索赔程序不适用。

复 习 思 考 题

1. 做好建设项目合同管理的前提工作和途径有哪些？

2. 建筑工程中有哪些主要合同关系？

3. 经济合同的内容一般应包含哪几个方面？

4. 承担违反经济合同责任的方式有哪些？

5. 经济合同发生纠纷时，当事人可以采取什么解决方式？

6. 施工合同文件的内容有哪些？

7. 使用《建设工程施工合同（示范文本）》时，合同双方的责任、风险是怎样分担的？

8. 使用《建设工程施工合同（示范文本）》时，是怎样进行施工合同的质量、进度和费用控制的？

9. 工程变更与施工索赔管理的内容有哪些？

10. FIDIC 条款由哪两部分组成，他们之间是什么关系？

11. 案例习题

某工程在一段时间中，发生了设备损坏以及大雨、图纸供应延误三个事件，造成了关键工序的工期延误，分别是 6 天（7 月 1～6 日）、9 天（7 月 4～12 日）和 7 天（7 月 9～15 日）。请对这三个事件进行责任划分，并且分析其应延长工期的天数。

12. 案例习题

某工程实施过程中发生如下事件：

事件 1：工程开工前，施工单位向项目监理机构报送工程开工报审表及相关资料。专业监理工程师组织审查施工单位报送的工程开工报审表及相关资料后，签署了审核意见；总监理工程师根据专业监理工程师的审核意见，签发了工程开工令。

事件 2：因工程中采用新技术，施工单位拟采用新工艺进行施工。为了论证新工艺的可行性，施工单位组织召开专题论证会后，向项目监理机构提交了相关报审资料。

事件 3：项目监理机构收到施工单位报送的试验室报审资料，内容包括：试验室报审表、试验室的资质等级及试验范围证明资料。项目监理机构审查后认为试验室证明资料不全，要求施工单位补报。

事件 4：某隐蔽工程完工后，建设单位对已验收隐蔽部位的质量有疑问，要求进行剥离检查，事后，施工单位提出费用索赔。

问题：

（1）指出事件 1 中的不妥之处，写出正确做法；

（2）针对事件 2，写出项目监理机构对相关报审资料的处理程序；

（3）针对事件 3，施工单位应补报哪些证明资料？

（4）针对事件 4，建设单位的要求是否合理？项目监理机构是否应同意建设单位的要求？项目监理机构应如何处理施工单位提出的费用索赔？

第9章　工程建设监理的组织协调

摘要：组织协调的概念、范围和层次；施工阶段监理工作组织协调的内容；组织协调的方法；建设工程施工阶段监理文件。

建设监理目标的实现，需要监理工程师有较强的专业知识和对监理程序的充分理解，还有一个重要方面，就是要有较强的组织协调能力。组织协调能够使影响项目监理目标实现的各个方面处于统一体中，使项目系统结构均衡，使监理工作的实施和运行过程顺利进行。

9.1　组织协调的概念

9.1.1　协调与组织协调

协调是联结、联合、调和所有的活动及力量。协调的目的是力求得到各方面协助，促使各方协同一致，齐心协力，以实现自己的预定目标。协调作为一种管理方法，贯穿于整个项目和项目管理过程中。

组织协调就是为实现项目的目标，以一定的组织形式、手段和方法，对项目管理中产生的关系进行沟通，对产生的干扰和障碍予以排除的过程。

9.1.2　项目系统分析

项目系统是由若干相互联系而又相互制约的要素有组织、有秩序地组成的具有特定功能和目标的统一体。组织系统的各要素是该系统的子系统，项目系统就是一个由人员、物质、信息等构成的人为组织系统。用系统方法分析项目协调的一般原理有三大类：一是"人员/人员界面"；二是"系统/系统界面"；三是"系统/环境界面"。

项目组织是由各类人员组成的工作班子。由于每个人的性格、习惯、能力、岗位、任务、作用的不同，即使只有两个人在一起工作，也有潜在的人员矛盾或危机。这种人和人之间的间隔，就是所谓的"人员/人员界面"。

项目系统是由若干个项目组组成的完整体系，项目组即子系统。由于子系统的功能不同，目标不同，容易产生各自为政的趋势和相互推诿的现象。这种子系统和子系统之间的间隔，就是所谓的"系统/系统界面"。

项目系统是一个典型的开放系统。它具有环境适应性，能主动地向外部世界取得必要的能量、物质和信息。在"取"的过程中，不可能没有障碍和阻力。这种系统与环境之间的间隔，就是所谓的"系统/环境界面"。

工程项目建设协调管理就是在"人员/人员界面""系统/系统界面""系统/环境界面"之间，对所有的活动及力量进行联结、联合、调和的工作。系统方法强调，要把系统作为一个整体来研究和处理，因为总体的作用规模要比各子系统的作用规模之和大。为了顺利实现工程项目建设系统目标，必须重视协调管理，发挥系统整体功能。在工程项目建设监理中，要保证项目的各参与方围绕项目，使项目目标顺利实现，组织协调最为重要、最为困难，也是监理工作能否成功的关键，只有通过积极的组织协调才能实现整个系统全面协调的目的。

9.1.3 组织协调的范围和层次

从系统方法的角度看，协调的范围可以分为系统内部的协调和系统外部的协调。从监理组织与外部世界的联系程度看，工程项目外层协调又可以分为近外层协调和远外层协调（图9-1所示的层次Ⅰ和层次Ⅱ）。近外层和远外层的主要区别是，工程项目与近外层关联单位一般有合同关系，和远外层关联单位一般没有合同关系。工程项目监理协调的范围和层次如图9-1所示。

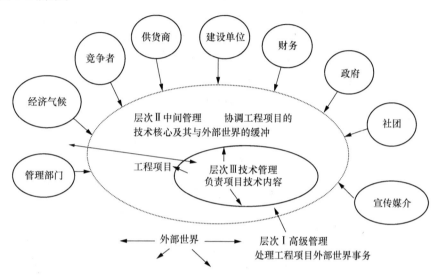

图9-1 工程项目监理协调的范围和层次

9.2 组织协调的工作内容

9.2.1 监理组织内部的协调

1. 监理组织内部人际关系的协调

工程项目监理组织系统是由人组成的工作体系。工作效率很大程度上取决于人际关系的协调程度，总监理工程师应首先抓好人际关系的协调，激励监理组织成员。

（1）在人员安排上要量才录用。对监理组各种人员，要根据每个人的专长进行安排，做到人尽其才。人员的搭配应注意能力互补和性格互补，人员配置应尽可能少而精干，防止力不胜任和忙闲不均现象。

（2）在工作委任上要职责分明。对组织内的每一个岗位，都应订立明确的目标和岗位责任制，应通过职能清理，使管理职能不重不漏，做到事事有人管，人人有专责，同时明确岗位职权。

（3）在成绩评价上要实事求是。谁都希望自己的工作做出成绩，并得到组织肯定。但工作成绩的取得，不仅需要主观努力，而且需要一定的工作条件和相互配合。要发扬民主作风，实事求是地评价，以免人员无功自傲或有功受屈，使每个人热爱自己的工作，并对工作充满信心和希望。

（4）在矛盾调解上要恰到好处。人员之间的矛盾总是存在的，一旦出现矛盾就应进行调解，要多听取项目组成员的意见和建议，及时沟通，使人员始终处于团结、和谐、热情高涨的工作气氛之中。

2. 项目监理系统内部组织关系的协调

项目监理系统是由若干子系统（专业组）组成的工作体系。每个专业组都有自己的目标和任务。如果每个子系统都从项目的整体利益出发，理解和履行自己的职责，则整个系统就会处于有序的良性状态，否则，整个系统便处于无序的紊乱状态，导致功能失调，效率下降。

内部组织关系的协调可从以下几方面进行：

（1）在目标分解的基础上设置组织机构，根据工程特点及监理合同约定的工作内容，确定职能划分，设置相应的管理部门。

（2）明确规定每个机构的目标、职责和权限，最好以规章制度的形式作出明确规定。

（3）事先约定各个部门在工作中的相互关系。在工程项目建设中许多工作不是一个项目组可以完成的，其中有主办、牵头和协作、配合之分。事先约定，才不至于出现误事、脱节等贻误工作的现象。

（4）建立信息沟通制度，如采用工作例会、业务碰头会、发送会议纪要、采用工作流程图或信息传递卡等方式来沟通信息，这样可使局部了解全局，服从并适应全局需要。

（5）及时消除工作中的矛盾或冲突。坚持民主作风，注意从心理学、行为科学的角度激励各个成员的工作积极性；采用公开信息政策，让大家了解项目实施情况、遇到的问题或危机；经常性地指导工作，和项目监理机构成员一起商讨遇到的问题，多倾听他们的意见、建议，鼓励大家同舟共济。

3. 项目监理系统内部需求关系的协调

工程项目监理实施中有人员需求、检测试验设备需求等，而资源是有限的，因此，内部需求的平衡至关重要。

内部需求关系的协调可从以下环节进行：

（1）抓计划环节，平衡人、材、物的需求。项目监理开始时，要做好监理规划和监理实施细则的编写工作，提出合理的监理资源配置，要注意抓住期限上的及时性、规格上的明确性、数量上的准确性、质量上的规定性，这样才能体现计划的严肃性，发挥计划的指导作用。

（2）对监理力量的平衡，要注意各专业监理工程师的配合，要抓住调度环节。一个工程包括多个分项工程和分部工程，复杂性和技术要求各不一样，监理工程师需要解决人员配备、衔接和调度问题。如土建工程的主体阶段，主要是钢筋混凝土工程和砌体工程；装饰阶段，工种较多，新材料、新工艺和测试手段都不一样；还有设备安装工程等。监理力量的安排必须考虑到工程进展情况，作出合理的安排，以保证工程监理目标的实现。

9.2.2 与建设单位的协调

建设监理是受建设单位的委托而独立、公正进行的工程项目管理工作。监理实践证明，监理目标的顺利实现与建设单位的协调有很大的关系。

我国的项目管理模式和建设监理制度一直在探索和实践中，对委托进行建设监理的项目，建设单位有些行为还不够规范，主要体现在：一是沿袭计划经济时期的基建管理模式，"大业主，小监理"，一个项目，往往是建设单位的管理人员比监理人员多或管理层次多，对监理工作干涉多，并插手监理人员应做的具体工作；二是不能把合同中约定的权力交给监理单位，致使监理工程师有职无权，发挥不了作用；三是项目科学管理意识薄弱，在项目目标确定上随意压缩工期、压低造价，在项目进行过程中变更多或时效不按要求，给监理工作的质量、进度、投资控制和安全生产管理带来困难。因此，与建设单位的协调是监理工作的重点和难点。

监理工程师可以从以下几方面加强与建设单位的协调工作：

（1）监理工程师首先要理解项目总目标、理解建设单位的意图。对于未能参加项目决策过程的监理工程师，必须了解项目构思的基础、起因、出发点，了解决策背景，否则可能对监理目标及完成任务有不完整的理解，会给工作造成很大的困难，所以，必须花大力气来研究建设单位，研究项目目标。

（2）利用工作之便做好建设工程监理宣传工作，增进建设单位对监理的理解，特别是对项目管理各方职责及监理程序的理解；主动帮助建设单位处理项目中的事务性工作，以自己规范化、标准化、制度化的工作去影响和促进双方工作的协调一致。

（3）尊重建设单位，尊重建设单位代表，让建设单位一起投入项目全过程。尽管有预定的目标，但项目实施必须执行建设单位的指令，使建设单位满意。对建设单位提出的某些不适当的要求，只要不属于原则问题，都可先行进行，然后利用适当时机，采取适当方式加以说明或解释；对于原则性问题，可采取书面报告等方式说明原委，尽量避免发生误解，以使项目顺利进行。

9.2.3　与施工单位的协调

监理工程师依据工程监理合同对工程项目实施建设监理，对施工单位的工程行为进行监督管理，与施工单位的协调工作是监理工程师组织协调工作的重要内容。

（1）与施工单位的协调应注意的问题

1）坚持原则，实事求是，严格按规范、规程办事，讲究科学态度。监理工程师在观念上应该认为自己是提供监理服务，尽量少对承包单位行使处罚权或经常以处罚威胁，应强调各方面利益的一致性和项目总目标；监理工程师应鼓励承包单位将项目实施状况、实施结果和遇到的困难和意见向他汇报，以寻找对目标控制可能的干扰。双方了解得越多越深刻，监理工作中的对抗和争执就越少。

2）协调不仅是方法问题、技术问题，更多的是语言艺术、感情交流和用权适度问题。尽管协调意见是正确的，但由于方式或表达不妥，会激化矛盾。而高超的协调能力则往往起到事半功倍的效果，令各方面都满意。

3）协调的基础是管理沟通，形式可采取口头交流、会议制度和监理书面通知等。监理内容包括见证、旁站、巡视和平行检验等工作，监理工程师应努力树立良好的监理形象，加强对施工方案的预先审核，对可能发生的问题和处罚可事前口头提醒，督促改进。

工地会议是施工阶段组织协调工作的一种重要形式，监理工程师通过工地会议对工作进行协调检查，并落实下一阶段的任务。因此，要充分利用工地会议形式。工地会议分第一次工地会议、监理例会、专题会议三种形式。监理例会由总监理工程师主持，会议后应及时整理成纪要或备忘录。

（2）与施工单位协调工作的主要内容

施工阶段的协调工作，包括解决进度、质量、中间计量与支付的签证、合同纠纷等一系列问题。

1）处理好与施工单位项目经理的关系。从某种意义上来理解，监理工程师与项目经理的关系是一种"合作者"的关系，因为大家的目的都是为了建设好工程。由于所处位置不同，利益也不一样。监理工程师和项目经理双方在项目建设初期，都在观察对方，寻求配合途径。对监理工程师来说，此时要认真研究项目经理，观察项目经理的工作能力，以便判断值得给对方多大程度的信赖，从而制定一个相应的控制管理办法。

从施工单位项目经理及其工地工程师的角度来说，他们最希望监理工程师是公正的、通情达理并容易理解别人的。他们希望从监理工程师处得到明确而不是含糊的指示，并且能够对他们所询问的问题给予及时的答复。他们希望监理工程师的指示能够在他们工作之前发出，而不是在他们工作之后。这些心理现象，监理工程师应该非常清楚。项目经理和他的工程师可能最为反感本本主义者以及工作方法僵硬的监理工程师。一个懂得坚持原则，又善于理解施工单位项目经理的意见，工作方法灵活，随时可能提出或愿意接受变通办法的监理工程师肯定是受欢迎的。

2）进度问题的协调。对于进度问题的协调，应考虑到影响进度的因素错综复杂，协调工作也十分复杂。实践证明，有两项协调工作很有效：一是建设单位和施工单位双方共同商定一级网络计划，并由双方主要负责人签字，作为工程承包合同的附件；二是设立提前竣工奖，由监理工程师按一级网络计划节点考核，分期预付工程工期奖。如果整个工程最终不能保证工期，由建设单位从工程款中将预付工期奖扣回并按合同规定予以罚款。

3）质量问题的协调。质量控制是监理合同中最主要的工作内容，按照工程质量验收标准，实行监理工程师质量签字认可制度。对没有出厂证明、不符合使用要求的工程主要材料、半成品、成品、建筑构配件、器具和设备，不准使用；对工序和工序交接实行报验签证；对不合格的工程部位不予验收签字，也不予计算工程量，不予支付进度款。在工程项目进行过程中，设计变更或工程项目的增减是经常出现的，有些是合同签订时无法预料的和明确规定的。对于这种变更，监理工程师要认真研究，合理计算价格，与有关部门充分协商，达成一致意见，并实行监理工程师签证制度。

4）对施工单位违约行为的处理。在施工过程中，监理工程师对施工单位的某些违约行为进行处理是一件很慎重而又难免的事情。当发现施工单位采用不适当的方法进行施工，或是用了不符合合同规定的材料时，监理工程师除了立即给予制止外，可能还要采取相应的处理措施。遇到这种情况，监理工程师应该考虑的是自己的处罚意见是否是本身权限以内的，根据合同要求，自己应该怎么做，等等。对于施工承包合同中的处罚条款，监理工程师应该十分熟悉，这样当他签署一份指令时，便不会出现失误，给自己的工作造成被动。在发现缺陷并需要采取措施时，监理工程师必须立即通知施工单位，监理工程师要有时间期限的概念，否则施工单位有权认为监理工程师是满意或认可的。

监理工程师最担心的可能是工程总进度和质量受到影响。有时，监理工程师会发现，施工单位的项目经理或某个工地工程师是不称职的。可能由于他们的失职，监理工程师看着施工单位耗费资金和时间，工程却没什么进展，而自己的建议又未得到采纳，此时明智的做法是继续观察一段时间，待掌握足够的证据时，总监理工程师可以正式向施工单位发出警告。万不得已时，总监理工程师有权要求撤换项目经理或工地工程师。

5）施工合同争议的协调。对于工程施工合同争议，监理工程师应首先采用协商解决方式，协调建设单位与施工单位的关系。协商不成时才由合同当事人向合同管理机关申请调解，只有当对方严重违约而使自己的利益受到重大损失且不能得到补偿时才采用仲裁或诉讼手段。如果遇到非常棘手的合同纠纷问题，不妨暂时搁置等待时机，另谋良策。

6）对分包单位的管理。监理工程师虽然不直接与分包合同发生关系，但可对分包合同中的工程质量、进度进行直接跟踪监控，然后通过总承包单位进行调控、纠偏。分包单位在施工中发生的问题，由总承包单位负责协调处理。分包合同履行中发生的索赔问题，一般应由总承包单位负责。涉及总包合同中建设单位的义务和责任时，由总承包单位通过项目监理机构向建设单位提出索赔，由项目监理机构进行协调。

7）处理好人际关系。在监理过程中，监理工程师及其他工作人员处于一种十分特殊的位置。一方面，建设单位希望得到真实、独立、专业的高质量服务；另一方面，施工单位则希望监理单位能对合同条件有公正的解释。因此，监理工程师及其他工作人员必须善于处理各种人际关系，既要严格遵守职业道德，礼貌而坚决地拒收任何礼物、免费服务、减价物品等，以保证行为的公正性，也要利用各种机会增进与各方面人员的友谊与合作，以利于工程的进展。否则，稍有疏忽，便有可能引起建设单位或施工单位对其可信赖程度的怀疑和动摇。

9.2.4　与设计单位的协调

设计单位为工程项目建设提供图纸，作出工程概算，以及修改设计等工作，是工程项目主要相关单位之一。监理单位必须协调设计单位的工作，以加快工程进度，确保质量，降低消耗。

（1）真诚尊重设计单位的意见，例如配合建设单位组织设计单位向施工单位介绍工程概况、设计意图、技术要求、施工难点等；在图纸会审时请设计单位交底，明确技术要求，把标准过高、设计遗漏、图纸差错等问题解决在施工之前；施工阶段，严格按图施工；结构工程验收、专业工程验收、竣工验收等工作，约请设计代表参加。若发生质量事故，要认真听取设计单位的处理意见等。

（2）施工中，发现设计问题，应及时主动向设计单位提出，以免造成更大的直接损失；若监理单位掌握比原设计更先进的新技术、新工艺、新材料、新结构、新设备，可主动向设计单位推荐；支持设计单位技术革新等。为使设计单位有修改设计的余地而不影响施工进度，可与设计单位达成协议，限定一个期限，争取设计单位、施工单位的理解和配合，如果逾期，设计单位要负责由此而造成的经济损失。

（3）要注意信息传递的及时性和程序性，通过工作联系单或工程变更单传递，要按设计单位（经建设单位同意）—监理单位—施工单位之间的方式进行。

这里要注意的是，监理单位与设计单位都是受建设单位委托进行工作的，两者间并没有合同关系，所以监理单位主要是和设计单位做好交流工作，协调要靠建设单位的支持。建筑工程监理的核心任务之一是使建筑工程的质量、安全得到保障，而设计单位应就其设计质量对建设单位负责。因此《中华人民共和国建筑法》中指出：工程监理人员发现工程设计不符合建筑工程质量标准或者合同约定的质量要求的，应当报告建设单位要求设计单位改正。

9.2.5　与政府部门及其他单位的协调

一个工程项目的开展还存在政府部门及其他单位的影响，如金融组织、社会团体、服务单位、新闻媒介等，对工程项目起着一定的或决定性的控制、监督、支持、帮助作用，这层关系若协调不好，工程项目实施也可能严重受阻。

1. 与政府部门的协调

（1）工程质量监督站是由政府授权的工程质量监督的实施机构，对委托监理的工程，质量监督站主要是核查勘察设计、施工承包单位和监理单位的资质，监督项目管理程序和抽样检验。监理单位在进行工程质量控制和质量问题处理时，要做好与工程质量监督站的交流和协调。当参加验收各方对工程质量验收意见不一时，可请当地建设行政主管部门或工程质量监督机构协调处理。

（2）发生重大质量、安全事故，在配合施工单位采取急救、补救措施的同时，应敦促施工单位立即向政府有关部门报告情况，接受检查和处理。

（3）工程合同直接送公证机关公证，并报政府建设管理部门备案；征地、拆迁、移民要争取政府有关部门的支持和协调；现场消防设施的配置，宜请消防部门检查认可；施工中还要注意防止环境污染，特别是防止噪声污染，坚持做到文明施工，要敦促施工单位和周围单位做好协调。

2. 协调与社会团体的关系

一些大中型工程项目建成后，不仅会给建设单位带来效益，还会给该地区的经济发展带来好处，同时给当地人民生活带来方便，因此必然会引起社会各界关注。建设单位和监理单位应把握机会，争取社会各界对工程建设的关心和支持。这是一种争取良好社会环境的协调。

对与社会团体的协调工作，从组织协调的范围看是属于远外层的管理，监理单位有组织协调的主持权，但重要协调事项应当事先向建设单位报告。根据目前的工程监理实践，对外部环境协调，建设单位负责主持，监理单位主要是针对一些技术性工作进行协调。如建设单位和监理单位对此有分歧，可在监理合同中详细注明。

9.3　组织协调的方法

组织协调工作涉及面广，受主观和客观因素影响较大。所以监理工程师知识面要宽，要有较强的工作能力，能够因地制宜、因时制宜地处理问题，这样才能保证监理工作顺利进行。组织协调的方法主要有以下内容：

9.3.1　第一次工地会议

工程开工前，由建设单位主持召开的第一次工地会议是建设单位、工程监理单位和施工单位对各自人员及分工、开工准备、监理例会的要求等情况进行沟通和协调的会议，也是检查开工前各项准备工作是否就绪并明确监理程序的会议。建设单位、施工单位和监理单位的授权代表必须参加出席会议，也可邀请分包单位代表参加，必要时可邀请有关设计单位人员参加。第一次工地会议很重要，是项目开展前的宣传通报会。

第一次工地会议应包括以下主要内容：

1. 建设单位、施工单位和工程监理单位分别介绍各自驻现场的组织机构、人员及其分工。

（1）各方通报自己的单位正式名称、地址、通信方式。

（2）建设单位或建设单位代表介绍建设单位的办事机构、职责、主要人员名单，并就有关办公事项作出说明。

（3）总监理工程师宣布其授权的代表的职权，并将授权的有关文件交施工单位与建设单位，并宣布监理机构、主要人员及职责范围，组织机构框图、职责范围及全体人员名单。

（4）施工单位应书面提出现场代表授权书、主要人员名单、职能机构框图、职责范围及有关人员的资质材料以获得监理工程师的批准。

2. 建设单位介绍工程开工准备情况。

3. 施工单位介绍施工准备情况。

4. 建设单位代表和总监理工程师对施工准备情况提出意见和要求。

（1）宣布承包单位的进度计划

承包单位的进度计划应在中标后，按照合同规定的时限提交监理工程师，监理工程师可于第一次工地会议对进度计划作出说明：

1）进度计划将于何时批准，或哪些分项工程已获批准。

2）根据批准或将要批准的进度计划，承包单位何时可以开始进行哪些工程施工。

3）有哪些重要或复杂的分项工程还应补充详细的进度计划。

（2）检查承包单位的开工准备

1）主要人员是否进场，并提交进场人员名单。

2）用于工程的材料、机械、仪器和其他设施是否进场或何时进场，并提交清单。

3）施工场地、临时工程建设进展情况。

4）工地实验室及设备是否安装就绪，并提交试验人员及设备清单。

5）施工测量的基础资料是否已复核。

6）履约保证金及各种保险是否已办理，并应提交已办手续的副本。

7）为监理工程师提供的各种设施是否具备，并应提交清单。

8）检查其他与开工条件有关的内容及事项。

5. 总监理工程师介绍监理规划的主要内容。

监理规划是项目监理机构全面开展建设工程监理工作的指导性文件，总监理工程师应介绍监理工作的目标、范围和内容、项目监理机构及人员职责分工、监理工作程序、方法和措施等。

6. 研究确定各方在施工过程中参加监理例会的主要人员，召开监理例会的周期、地点及主要议题。

7. 其他有关事项。

第一次工地会议纪要应由项目监理机构负责整理，与会各方代表应会签。

9.3.2　监理例会

监理例会是项目监理机构定期组织有关单位研究解决与监理相关问题的会议。监理例会由总监理工程师或其授权的专业监理工程师主持，由建设单位和施工单位参加，必要时，项目监理机构可邀请设计单位、设备供应厂商等相关单位参加。监理例会召开的时间根据工程进展情况安排，一般有周、旬、半月和月度例会等几种。工程监理中的许多信息和决定是在监理例会上产生和决定的，协调工作大部分也是在此进行的，因此开好监理例会是工程监理的一项重要工作。

监理会议决定同其他发出的各种指令性文件一样，具有等效作用，会议纪要应由项目监理机构负责整理，并经与会各方代表会签。因此，监理例会的会议纪要是很重要的文件。会议纪要是监理工作指令文件的一种，要求记录应真实、准确。当会议上对有关问题有不同意见时，监理工程师应站在公正的立场上作出决定；但对一些比较复杂的技术问题或难度较大的问题，不宜在监理例会上详细研究讨论，可以由监理工程师作出决定，另行安排专题会议研究。

监理例会由于定期召开，一般均按照一个标准的会议议程进行，主要是：对进度、质量、投资的执行情况进行全面检查；交流信息；提出对有关问题的处理意见以及今后工作中应采取的措施。此外，还要讨论延期、索赔及其他事项。

监理例会应包括以下主要内容：

1. 检查上次例会议定事项的落实情况，分析未完事项原因

（1）主持人请所有出席者提出对上次会议记录不准确或不清楚的问题。

（2）对所有的修改意见均应讨论，如果意见合理，便应采纳并修改记录。

（3）这类修改应列入本次会议记录。

（4）未列入本次会议记录，则上次会议记录就被视为已经获取所有各方的同意。

2. 检查分析工程项目进度计划完成情况，提出下一阶段进度目标及其落实措施

（1）施工单位投入人力情况

1）工地人员是否与计划相符。

2）出勤情况分析，有无缺员而影响进度。

3）各专业技术人员的配备是否充足。

4）如果人员不足，施工单位采取什么措施，这些措施能否满足要求。

（2）施工单位投入的设备情况

1）施工设备与施工单位提供的技术方案或操作工艺方案要求是否相符。

2）施工机械运转状态是否良好。

3）设备维修设施能否适应需要。

4）备用的配件是否充分，能否满足需要。

5）设备能否满足工程进度要求。

6）设备利用情况是否令人满意。

7）如发现设备方面的问题，施工单位采取什么措施，这些措施能否满足要求。

（3）进度分析

1）审核所有主要工程部分的进展情况。

2）影响工程进度的主要问题。

3）对采取的措施进行分析。

4）对下一个报告期的进度计划进行预测。

5）完成进度的主要措施。

3. 检查分析工程项目质量、施工安全管理状况，针对存在的问题提出改进措施

（1）材料质量与供应情况

1）必需用材的质量与输送供应情况。

2）材料质量的证据。

3）材料的分类堆放与保管情况。

（2）技术事宜

1）工程质量能否达到设计要求。

2）工程安全措施落实情况及问题。

3）施工单位所需的增补图纸。

4）工程测量问题。

5）能否同意所用的工程计量方法。

6）额外工程的规范。

7）预防天气变化的措施。

8）施工中对公用设施干扰的处理措施。

9）混凝土的拌合、试验。

10）对施工单位所遇到的技术性问题，如何采取补救方案。

4. 检查工程量核定及工程款支付情况

1）月付款证书。

2）工地材料预付款。

3）价格调整的处理。

4）工程计量记录与核实。

5）工程变更令。

6）计日工支付记录。

7）现金周转问题。

8）违约罚金。

5. 解决需要协调的有关事项

（1）行政管理事项

1）工地移交状况。

2）与工地其他施工单位的协调。

3）监理工程师与施工单位在各层次的沟通，如要求检验、交工申请等。

4）施工单位的保险。

5）与公共交通、公共设施部门的关系。

6）安全状况。

7）天气记录。

（2）索赔

1）延期索赔的要求。

2）费用索赔的要求。

3）会议记录应记载：施工单位是否打算提出索赔要求，已经提出哪些索赔要求，监理工程师答复了哪些等。

6. 其他有关事宜

监理例会举行次数较多，要防止流于形式。监理工程师可根据工程进展情况确定分阶段的例会协调要点，保证监理目标控制的需要。例如：对于建筑工程，基础施工阶段主要是交流支护结构、桩基础工程、地下室施工及防水等工作质量监控情况；主体阶段主要是质量、进度、安全文明生产情况；装饰阶段主要是考虑土建、水电、装饰等多工种协作问题及围绕质量目标进行工程预验收、竣工验收等内容。对例会要点进行预先筹划，使会议内容丰富、针对性强，可以真正发挥协调的作用。

9.3.3 专题会议

专题会议是由总监理工程师或其授权的专业监理工程师主持或参加的，为解决监理过程中的工程专项问题而不定期召开的会议。专题会议纪要的内容包括会议主要议题、会议内容、与会单位、参加人员及召开时间等。

对于一些工程中的重大问题，以及不宜在监理例会上解决的问题，根据工程施工需要，可召开有相关人员参加的专题会议，如对施工方案或施工组织设计审查、材料供应、复杂技术问题的研讨、专项施工方案论证、重大工程质量事故的分析和处理、工程延期、费用索赔等进行协调，提出解决办法，并要求各方及时落实。

专题会议主要是解决监理工作范围内的工程专项问题，项目监理机构可根据需要主持召开专题会议，并可邀请建设单位、设计单位、施工单位、设备供应厂商等相关单位参加。此外，项目监理机构可根据需要，参加由建设单位、设计单位或施工单位等相关单位召集的专题会议。

由于专题会议研究的问题针对性强，因此会前应与有关单位一起，作好充分的准备，如进行调查、收集资料，以便介绍情况。有时为了使协调达到更好的共识，避免在会议上形成冲突或僵局，或为了更快地达成一致，可以就议程与一些主要人员进行预先磋商，这样才能在有限的时间内，使有关人员充分地研究并得出结论。会议过程中，主持人应能驾驭会议局势，防止不正常的干扰影响会议的正常秩序。应善于发现和抓住有价值的问题，集思广益，补充解决方案。应通过沟通和协调，使大家意见一致，使会议富有成效。会议的目的是使大家取得协调一致，同时要争取各方心悦诚服地接受协调，并以积极的态度完成工作。对于专题会议的会议纪要，应由项目监理机构负责或参与整理，与会各方代表应会签。

9.3.4 交谈协调法

在建设工程监理实践中，并不是所有问题都需要开会解决，有时可采用"交谈"的方法进行协调。交谈包括面对面的交谈和电话、电子邮件等形式。

无论是内部协调还是外部协调，交谈协调法的使用频率是相当高的。由于交谈本身没有合同效力，而且具有方便、及时等特性，因此，工程参建各方之间及项目监理机构内部都愿意采用这一方法进行协调。此外，相对于书面寻求协作而言，人们更难于拒绝面对面的请求。因此，采用交谈方式请求协作和帮助比采用书面方法实现的可能性要大。

9.3.5 书面协调法

当会议或者交谈不方便或不需要时，或者需要精确地表达自己的意见时，就会采用书面协调的方法。书面协调法的特点是具有合同效力，一般常用于以下方面：

（1）不需双方直接交流的书面报告、报表、指令和通知等。

（2）需要以书面形式向各方提供详细信息和情况通报的报告、信函和备忘录等。

（3）事后对会议记录、交谈内容或口头指令的书面确认。

总之，组织协调是一种管理艺术和技巧，监理工程师尤其是总监理工程师需要掌握领导科学、心理学、行为科学方面的知识和技能，如激励、交际、表扬和批评的艺术、开会艺术、谈话艺术、谈判艺术等。只有这样，监理工程师才能进行有效的组织协调。

【案例】

某监理单位与建设单位签订了某小区项目施工阶段的工程监理合同，监理部设总监理工程师1人和专业监理工程师若干人，专业监理工程师例行在现场进行检查等监理工作。

【问题】

1. 项目监理机构组织协调的方法有哪几种？

2. 第一次工地会议的目的是什么？应在什么时间举行？应由谁主持召开？

3. 建设工程监理中最常用的一种协调方法是什么？此种方法在具体实践中包括哪些具体方法？

4. 发布指令属于哪一种组织协调方法？

【参考答案】

1. 组织协调的方法有：第一次工地会议、监理例会、专题会议、交谈协调法和书面协调法等。

2. 第一次工地会议的目的是履约各方相互认识、确定联络方式，检查开工前各项准备工作是否就绪并明确监理程序。

应在项目总监理工程师下达开工令之前举行。应由建设单位主持召开。

3. 建设工程监理最常用的方法是会议协调法，该方法的具体会议形式有第一次工地会议、监理例会、专题会议等。

4. 发布指令属于书面协调法的具体方法。

9.4　监　理　文　件

监理工程师组织协调的方法除上述会议制度外，还可以通过一系列书面文件进行，监理书面文件形式可根据工程情况和监理要求制定。建设工程监理规范中列出了施工阶段监理工作的基本表式，对这些监理工作的基本表式，各监理机构可结合工程实际进行适当补充或调整，使之满足监理组织协调和监理工作的需要。

9.4.1　使用说明

施工阶段监理工作的基本表式分为A、B、C三类（见附录），可以一表多用。对于工程质量用表，由于各行业、各部门的专业要求不同，已各自形成比较完整、系统的表式，各类工程的质量检验及评定均有相应的技术标准，质量检查及验收应按相关标准的要求办理。如果没有相应的表式，工程开工前，项目监理机构应与建设单位、施工单位进行协商，根据工程特点、质量要求、竣工及归档组卷要求协商一致后，制定相应的表式。项目监理机构应事前使施工单位、建设单位明确定制表式的使用要求。

各类表的签发、报送、回复应当按照合同文件、法律、法规、规范标准等规定的程序和时限进行。各类表中施工项目经理部用章的章样应在项目监理机构和建设单位备案，项目监理机构用章的章样应在建设单位和施工单位备案。

9.4.2 施工阶段监理现场用表基本表式

建设工程监理规范列出了监理工程基本表式，主要内容有：

1. A类表

A类表是工程监理单位用表，由工程监理单位或项目监理机构签发。

主要表式有：

A.0.1 总监理工程师任命书

工程监理单位法定代表人应根据建设工程监理合同约定，任命有类似工程管理经验的注册监理工程师担任项目总监理工程师，并在表中明确总监理工程师的授权范围。本表必须由工程监理单位法人代表签字，并加盖工程监理单位公章。

A.0.2 工程开工令

建设单位对《工程开工报审表》签署同意意见后，总监理工程师可签发《工程开工令》。《工程开工令》中的开工日期作为施工单位计算工期的起始日期。

A.0.3 监理通知单

施工单位收到《监理通知单》并整改合格后，应使用《监理通知回复单》回复，并附相关资料。

A.0.4 监理报告

项目监理机构发现工程存在安全事故隐患，发出《监理通知单》或《工程暂停令》后，施工单位拒不整改或者不停工的，应当采用此表及时向政府有关主管部门报告，同时应附相应《监理通知单》或《工程暂停令》等证明监理人员所履行安全生产管理职责的相关文件资料。

A.0.5 工程暂停令

总监理工程师应根据暂停工程的影响范围和程度，按合同约定签发暂停令。签发《工程暂停令》时，应注明停工部位及范围。

A.0.6 旁站记录

施工情况包括施工单位质检人员到岗情况、特殊工种人员持证情况以及施工机械、材料准备及关键部位、关键工序的施工是否按（专项）施工方案及工程建设强制标准执行等情况。

A.0.7 工程复工令

A.0.8 工程款支付证书

上述《工程开工令》《工程暂停令》《工程复工令》和《工程款支付证书》等表式，应由总监理工程师签字并加盖执业印章。

2. B类表

B类表是施工单位报审、报验用表，由施工单位或施工项目经理部填写后报送工程建设相关方。

主要表式有：

B.0.1 施工组织设计/（专项）施工方案报审表

施工单位编制的施工组织设计应由施工单位技术负责人审核签字并加盖施工单位公章。有分包单位的，分包单位编制的施工组织设计或（专项）施工方案均应由施工单位按规定完成相关审批手续后，报项目监理机构审核。

B.0.2　工程开工报审表

施工合同中同时开工的单位工程可填报一次。总监理工程师审核开工条件并经建设单位同意后签发《工程开工令》。

B.0.3　工程复工报审表

工程复工报审时，应附有能够证明已具备复工条件的相关文件资料，包括相关检查记录、有针对性的整改措施及其落实情况、会议纪要、影像资料等。

B.0.4　分包单位资格报审表

分包单位的名称应按《企业法人营业执照》全称填写；分包单位资质材料包括：营业执照、企业资质等级证书、安全生产许可文件、专职管理人员和特种作业人员的资格证书等；分包单位业绩材料是指分包单位近三年完成的分包工程内容类似的工程业绩材料。

B.0.5　施工控制测量成果报验表

测量放线的专业测量人员资格（测量人员的资格证书）及测量设备资料（施工测量放线使用测量仪器的名称、型号编号、校验资料等）应经项目监理机构确认。

测量依据资料及测量成果包括下列内容：

1）平面、高程控制测量：需报送控制测量依据资料、控制测量成果书（包括平差计算表）及附图。

2）定位放样：报送放样依据、放样成果表及附图。

B.0.6　工程材料、构配件、设备报审表

质量证明文件是指：生产单位提供的合格证、质量证明书、性能检测报告等证明材料。进口材料、构配件、设备应有商检的证明文件；新产品、新材料、新设备应有相应资质机构的签订文件。如无证明文件原件，需提供复印件，并应在复印件上加盖证明文件提供单位的公章。

自检结果是指：施工单位核对所购工程材料、构配件、设备的清单和质量证明资料后，对工程材料、构配件、设备实物及外部观感质量进行验收核实的结果。

由建设单位采购的主要设备则由建设单位、施工单位、项目监理机构进行开箱检查，并由三方在开箱检查记录上签字。

进口材料、构配件和设备应按照合同约定，由建设单位、施工单位、供货单位、项目监理机构及其他有关单位进行联合检查，检查情况及结果应形成记录，并由各方代表签字认可。

B.0.7　____报审、报验表

主要隐藏工程、检验批、分项工程需经施工单位自检合格后并附有相应工序和部位的工程质量检查记录，报送项目监理机构验收。

B.0.8　分部工程报验表

分部工程质量资料包括：《分部（子分部）工程质量验收记录表》及工程质量验收规范要求的质量资料、安全及功能检验（检测）报告等。

B.0.9　监理通知回复单

回复意见应根据《监理通知单》的要求，简要说明落实整改的过程、结果及自检情况，必要时应附整改相关证明资料，包括检测记录、对应部门的影像资料等。

B.0.10　单位工程竣工验收报审表

每个单位工程应单独填报。质量验收资料是指：能够证明工程按合同约定完成并符合竣工验收要求的全部资料，主要使用功能项目的抽查结果等。对需要进行功能试验的工程（包括单机试车、无负荷试车、联动调试），应包括试验报告。

B.0.11　工程款支付报审表

附件是指与付款申请有关的资料，如已完成合格工程的工程量清单、价款计算及其他与付款有关的证明文件和资料。

B.0.12　施工进度计划报审表

B.0.13　费用索赔报审表

证明材料应包括：索赔意向书、索赔事项的相关证明材料。

B.0.14　工程临时/最终延期报审表

上述表式中，工程开工报审表、单位工程竣工验收报审表必须由项目经理签字并加盖施工单位公章；施工组织设计/（专项）施工方案报审表、工程开工报审表、单位工程竣工验收报审表、工程款支付报审表、费用索赔报审表和工程临时/最终延期报审表应由总监理工程师签字并加盖执业印章。

3. C 类表

C 类表为通用表，是工程建设相关方工作联系的通用表。

主要表式有：

C.0.1　工作联系单

工程建设有关方相互之间的日常书面工作联系，包括：告知、督促、建议等事项。

C.0.2　工程变更单

C.0.3　索赔意向通知书

复 习 思 考 题

1. 组织协调的概念。

2. 监理组织内部协调包括哪些内容？

3. 与建设单位的协调有哪些内容？如何进行？

4. 与施工单位的协调有哪些内容？如何进行？

5. 组织协调的方法有哪些？

6. 什么是监理例会？监理例会一般包括哪些内容？

7. 书面协调法一般用于哪些情况？

8. 施工阶段监理工作的基本表式有哪些内容？

第10章 建设监理信息管理

摘要：监理信息的概念和特点；监理信息的内容及表现形式；监理信息的分类与作用；监理信息管理；监理信息管理系统的概念与功能。

10.1 监理信息及其重要性

10.1.1 监理信息的概念和特点

1. 信息的概念和特征

信息是内涵和外延不断变化、发展着的一个概念。一般认为，信息是以数据形式表达的客观事实，它是对数据的解释，反映着事物、客观状态和规律。数据是人们用来反映客观世界而记录下来的可鉴别的符号，如数字、字符串等。数据本身是一个符号，只有当它经过处理、解释，对外界产生影响时才成为信息。

一般地说，信息具有以下特征：（1）伸缩性，即扩充性和压缩性。任何一种物质或能量资源都是有限的，会越用越少，而信息资源绝大部分会在应用中得到不断的补充和扩展，永远不会耗尽用光。信息还可以进行浓缩，可以通过加工、整理、概括、归纳而使之精炼。（2）传输扩散性。信息与物质、能量不同，不管怎样保密或封锁，总是可以通过各种传输形式到处扩散。（3）可识别性。信息可以通过感官直接识别，也可以通过各种测试手段间接识别。不同的信息源有不同的识别方法。（4）可转换存储。同一条信息可以转换成多种形态或载体而存在，如物质信息可以转换为语言文字、图像，还可以转换为计算机代码、广播、电视等信号。信息可以通过各种方法进行存储。（5）共享性。信息转让和传播出去后，原持有者仍然没有失去，只是可以使第二者，或者更多的人享用同样的信息。

2. 监理信息的概念和特点

监理信息是在整个工程建设监理过程中发生的、反映着工程建设的状态和规律的信息。它具有一般信息的特征，同时也有其本身的特点：（1）来源广、信息量大。在建设监理制度下，工程建设以监理工程师为中心，项目监理组织成为信息生成、流入和流出的中心。监理信息来自两个方面，一是项目监理组织内部进行项目控制和管理而产生的信息，二是在实施监理的过程中，从项目监理组织外流入的信息。由于工程建设的长期性和复杂性，涉及的单位众多，使得从这两方面来的信息来源广，信息量大。（2）动态性强。工程建设的过程是一个动态过程，监理工程师实施的控制也是动态控制，因而大量的监理信息都是动态的，这就需要及时地收集和处理。（3）有一定的范围和层次。业主委托监理的范围不一样，监理信息也不一样。监理信息不等同于工程建设信息，工程建设过程中，会产生很多信息，这些信息并非都是监理信息，只有那些与监理工作有关的信息才是监理信息。不同的工程建设项目，所需的信息既有共性，又有个性。另外，不同的监理组织和监理组织的不同部门，所需的信息也不一样。

监理信息的这些特点，要求监理工程师必须加强信息管理，把信息管理作为工程建设监理的一项主要内容。监理工程师就是信息工作者，其主要工作就是收集、加工处理和使用信息来控制工程项目。

10.1.2　监理信息的表现形式及内容

监理信息的表现形式就是信息内容的载体，也就是各种各样的数据。在工程建设监理过程中，各种情况层出不穷，这些情况包含了各种各样的数据。这些数据可以是文字，可以是数字，可以是各种表格，也可以是图形、图像和声音。

1. 文字数据

文件是最常见的用文字数据表现的信息。管理部门会下发很多文件；工程建设各方通常规定以书面形式进行交流，即使是口头上的指令，也要在一定时间内形成书面的文字，这也会形成大量的文件。这些文件包括国家、地区、部门行业、国际组织颁布的有关工程建设的法律法规文件，如经济合同法、政府建设监理主管部门下发的通知和规定、行业主管部门下发的通知和规定等；还包括国际、国家和行业等制定的标准规范，如合同标准、设计及施工规范、材料标准、图形符号标准、产品分类及编码标准等。具体到每一个工程项目，还包括合同及招标投标文件、工程承包（分包）单位的情况资料、会议纪要、监理月报、洽商及变更资料、监理通知、隐蔽及预检记录资料等。这些文件中包含了大量的信息。

2. 数字数据

在工程建设中，监理工作的科学性要求"用数字说话"。为了准确地说明各种工程情况，必然有大量数字数据产生，如各种计算成果，各种试验检测数据，反映着工程项目的质量、投资和进度等情况。用数据表现的信息常见的有：设备与材料价格；工程概预算定额；调价指数；工期、劳动、机械台班的施工定额；地区地质数据；项目类型及专业和主材投资的单位指标；大宗主要材料的配合数据等。具体到每个工程项目，还包括：材料台账；设备台账；材料、设备检验数据；工程进度数据；进度工程量签证及付款签证数据；专业图纸数据；质量评定数据；施工人力和机械数据等。

3. 各种报表

工程建设各方都用这种直观的形式传播信息。承包商需要提供反映工程建设状况的多种报表。这些报表有：开工申请单、施工技术方案申报表、进场原材料报验单、进场设备报验单、施工放样报验单、分包申请单、合同外工程单价申报表、计日工单价申报表、合同工程月计量申报表、额外工程月计量申报表、人工与材料价格高速申报表、付款申请表、索赔申请书、索赔损失计算清单、延长工期申报表、复工申请、事故报告单、工程验收申请单、竣工报验单等。监理组织内部常采用规范化的表格作为有效控制的手段。这类报表有：工程开工令、工程清单支付月报表、暂定金额支付月报表、应扣款月报表、工程变更通知、额外增加工程通知单、工程暂停指令、复工指令、现场指令、工程验收证书、工程验收记录、竣工证书等。监理工程师向业主反映工程情况也往往用报表形式传递工程信息。这类报表有：工程质量月报表、项目月支付总表、工程进度月报表、进度计划与实际完成报表、施工计划与实际完成情况表、监理月报表、工程状况报告表等。

4. 图形、图像和声音等

这些信息包括工程项目立面、平面及功能布置图形、项目位置及项目所在区域环境实际图形或图像等。对每一个项目，还包括分专业隐检部位图形、分专业设备安装部位图形、分专业预留预埋部位图形、分专业管线平（立）面走向及跨越伸缩缝部位图形、分专业管线系统图形、质量问题和工程进度形象图像，在施工中还有设计变更图等。图形、图像信息还包括工程录像、照片等，这些信息直观、形象地反映了工程情况，特别是能有效反映隐蔽工程的情况。声音信息主要包括会议录音、电话录音以及其他的讲话录音等。

以上这些只是监理信息的一些常见形式，而且监理信息往往是这些形式的组合。了解监理信息的各种形式及其特点，有助于对信息进行收集、加工与整理。

10.1.3　建设监理信息的分类

不同的监理范畴，需要不同的信息，可按照不同的标准将监理信息进行归类划分，来满足不同监理工作的信息需求，并有效地进行管理。

监理信息的分类方法通常有以下几种：

1. 按建设监理控制目标划分

工程建设监理的目的是对工程进行有效的控制，按控制目标将信息进行分类是一种重要的分类方法。按这种方法，可将监理信息划分如下：

（1）投资控制信息，是指与投资控制直接有关的信息。属于这类信息的有投资标准，如类似工程造价、物价指数、概算定额、预算定额等；有工程项目计划投资的信息，如工程项目投资估算、设计概预算、合同价等；有项目进行中产生的实际投资信息：如施工阶段的支付账单、投资调整、原材料价格、机械设备台班费、人工费、运杂费等；还有对以上这些信息进行分析比较得出的信息，如投资分配信息、合同价格与投资分配的对比分析信息、实际投资与计划投资的动态比较信息、实际投资统计信息、项目投资变化预测信息等。

（2）质量控制信息，是指与质量控制直接有关的信息。属于这类信息的有与工程质量有关的标准信息，如国家有关的质量政策、质量法规、质量标准、工程项目建设标准等；有与计划工程质量有关的信息，如工程项目的合同标准信息、材料设备的合同质量信息、质量控制工作流程、质量控制的工作制度等；有项目进展中实际质量的信息，如工程质量检验信息、材料的质量抽样检查信息、设备的质量检验信息、质量和安全事故信息；还有由这些信息加工后得到的信息，如质量目标的分解结果信息、质量控制的风险分析信息、工程质量统计信息、工程实际质量与质量要求及标准的对比分析信息、安全事故统计信息、安全事故预测信息等。

（3）进度控制信息，是指与进度控制直接有关的信息。这类信息有与工程进度有关的标准信息，如工程施工进度定额信息等；有与工程计划进度有关的信息，如工程项目总进度计划、进度控制的工作流程、进度控制的工作制度等；有项目进展中产生的实际进度信息；有上述信息加工后产生的信息，如工程实际进度控制的风险分析、进度目标分解信息、实际进度与计划进度对比分析、实际进度与合同进度对比分析、实际进度统计分析、进度变化预测信息等。

2. 按照工程建设不同阶段分类

（1）工程项目建设前期的信息

项目建设前期的信息包括可行性研究报告提供的信息、设计任务书提供的信息、勘察与测量的信息、初步设计文件的信息、招标投标方面的信息等，其中大量的信息与监理工作有关。

（2）工程项目施工中的信息

施工中由于参加的单位多，现场情况复杂，信息量最大。其中有来自业主方的信息。业主作为工程项目建设的负责人，对工程建设中的一些重大问题不时要表达意见和看法，下达某些指令；业主对合同规定由其供应的材料、设备，需提供品种、数量、质量、试验报告等资料。有承包商方面的信息，承包商作为施工的主体，必须收集和掌握施工现场大量的信息，其中包括经常向有关方面发出的各种文件，向监理工程师报送的各种文件、报告等。有设计方面的信息，如设计合同及供图协议发送的施工图纸，在施工中发出的为满足设计意图对施工的各种要求，根据实际情况对设计进行的调整等。项目监理内部也会产生许多信息，有直接从施工现场获得有关投资、质量、进度和合同管理方面的信息，还有经过分析整理后对各种问题的处理意见等。还有来自其他部门如地方政府、环保部门、交通运输部门等部门的信息。

（3）工程项目竣工阶段的信息

在工程项目竣工阶段，需要大量的竣工验收资料，其中包含了大量的信息。这些信息一部分是在整个施工过程中，长期积累形成的，一部分是在竣工验收期间，根据积累的资料整理分析而形成的。

3. 按照监理信息的来源划分

（1）来自工程项目监理组织的信息：如监理的记录、各种监理报表、工地会议纪要、各种指令、监理试验检测报告等。

（2）来自承包商的信息：如开工申请报告、质量事故报告、形象进度报告、索赔报告等。

（3）来自业主的信息：如业主对各种报告的批复意见。

（4）来自其他部门的信息：如政府有关文件、市场价格、物价指数、气象资料等。

4. 其他的一些分类方法

（1）按照信息范围的不同，把建设监理信息分为精细的信息和摘要的信息两类。

（2）按照信息时间的不同，把建设监理信息分为历史性的信息和预测性的信息两类。

（3）按照监理阶段的不同，把建设监理信息分为计划的、作业的、核算的和报告的信息。在监理工作开始时，要有计划的信息，在监理过程中，要有作业的和核算的信息，在某一工程项目的监理工作结束时，要有报告的信息。

（4）按照对信息的期待性不同，把建设监理信息分为预知的和突发的信息两类。

（5）按照信息的性质不同，把建设监理信息划分为生产信息、技术信息、经济信息和资源信息。

（6）按照信息的稳定程度，把建设监理信息分为固定信息和流动信息等。

10.1.4　建设监理信息的作用

监理行业属于信息产业，监理工程师是信息工作者，他生产的是信息，使用和处理的都是信息，主要体现监理成果的也是各种信息。建设监理信息对监理工程师开展监理工作、进行决策具有重要的作用。

1. 信息是监理工程师开展监理工作的基础

（1）建设监理信息是监理工程师实施目标控制的基础

工程建设监理的目标是按计划的投资、质量和进度完成工程项目建设。建设监理目标控制系统内部各要素之间、系统和环境之间都靠信息进行联系；信息贯穿在目标控制的环节性工作之中，投入过程包括信息的投入，转换过程是产生工程状况、环境变化等信息的过程，反馈过程则主要是这些信息的反馈，对比过程是将反馈的信息与已知的信息进行比较，并判断产生是否有偏差的信息，纠正过程则是信息的应用过程；主动控制和被动控制也都是以信息为基础；至于目标控制的前提工作——组织和规划，也离不开信息。

（2）建设监理信息是监理工程师进行合同管理的基础

监理工程师的中心工作是进行合同管理。这就需要充分地掌握合同信息，熟悉合同内容，掌握合同双方所应承担的权利、义务和责任；为了掌握合同双方履行合同的情况，必须在监理工作时收集各种信息；对合同出现的争议，必须在大量的信息基础上作出判断和处理；对合同的索赔，需要审查判断索赔的依据，分清责任原因，确定索赔数额，这些工作都必须以自己掌握的大量准确的信息为基础。监理信息是合同管理的基础。

（3）建设监理信息是监理工程师进行组织协调的基础

工程项目的建设是一个复杂和庞大的系统，涉及的单位很多，需要进行大量的协调工作，监理组织内部也要进行大量的协调工作。这都要依靠大量的信息。

协调一般包括人际关系的协调、组织关系的协调和资源需求关系的协调。人际关系的协调，需要了解人员专长、能力、性格方面的信息，需要岗位职责和目标的信息，需要人员工作绩效的信息；组织关系的协调，需要组织机构设置、目标职责、权限的信息，需要开工作例会、业务碰头会、发会议纪要、采用工作流程图来沟通信息，需要在全面掌握信息的基础上及时消除工作中的矛盾和冲突；需求关系的协调，需要掌握人员、材料、设备、能源动力等资源方面的计划信息、储备情况以及现场使用情况等信息。信息是协调的基础。

2. 信息是监理工程师决策的重要依据

监理工程师在开展监理工作时，要经常做决策。决策是否正确，直接影响着工程项目建设总目标的实现及监理单位和监理工程师的信誉。监理工程师做出正确的决策，必须建立在及时准确的信息基础之上。没有可靠的、充分的信息作为依据，就不可能做出正确的决策。例如，监理对工程质量行使否决权时，就必须对有质量问题的工程进行认真细致的调查、分析，还要进行相关的试验和检测，在掌握大量可靠信息基础上才能实行。监理工程师进行信息管理的目的，就是在此基础上做出正确的决策，对工程项目的各方面进行控制。

10.2　监理信息管理的内容

10.2.1　信息资料的收集

1. 收集监理信息的作用

在工程建设中，每时每刻都产生着大量多样的信息。但是，要得到有价值的信息，只靠自发产生的信息是远远不够的，还必须根据需要进行有目的、有组织、有计划地收集，才能提高信息质量，充分发挥信息的作用。

收集信息是运用信息的前提。各种信息一经产生，就必然会受到传输条件、人们的思想意识及各种利益关系的影响。所以，信息有真假、虚实、有用无用之分。监理工程师要取得有用的信息，必须通过各种渠道，采取各种方法收集信息，然后经过加工、筛选，从中选择出对进行决策有用的信息。没有足够的信息作依据，决策就会产生失误。

收集信息是进行信息处理的基础。信息处理是对已经取得的原始信息，进行分类、筛选、分析、加工、评定、编码、存贮、检索、传递的全过程。不经收集就没有进行处理的对象。信息收集工作的好坏，直接决定着信息加工处理的质量的高低。在一般情况下，如果收集到的信息时效性强、真实度高、价值大、全面系统，再经加工处理，质量就更高，反之则低。

2. 收集监理信息的基本原则

（1）主动及时。监理工程师要取得对工程控制的主动权，就必须积极主动地收集信息，善于及时发现、及时取得、及时加工各类工程信息。只有工作主动，获得信息才会及时。监理工作的特点和监理信息的特点都决定了收集信息要主动及时。监理是一个动态控制的过程，实时信息量大、时效性强、稍纵即逝，工程建设又具有投资大、工期长、项目分散、管理部门多、参与建设的单位多的特点，如果不能及时得到工程中大量发生的变化极大的数据，不能及时把不同的数据传递于需要相关数据的不同单位、部门，势必影响各部门工作，影响监理工程师作出正确的判断，影响监理的质量。

（2）全面系统。监理信息贯穿在工程项目建设的各个阶段及全部过程。各类监理信息都是监理内容的反映或表现。所以，收集监理信息不能挂一漏万，以点代面，把局部当成整体，或者不考虑事物之间的联系。同时，工程建设不是杂乱无章的，而是有着内在的联系。因此，收集信息不仅要注意全面性，而且还要注意系统性和连续性。全面系统就是要求收集到的信息具有完整性，以防决策失误。

（3）真实可靠。收集信息的目的在于对工程项目进行有效的控制。由于工程建设中人们的经济利益关系，由于工程建设的复杂性，由于信息在传输中会发生失真现象等主客观原因，难免产生不能真实反映工程建设实际情况的假信息。因此，必须严肃认真地进行收集工作，要将收集到的信息进行严格核实、检测、筛选，去伪存真。

（4）重点选择。收集信息要全面系统和完整，还必须有针对性，坚持重点收集的原则。针对性首先是指有明确的目的性或目标；其次是指有明确的信息源和信息内容。还要做到适用，即所取信息符合监理工程的需要，能够应用并产生好的监理效果。所谓重点选择，就是根据监理工作的实际需要，根据监理的不同层次、不同部门、不同阶段对信息需求的侧重点，从大量的信息中选择使用价值大的主要信息。如业主委托施工阶段监理，则以施工阶段为重点进行信息收集。

3. 监理信息收集的基本方法

监理工程师主要通过各种方式的记录收集监理信息，这些记录统称为监理记录，它是与工程项目建设监理相关的各种记录资料的集合。通常可分为以下几类：

（1）现场记录

现场监理人员必须每天利用特定的表式或以日志的形式记录工地上所发生的事情。所有记录应始终保存在工地办公室，供监理工程师及其他监理人员查阅。这类记录每月由专业监理工程师整理成书面资料上报监理工程师办公室。监理人员在现场上遇到工程施工中不得不采取紧急措施而对承包商所发出的书面指令，应尽快通报上一级监理组织，以征得其确认或修改指令。

现场记录通常记录以下内容：

1) 详细记录所监理工程范围内的机械、劳力的配备和使用情况。如承包商现场人员和设备的配备是否同计划所列的一致；工程质量和进度是否因某职员或某种设备不足而受到影响，受到影响的程度如何；是否缺乏专业施工人员或专业施工设备，承包商有无替代方案；承包商施工机械完好率和使用率是否令人满意；维修车间及设施情况如何，是否存储有足够的备件等。

2) 记录气候及水文情况。记录每天的最高、最低气温，降雨和降雪量，风力，河流水位；记录有预报的雨、雪、台风及洪水到来之前对永久性或临时性工程所采取的保护措施；记录气候、水文的变化影响施工及造成损失的细节，如停工时间、救灾的措施和财产的损失等。

3) 记录承包商每天工作范围，完成工程数量，以及开始和完成工作的时间，记录出现的技术问题，采取了怎样的措施进行处理，效果如何，能否达到技术规范的要求等。

4) 简单描述工程施工中每步工序完成后的情况，如此工序是否已被认可等；详细记录缺陷的补救措施或变更情况等。在现场特别注意记录隐蔽工程的有关情况。

5) 记录现场材料供应和储备情况。如每一批材料的到达时间、来源、数量、质量、存储方式和材料的抽样检查情况等。

6) 记录并分类保存一些必须在现场进行的试验。

（2）会议记录

由专人记录监理人员所主持的会议，并且要形成纪要，并经与会者签字确认，这些纪要将成为今后解决问题的重要依据。会议纪要应包括以下内容：会议地点及时间；出席者姓名、职务及他们所代表的单位；会议中发言者的姓名及主要内容；形成的决议；决议由何人及何时执行等；未解决的问题及其原因等。

（3）计量与支付记录

包括所有计量及付款资料。应清楚地记录哪些工程进行过计量，哪些工程没有进行计量，哪些工程已经进行了支付；已同意或确定的费率和价格变更等。

（4）试验记录

除正常的试验报告外，实验室应由专人每天以日志形式记录试验室工作情况，包括对承包商的试验的监督、数据分析等。记录内容包括：

1) 工作内容的简单叙述。如做了哪些试验，监督承包商做了哪些试验，结果如何等。

2) 承包商试验人员配备情况。如试验人员配备与承包商计划所列的是否一致，数量和素质是否满足工作需要，增减或更换试验人员的建议。

3) 对承包商试验仪器、设备配备、使用和调动情况的记录，需增加新设备的建议。

4) 监理试验室与承包商试验室所做同一试验，其结果有无重大差异，原因如何。

（5）工程照片和录像

以下情况，可辅以工程照片和录像进行记录：

1) 科学试验：重大试验，如桩的承载试验，板、梁的试验以及科学研究试验等；新工艺、新材料的原形及为新工艺、新材料的采用所做的试验等。

2) 工程质量：能体现高水平的建筑物的总体或分部，能体现出建筑物的宏伟、精致、美观等特色的部位；对工程质量较差的项目，指令承包商返工或须补强的工程的前后对比；能体现不同施工阶段的建筑物照片；不合格原材料的现场和清除出现场的照片。

3）能证明或反证未来会引起索赔或工程延期的特征照片或录像；能向上级反映即将引起影响工程进展的照片。

4）工程试验、试验室操作及设备情况。

5）隐蔽工程：被覆盖前构造物的基础工程；重要项目钢筋绑扎、管道的典型照片；混凝土桩的桩头开花及桩顶混凝土的表面特征情况。

6）工程事故：工程事故处理现场及处理事故的状况；工程事故及处理和补强工艺，能证实保证了工程质量的照片。

7）监理工作：重要工序的旁站监督和验收时现场监理工作实况；参与的工地会议及参与承包商的业务讨论会，班前、工后会议；被承包商采纳的建议，证明确有经济效益及提高了施工质量的实物。

拍照时要采用专门登记本标明序号、拍摄时间、拍摄内容、拍摄人员等。

10.2.2 监理信息的加工整理

1. 监理信息加工整理的作用和原则

监理信息的加工整理是对收集来的大量原始信息，进行筛选、分类、排序、压缩、分析、比较、计算等过程。

信息的加工整理作用很大。首先，通过加工，将信息聚类、分类，使之标准化、系统化。收集来的信息，往往是原始的、零乱的和孤立的，信息资料的形式也可能不同，只有经过加工，使之成为标准的、系统的信息资料，才能进入使用、存贮，以及提供检索和传递。其次，经过收集的资料，真实程度、准确程度都比较低，甚至还混有一些错误，经过对它们进行分析、比较、鉴别，乃至计算、校正，使获得的信息准确、真实。另外，原始状态的信息，一般不便于使用和存贮、检索、传递，经加工后，可以使信息浓缩，以便于进行以上操作。还有，信息在加工过程中，通过对信息的综合、分解、整理、增补，可以得到更多有价值的新信息。

信息加工整理要本着标准化、系统化、准确性、时间性和适用性等原则进行。为了适应信息用户使用和交换，应当遵守已制定的标准，使来源和形态多样的各种信息标准化。要按监理信息的分类，系统、有序地加工整理，符合信息管理系统的需要。要对收集的监理信息进行校正、剔除，使之准确、真实地反映工程建设状况。要及时处理各种信息，特别是对那些时效性强的信息。要使加工后的监理信息，符合实际监理工作的需要。

2. 监理信息加工整理的成果——监理文件资料

监理文件资料是工程监理单位在履行建设工程监理合同过程中形成或获取的，以一定形式记录、保存的文件资料。这些文件资料是监理工程师对收集的各种信息进行加工整理而形成的。

《建设工程监理规范》GB/T 50319—2013规定了施工阶段的监理资料应包括下列内容：勘察设计文件、建设工程监理合同及其他合同文件，监理规划、监理实施细则，设计交底和图纸会审会议纪要，施工组织设计、（专项）施工方案、施工进度计划报审文件资料，分包单位资格报审文件资料，施工控制测量成果报验文件资料，总监理工程师任命书，工程开工令、暂停令、复工令，开工或复工报审文件资料，工程材料、构配件、设备报验文件资料，见证取样和平行检验文件资料，工程质量检查报验资料及工程有关验收资料，工程变更、费用索赔及工程延期文件资料，工程计量、工程款支付文件资料，监理通知单、工作联系单与监理报告，第一次工地会议、监理例会、专题会议等会议纪要，监理月报、监理日志、旁站记录，工程质量或生产安全事故处理文件资料，工程质量评估报告及竣工验收监理文件资料，监理工作总结。

监理日志、监理月报和监理工作总结是最重要的监理文件资料。

监理日志是项目监理机构每日对建设工程监理工作及施工进展情况所做的记录。主要内容包括：天气和施工环境情况；当日施工进展情况；当日监理工作情况，包括旁站、巡视、见证取样、平行检验等情况；当日存在的问题及协调解决情况；其他有关事项。

监理月报是项目监理机构每月向建设单位提交的建设工程监理工作及建设工程实施情况等分析总结报告。主要内容包括：本月工程实施情况；本月监理工作情况；本月施工中存在的问题及处理情况；下月监理工作重点。

监理工作总结的主要内容包括：工程概况；项目监理机构；建设工程监理合同履行情况；监理工作成效；监理工作中发现的问题及其处理情况；说明和建议。

《建设工程监理规范》规定，监理资料必须及时整理、真实完整、分类有序。监理资料的管理应由总监理工程师负责，并指定专人具体实施。监理资料应在各阶段监理工作结束后及时整理归档。监理档案的编制及保存应按有关规定执行。

10.2.3　监理信息的贮存和传递

1. 监理信息的贮存

经过加工处理后的监理信息，按照一定的规定，记录在相应的信息载体上，并把这些记录信息的载体，按照一定特征和内容性质，组织成为系统的、有机体系的、供人们检索的集合体，这个过程，称为监理信息的贮存。

信息的贮存，可汇集信息，建立信息库，有利于进行检索，可以实现监理信息资源的共享，促进监理信息的重复利用，便于信息的更新和剔除。

监理信息贮存的主要载体是文件、报告报表、图纸、音像材料等。监理信息的贮存，主要就是将这些材料按不同的类别，进行详细的登录、存放，建立资料贮存系统。该系统应简单和易于保存，但内容应足够详细，以便很快查出任何保存的资料。

2. 监理信息的传递

监理信息的传递，是指监理信息借助于一定的载体（如纸张、软盘等）从信息源传递到使用者的过程。

监理信息在传递过程中，形成各种信息流。信息流常有以下几种：（1）自上而下的信息流：是指由上级管理机构向下级管理机构流动的信息，上级管理机构是信息源，下级管理机构是信息的接受者。它主要是有关政策法规、合同、各种批文、各种计划信息。（2）自下而上的信息流：是指由下一级管理机构向上一级管理机构流动的信息，它主要是有关工程项目总目标完成情况的信息，即投资、进度、质量、合同完成情况的信息。其中有原始信息，如实际投资、实际进度、实际质量信息，也有经过加工、处理后的信息，如投资、进度、质量对比信息等。（3）内部横向信息流：是指在同一级管理机构之间流动的信息。由于建设监理是以三大控制为目标，以合同管理为核心的动态控制系统，在监理过程中，三大控制和合同管理分别由不同的组织进行，由此产生各自的信息，并且相互之间又要为监理的目标进行协作、传递信息。（4）外部环境信息流：是指在工程项目内部与外部环境之间流动的信息。外部环境指的是气象部门、环保部门等。

为了有效地传递信息，必须使上述各信息流畅通。同时，要建立信息传递的登录机制。信息从哪个部门传到哪个部门，由谁经手交接，要记录在案，以备查询。

10.2.4 监理资料的归档

归档是指文件形成部门或形成单位完成其工作任务后，将形成的文件整理立卷后，按规定向本单位档案室或向城建档案管理机构移交的过程。

1. 工程文件的基本原则和归档范围

归档范围的基本原则：对与工程建设有关的重要活动、记载工程建设主要过程和现状、具有保存价值的各种载体的文件，均应收集齐全，整理立卷后归档。

《建设工程文件归档规范》GB/T 50328—2014 规定了要归档的各种监理文件，分为六类：①监理管理文件：监理规划，监理实施细则，监理月报，监理会议纪要，监理工作日志，监理工作总结，工作联系单，监理工程师通知，监理工程师通知回复单，工程暂停令，工程复工报审表；②进度控制文件：工程开工报审表，施工进度计划报审表；③质量控制文件：质量事故报告及处理资料，旁站监理记录，见证取样和送检人员备案表，见证记录，工程技术文件报审表；④造价控制文件：工程款支付，工程款支付证书，工程变更费用报审表，费用索赔申请表，费用索赔审批表；⑤工期管理文件：工期延期申请表，工期延期审批表；⑥质量验收文件：竣工移交证书，监理资料移交书。

2. 归档文件的质量要求

归档的工程文件应为原件。工程文件的内容及其深度必须符合国家有关监理方面的技术规范、标准和规程。

监理文件按《建设工程监理规范》GB/T 50319—2013 编制；必须符合国家有关工程监理方面的技术规范、标准和规程；工程文件应采用耐久性强的书写材料，如碳素墨水、蓝黑墨水，不得使用易褪色的书写材料，如：红色墨水、纯蓝墨水、圆珠笔、复写纸、铅笔等。工程文件应字迹清楚，图样清晰，图表整洁，签字盖章手续完备。工程文件中文字材料幅面尺寸规格宜为 A4 幅面。图纸宜采用国家标准图幅。工程文件的纸张应采用能够长期保存的韧力大、耐久性强的纸张。图纸一般采用蓝晒图，竣工图应是新蓝图。计算机出图必须清晰，不得使用计算机出图的复印件。所有竣工图均应加盖竣工图章。

10.2.5 建设工程监理文件资料的管理职责和要求

1. 管理职责

建设工程监理文件资料应以施工及验收规范、工程合同、设计文件、工程施工质量验收标准、建设工程监理规范等为依据填写，并随工程进度及时收集、整理，认真书写，项目齐全、准确、真实，无未了事项。表格应采用统一格式，特殊要求需增加的表格应统一归类，按要求归档。

根据《建设工程监理规范》GB/T 50319—2013，项目监理机构文件资料管理的基本职责如下：

1) 应建立和完善监理文件资料管理制度，宜设专人管理监理文件资料。

2) 应及时、准确、完整地收集、整理、编制、传递监理文件资料，宜采用信息技术进行监理文件资料管理。

3) 应及时整理、分类汇总监理文件资料，并按规定组卷，形成监理档案。

4）应根据工程特点和有关规定，保存监理档案，并应向有关单位、部门移交需要存档的监理文件资料。

2. 管理要求

建设工程监理文件资料的管理要求体现在工程监理文件资料管理全过程，包括：监理文件资料收发文与登记、传阅、分类存放、组卷归档、验收与移交等。

10.3　建设监理信息系统

10.3.1　建设监理信息系统的概念与作用

1. 建设监理信息系统的概念

信息系统，是根据详细的计划，为预先给定的定义十分明确的目标传递信息的系统。

一个信息系统，通常要确定以下主要参数：（1）传递信息的类型和数量：信息流是由上而下还是由下而上或是横向的等。（2）信息汇总的形成：如何加工处理信息，使信息浓缩或详细化。（3）传递信息的时间频率：什么时间传递，多长时间间隔传递一次。（4）传递时间的路线：哪些信息通过哪些部门等。（5）信息表达的方式：书面的、口头的还是技术的。

工程建设监理信息系统是以计算机为手段，以系统的思想为依据，收集、传递、处理、分发、存储建设监理各类数据，产生信息的一个信息系统。它的目标是实现信息的系统管理与提供必要的决策支持。

工程建设监理信息系统为监理工程师提供标准化的、合理的数据来源，提供一定要求的、结构化的数据；提供预测、决策所需的信息以及数学、物理模型；提供编制计划、修改计划、调控计划的必要科学手段及应变程序；保证处理随机性问题时，为监理工程师提供多个可供选择的方案。

工程建设监理信息系统是信息管理部门的主要信息管理手段。

2. 监理信息系统的作用

（1）规范监理工作行为，提高监理工作标准化水平。监理工作标准化是提高监理工作质量的必由之路，监理信息系统通常是按标准监理工作程序建立的，它带来了信息的规范化、标准化，使信息的收集和处理更及时、更完整、更准确、更统一。通过系统的应用，促使监理人员行为更规范。

（2）提高监理工作效率、工作质量和决策水平。监理信息系统实现办公自动化，使监理人员从简单繁琐的事务性作业中解脱出来，有更多的时间用在提高监理质量和效益方面；系统为监理人员提供有关监理工作的各项法律法规、监理案例、监理常识的咨询功能，能自动处理各种信息快速生成各种文件和报表；系统为监理单位及外部有关单位的各层次收集、传递、存储、处理和分发各类数据和信息，使得下情上报，上情下达，左右信息交流及时、畅通，沟通了与外界的联系渠道。这些都有益于提高监理工作效率、监理质量和监理水平。系统还提供了必要的决策及预测手段，提高监理工程师的决策水平。

（3）便于积累监理工作经验。监理成果通过监理资料反映出来，监理信息系统能规范地存贮大量监理信息，便于监理人员随时查看工程信息资料，积累监理工作经验。

10.3.2　监理信息系统的一般构成和功能

监理信息系统一般由两部分构成，一部分是决策支持系统，它主要借助知识库及模型库的帮助，在数据库大量数据的支持下，运用知识和专家的经验来进行推理，提出监理各层次，特别是高层次决策时所需的决策方案及参考意见。另一部分是管理信息系统，它主要完成数据的收集、处理、使用及存储，产生信息提供给监理各层次、各部门和各个阶段，起沟通作用。

1. 决策支持系统的构成和功能

（1）决策支持系统的构成

决策支持系统一般由人机对话系统、模型库管理系统、数据库管理系统、知识库管理系统和问题处理系统组成。

人机对话系统主要是人与计算机之间交互的系统，把人们的问题变成抽象的符号，描述所要解决的问题，并把处理的结果变成人们能接受的语言进行输出。

模型库管理系统给决策者提供推理、分析、解答问题的能力。模型库需要一个存储模型库及相应的管理系统。模型则有专用模型和通用模型，提供业务性、战术性、战略性决策所需要的各种模型，同时也能随实际情况变化、修改、更新已有模型。

数据库管理系统要求数据库有多重的来源，并经过必要的分类、归并、改变精度、数据量及一定的处理以提高信息含量。

知识库包括工程建设领域所需的一切相关决策的知识。它是人工智能的产物，主要提供问题求解的能力。知识库中的知识是独立、系统的，可以共享，并可以通过学习、授予等方法扩充及更新。

问题处理系统实际完成知识、数据、模型、方法的综合，并输出决策所必需的意见及方案。

（2）决策支持系统的功能

决策支持系统的主要功能是：

1）识别问题：判断问题的合法性，发现问题及问题的含义。

2）建立模型：建立描述问题的模型，通过模型库找到相关的标准模型或使用者在该问题基础上输入的新建模型。

3）分析处理：根据数据库提供的数据或信息，根据模型库提供的模型及知识库提供的处理该类问题的相关知识及处理方法进行分析处理。

4）模拟及择优：通过过程模拟找到决策的预期结果及多方案中的优化方案。

5）人机对话：提供人与计算机之间的交互，一方面回答决策支持系统要求输入的补充信息及决策者主观要求，另一方面也输出决策方案及查询要求，以便作最终决策时的参考。

6）根据决策者最终决策导致的结果修改、补充模型库及知识库。

2. 监理管理信息系统的构成和功能

监理工程师的主要工作是控制工程建设的投资、进度和质量，进行工程建设合同管理，协调有关单位间的工作关系。监理管理信息系统的构成应当与这些主要的工作相对应。另外，每个工程项目都有大量的公文信函，作为一个信息系统，也应对这些内容进行辅助管理。因此，监理管理信息系统一般由文档管理子系统、合同管理子系统、组织协调子系统、投资控制子系统、质量安全控制子系统和进度控制子系统构成。各子系统的功能如下：

（1）文档管理子系统

1）公文编辑、排版与打印。

2）公文登录、查询与统计。

3）档案的登录、修改、删除、查询与统计。

（2）合同管理子系统

1）合同结构模式的提供和选用。

2）合同文件的录入、修改、删除。

3）合同文件的分类查询和统计。

4）合同执行情况的跟踪和处理过程的记录。

5）工程变更指令的录入、修改、查询、删除。

6）经济法规、规范标准、通用合同文本的查询。

（3）组织协调子系统

1）工程建设相关单位查询。

2）协调记录。

（4）投资控制子系统

1）原始数据的录入、修改、查询。

2）投资分配分析。

3）投资分配与项目概算及预算的对比分析。

4）合同价格与投资分配、概算、预算的对比分析。

5）实际投资支出的统计分析。

6）实际投资与计划投资（预算、合同价）的动态比较。

7）项目投资计划的调整。

8）项目结算与预算、合同价的对比分析。

9）各种投资报表。

（5）质量安全控制子系统

1）质量标准的录入、修改、查询、删除。

2）已完工程质量与质量要求、标准的比较分析。

3）工程实际质量与质量要求、标准的比较分析。

4）已完工程质量验收记录的录入、修改、查询、删除。

5）质量安全事故记录的录入、查询、统计分析。

6）质量安全事故的预测分析。

7）各种工程质量报表。

（6）进度控制子系统

1）原始数据的录入、修改、查询。

2）编制网络计划和多级网络计划。

3）各级网络间的协调分析。

4）绘制网络图及横道图。

5）工程实际进度的统计分析。

6）工程进度变化趋势预测。

7）计划进度的调整。

8）实际进度与计划进度的动态比较。

9）各种工程进度报表。

目前，国内外开发的各种计算机辅助项目管理软件系统，多以管理信息系统为主。这些计算机辅助系统，是有效地开展监理工作的强大工具。

【案例】

某工程项目，建设单位通过招标选择了工程施工单位和工程监理单位，并分别签订了工程施工合同和监理合同。

该工程项目在实施过程中，形成了许多建设工程文件和档案，以下是该工程项目实施过程中形成的部分工程文件和档案：

（1）建设项目列入年度计划的申报文件；

（2）分包单位资质报审表；

（3）原材料、成品、半成品、构配件设备出厂质量合格证及试验报告；

（4）项目建议书审批意见及前期工作通知书；

（5）施工组织设计（方案）报审表；

（6）单位工程质量评定表及报验单；

（7）建设单位工程项目管理部、工程项目监理部、工程施工项目经理部及各自负责人名单；

（8）工程款支付申请表。

按照建设工程档案编制质量与组卷方法，工程项目参与各方对该工程项目实施过程中形成的文件资料进行了收集、组卷、验收和移交。

【问题】

1. 建设工程文件档案资料所具有的特点是什么？

2. 工程参建单位填写的建设工程档案应以什么为依据？

3. 以上哪些工程文件和档案应分别属于工程准备阶段文件、监理文件和施工文件？

4. 请归纳工程准备阶段的文件有哪几类？

【参考答案】

1. 建设工程文件档案资料的特点：分散性和复杂性、继承性和时效性、全面性和真实性、随机性、多专业性和综合性。

2. 工程参建单位填写的建设工程档案应以施工及验收规范、工程合同、设计文件、工程施工质量验收统一标准等为依据。

3.（1）工程准备阶段的文件：建设项目列入年度计划的申报文件；项目建议书审批意见及前期工作通知书；建设单位工程项目管理部、工程项目监理部、工程施工项目经理部及各自负责人名单。

（2）监理文件：分包单位资质报审表；施工组织设计（方案）报审表；工程款支付申

请表。

（3）施工文件：原材料、成品、半成品、构配件设备出厂质量合格证及试验报告；单位工程质量评定表及报验单。

4. 工程准备阶段的文件可归纳为：立项文件；建设用地、征地、拆迁文件；勘察、测绘、设计文件；招标投标与合同文件；开工审批文件；财务文件；建设、施工、监理机构及负责人名单。

复 习 思 考 题

1. 常见的监理信息有哪些形式？

2. 监理信息有哪些重要作用？

3. 监理信息管理有哪些主要内容？

4. 归档整理的监理文件有哪些？其质量要求如何？

5. 监理信息管理系统的一般构成和功能如何？

6. 简述工程档案资料的编制要求。

7. 某实施监理的工程项目，建设单位通过招标确定了一家监理单位，双方签订了监理合同。该监理单位在工程实施阶段，配备了专门的机构和人员负责监理文件档案资料的归档、组卷、验收、移交和管理工作。现有以下监理文件需确定其归档保存的单位和期限，这些监理文件是：监理实施细则、不合格项目通知、月付款报审与支付、分包单位资质材料、监理工作专题总结、合同争议、违约报告及处理意见。

该监理单位对监理规划、监理实施细则、监理日记、监理例会会议纪要、监理月报、监理工作总结等建设工程监理主要文件档案的编制、管理作了细致的安排。

问题：

（1）监理文件档案资料归档内容、组卷方法以及监理档案的验收、移交和管理工作应根据哪些规定执行？

（2）监理文件档案资料的归档保存应严格按照什么原则进行？

（3）根据《建设工程文件归档规范》GB/T 50328—2014，以上监理文件应在哪个监理工作单位保管？其保管期限的要求是什么？

附录 施工阶段监理工作的基本表式

A 类表（工程监理单位用表）

总监理工程师任命书　　　　　　　　　　　　　　　　表 A.0.1

工程名称：＿＿＿＿＿＿＿　　　　　　　　　　　编号：＿＿＿＿＿

致：＿＿＿＿＿＿＿＿＿＿＿＿＿（建设单位）

　　兹任命＿＿＿＿＿＿（注册监理工程师注册号：＿＿＿＿＿＿）为我单位＿＿＿＿＿＿＿＿项目总监理工程师。负责履行建设工程监理合同、主持项目监理机构工作。

　　　　　　　　　　　　　　工程监理单位（盖章）

　　　　　　　　　　　　　　法定代表人（签字）

　　　　　　　　　　　　　　　　年　月　日

工程开工令　　　　　　　　　　　　　　　　　　　　表 A.0.2

工程名称：＿＿＿＿＿＿＿　　　　　　　　　　　编号：＿＿＿＿＿

致：＿＿＿＿＿＿＿＿＿＿＿＿＿＿＿（施工单位）

　　经审查，本工程已具备施工合同约定的开工条件，现同意你方开始施工，开工日期为：＿＿＿年＿＿＿月＿＿＿日。

　　附件：工程开工报审表

　　　　　　　　　　　　　　项目监理机构（盖章）

　　　　　　　　　　　　　　总监理工程师（签字、加盖执业印章）

　　　　　　　　　　　　　　　　年　月　日

监理通知单   表 A. 0. 3

工程名称：_____   编号：_____

致：_____（施工项目经理部）

事由：_____

_____

_____

内容：_____

_____

_____

项目监理机构（盖章）

总/专业监理工程师（签字）

年   月   日

监理报告   表 A. 0. 4

工程名称：_____   编号：_____

致：_____（主管部门）

由_____（施工单位）施工的_____（工程部位），存在安全事故隐患。我方

已于_____年___月___日发出编号为_____的《监理通知单》/《工程暂停令》，但施工单位未整改/停工。

特此报告。

附件：□监理通知单

□工程暂停令

□其他

项目监理机构（盖章）

总监理工程师（签字）

年   月   日

工程暂停令   表 A. 0. 5

工程名称：_____   编号：_____

致：_____（施工项目经理部）

由于_____原因，现通知你方

于_____年___月___日___时起，暂停_____部位（工序）施工，并按下述要求做好后续工作。

要求：

项目监理机构（盖章）

总监理工程师（签字、加盖执业印章）

年   月   日

旁站记录 表 A. 0. 6

工程名称： 编号：

旁站的关键部位、关键工序		施工单位	
旁站开始时间	年 月 日 时 分	旁站结束时间	年 月 日 时 分
旁站的关键部位、关键工序施工情况：			
发现的问题及处理情况： 旁站监理人员（签字） 年 月 日			

工程复工令 表 A. 0. 7

工程名称： 编号：

致：＿＿＿＿＿＿＿＿＿＿＿＿＿＿＿＿＿（施工项目经理部）

我方发出的编号为＿＿＿＿＿＿的《工程暂停令》，要求暂停施工的＿＿＿＿部位（工序），经查已具备复工条件。经建设单位同意，现通知你方于＿＿＿年＿月＿日＿时起恢复施工。

附件：工程复工报审表

项目监理机构（盖章）
总监理工程师（签字、加盖执业印章）
年 月 日

工程款支付证书 表 A. 0. 8

工程名称： 编号：

致：＿＿＿＿＿＿＿＿＿＿＿＿＿＿＿＿（施工单位）

根据施工合同约定，经审核编号为＿＿＿＿的工程款支付报审表，扣除有关款项后，同意支付工程款共计（大写）＿＿＿＿＿＿＿＿＿＿（小写：＿＿＿＿＿＿）。

其中：

1. 施工单位申报款为：

2. 经审核施工单位应得款为：

3. 本期应扣款为：

4. 本期应付款为：

附件：工程款支付报审表及附件

项目监理机构（盖章）
总监理工程师（签字、加盖执业印章）
年 月 日

B 类表（施工单位用表）

表 B.0.1 施工组织设计/（专项）施工方案报审表

表 B.0.2 工程开工报审表

表 B.0.3 工程复工报审表

表 B.0.4 分包单位资格报审表

表 B.0.5 施工控制测量成果报验表

表 B.0.6 工程材料、构配件、设备报审表

表 B.0.7 ____报审、报验表

表 B.0.8 分部工程报验表

表 B.0.9 监理通知回复单

表 B.0.10 单位工程竣工验收报审表

表 B.0.11 工程款支付报审表

表 B.0.12 施工进度计划报审表

表 B.0.13 费用索赔报审表

表 B.0.14 工程临时/最终延期报审表

施工组织设计/（专项）施工方案报审表　　　　　　　　表 B.0.1

工程名称：　　　　　　　　　　　　　　　　　编号：

致：_____（项目监理机构） 　　我方已完成_____工程施工组织设计/（专项）施工方案的编制和审批，请予以审查。 　　附件：□施工组织设计 　　　　　□专项施工方案 　　　　　□施工方案 　　　　　　　　　　　　　　　施工项目经理部（盖章） 　　　　　　　　　　　　　　　项目经理（签字） 　　　　　　　　　　　　　　　　年　月　日
审查意见： 　　　　　　　　　　　　　　　专业监理工程师（签字） 　　　　　　　　　　　　　　　　年　月　日
审核意见： 　　　　　　　　　　　　　　　项目监理机构（盖章） 　　　　　　　　　　　　　　　总监理工程师（签字、加盖执业印章） 　　　　　　　　　　　　　　　　年　月　日
审批意见（仅对超过一定规模的危险性较大的分部分项工程专项施工方案）： 　　　　　　　　　　　　　　　建设单位（盖章） 　　　　　　　　　　　　　　　建设单位代表（签字） 　　　　　　　　　　　　　　　　年　月　日

工程开工报审表 表 B. 0. 2

工程名称： 　　　　　　　　　　　　　　编号：

致： _____（建设单位） 　　_____（项目监理机构） 　　我方承担的_____工程，已完成相关准备工作，具备开工条件，申请于_____年___月___日开工，请予以审批。 　　附件：证明文件资料   <div style="text-align:center">施工单位（盖章） 项目经理（签字） 年　　月　　日</div>
审核意见：   <div style="text-align:center">项目监理机构（盖章） 总监理工程师（签字、加盖执业印章） 年　　月　　日</div>
审批意见：   <div style="text-align:center">建设单位（盖章） 建设单位代表（签字） 年　　月　　日</div>

工程复工报审表 　　　　　　　　　**表 B. 0. 3**

工程名称：　　　　　　　　　　　　　　　　　　　　编号：

致：_____（项目监理机构） 　　编号为_____的《工程暂停令》所停工的_____部位（工序）已满足复工条件，我方申请于___年___月___日复工，请予以审批。 　　附件：证明文件资料   　　　　　　　　　　　施工项目经理部（盖章） 　　　　　　　　　　　项目经理（签字） 　　　　　　　　　　　　　　　　年　　月　　日
审核意见：   　　　　　　　　　　　项目监理机构（盖章） 　　　　　　　　　　　总监理工程师（签字） 　　　　　　　　　　　　　　　　年　　月　　日
审批意见：   　　　　　　　　　　　建设单位（盖章） 　　　　　　　　　　　建设单位代表（签字） 　　　　　　　　　　　　　　　　年　　月　　日

分包单位资格报审表   表 B.0.4

工程名称：   编号：

致：＿＿＿＿＿＿＿＿＿＿＿＿＿＿＿＿（项目监理机构）

经考察，我方认为拟选择的＿＿＿＿＿＿＿＿＿＿＿＿＿＿＿（分包单位）具有承担下列工程的施工或安装资质和能力，可以保证本工程按施工合同第＿＿＿＿＿＿条款的约定进行施工或安装。请予以审查。

分包工程名称（部位）	分包工程量	分包工程合同额
合计		

附件：1. 分包单位资质材料
　　　2. 分包单位业绩材料
　　　3. 分包单位专职管理人员和特种作业人员的资格证书
　　　4. 施工单位对分包单位的管理制度

施工项目经理部（盖章）

项目经理（签字）

年　　月　　日

审查意见：

专业监理工程师（签字）

年　　月　　日

审核意见：

项目监理机构（盖章）

总监理工程师（签字）

年　　月　　日

施工控制测量成果报验表 表 B.0.5

工程名称：　　　　　　　　　　　　　　　　　　编号：

致：＿＿＿＿＿＿＿＿＿＿＿＿＿＿＿＿＿＿＿＿（项目监理机构） 　　我方已完成＿＿＿＿＿＿＿＿的施工控制测量，经自检合格，请予以查验。 　　附件：1. 施工控制测量依据资料 　　　　　2. 施工控制测量成果表   　　　　　　　　　　　　　　　　　施工项目经理部（盖章） 　　　　　　　　　　　　　　　　　项目技术负责人（签字） 　　　　　　　　　　　　　　　　　　　年　　月　　日
审查意见：   　　　　　　　　　　　　　　　　　项目监理机构（盖章） 　　　　　　　　　　　　　　　　　专业监理工程师（签字） 　　　　　　　　　　　　　　　　　　　年　　月　　日

工程材料、构配件、设备报审表 表 B.0.6

工程名称： 编号：

致：＿＿＿＿＿＿＿＿＿＿＿＿＿＿＿＿＿（项目监理机构）

　　于＿＿＿年＿＿＿月＿＿＿日进场的拟用于工程＿＿＿＿＿＿部位的＿＿＿＿＿＿＿＿，经我方检验合格，现将相关资料报上，请予以审查。

　　附件：1. 工程材料、构配件或设备清单

　　　　　2. 质量证明文件

　　　　　3. 自检结果

施工项目经理部（盖章）

项目经理（签字）

年　月　日

审查意见：

项目监理机构（盖章）

专业监理工程师（签字）

年　月　日

_____报审、报验表

表 B. 0. 7

工程名称： 　　　　　　　　　　　　　　　　编号：

致：_____（项目监理机构）
我方已完成_____工作，经自检合格，请予以审查或验收。 　　附件：□隐蔽工程质量检验资料 　　　　　□检验批质量检验资料 　　　　　□分项工程质量检验资料 　　　　　□施工试验室证明资料 　　　　　□其他   施工项目经理部（盖章） 项目经理或项目技术负责人（签字） 　　　　　　　年　　月　　日
审查或验收意见：   项目监理机构（盖章） 专业监理工程师（签字） 　　　　　　　年　　月　　日

分部工程报验表   表 B.0.8

工程名称：   编号：

致：＿＿＿＿＿＿＿＿＿＿＿＿＿＿＿＿＿＿＿＿＿＿＿＿＿＿（项目监理机构）
我方已完成＿＿＿＿＿＿＿＿＿＿＿＿＿（分部工程），经自检合格，请予以验收。 附件：分部工程质量资料   施工项目经理部（盖章） 项目技术负责人（签字） 年　　月　　日
验收意见：   专业监理工程师（签字） 年　　月　　日
验收意见：   项目监理机构（盖章） 总监理工程师（签字） 年　　月　　日

监理通知回复单　　　　　　　　　　　　　　　**表 B. 0. 9**

工程名称：　　　　　　　　　　　　　　　　　　　　编号：

致：_____（项目监理机构） 　　我方接到编号为_____的监理通知单后，已按要求完成相关工作，请予以复查。 　　附件：需要说明的情况   　　　　　　　　　　　　　　　　施工项目经理部（盖章） 　　　　　　　　　　　　　　　　项目经理（签字） 　　　　　　　　　　　　　　　　　　　年　　月　　日
复查意见：   　　　　　　　　　　　　　　项目监理机构（盖章） 　　　　　　　　　　　　　　总监理工程师/专业监理工程师（签字） 　　　　　　　　　　　　　　　　　年　　月　　日

单位工程竣工验收报审表

表 B.0.10

工程名称： 编号：

致： _____（项目监理机构）

我方已按施工合同要求完成_____工程，经自检合格，现将有关资料报上，请予以验收。

附件：1. 工程质量验收报告

2. 工程功能检验资料

施工单位（盖章）
项目经理（签字）
年 月 日

预验收意见：

经预验收，该工程合格/不合格，可以/不可以组织正式验收。

项目监理机构（盖章）
总监理工程师（签字、加盖执业印章）
年 月 日

工程款支付报审表　　　　　　　　　　　　　　　表 B.0.11

工程名称：　　　　　　　　　　　　　　　　编号：

致：　　　　　　　　　　　　　　　　　（项目监理机构）

　　根据施工合同约定，我方已完成　　　　　　工作，建设单位应在　　　　年　　月　　日前支付工程款共计
（大写）　　　　　　　　　　　（小写：　　　　　　　　），请予以审核。

　　附件：

　　□已完成工程量报表

　　□工程竣工结算证明材料

　　□相应支持性证明文件

　　　　　　　　　　　　　　　施工项目经理部（盖章）

　　　　　　　　　　　　　　　项目经理（签字）

　　　　　　　　　　　　　　　　　　　年　　月　　日

审查意见：

　　1. 施工单位应得款为：

　　2. 本期应扣款为：

　　3. 本期应付款为：

　　附件：相应支持性材料

　　　　　　　　　　　　　　　专业监理工程师（签字）

　　　　　　　　　　　　　　　　　　年　　月　　日

审核意见：

　　　　　　　　　　　　　　　项目监理机构（盖章）

　　　　　　　　　　　　　　　总监理工程师（签字、加盖执业印章）

　　　　　　　　　　　　　　　　　　年　　月　　日

审批意见：

　　　　　　　　　　　　　　　建设单位（盖章）

　　　　　　　　　　　　　　　建设单位代表（签字）

　　　　　　　　　　　　　　　　　　年　　月　　日

施工进度计划报审表

表 B. 0. 12

工程名称：   编号：

致：_____（项目监理机构） 　　根据施工合同约定，我方已完成_____工程施工进度计划的编制和批准，请予以审查。 　　附件：□施工总进度计划 　　　　　□阶段性进度计划   　　　　　　　　　　　　　　施工项目经理部（盖章） 　　　　　　　　　　　　　　项目经理（签字） 　　　　　　　　　　　　　　　　　年　　月　　日
审查意见：   　　　　　　　　　　　　专业监理工程师（签字） 　　　　　　　　　　　　　　　年　　月　　日
审核意见：   　　　　　　　　　　　　项目监理机构（盖章） 　　　　　　　　　　　　总监理工程师（签字） 　　　　　　　　　　　　　　年　　月　　日

费用索赔报审表

工程名称： 　　　　　　　　　　　　　　　　　　　　 编号：

致： ＿＿＿＿＿＿＿＿＿＿＿＿＿＿＿＿＿＿＿（项目监理机构）

　　根据施工合同＿＿＿＿＿＿条款，由于＿＿＿＿＿＿＿＿＿＿的原因，我方申请索赔金额（大写）＿＿＿＿＿＿＿＿

＿＿＿＿＿＿＿＿＿＿＿＿＿，请予以批准。

　　索赔理由：＿＿＿

　　附件：□索赔金额计算

　　　　　□证明材料

施工项目经理部（盖章）

项目经理（签字）

年　　月　　日

审核意见：

　　□不同意此项索赔。

　　□同意此项索赔，索赔金额为（大写）＿＿＿＿＿＿＿＿＿＿＿＿＿＿＿＿＿＿。

　　同意/不同意索赔的理由：＿＿＿＿＿＿＿＿＿＿＿＿＿＿＿＿＿＿＿＿＿＿＿＿＿＿＿＿＿＿＿＿＿＿

＿＿＿

　　附件：□索赔审查报告

项目监理机构（盖章）

总监理工程师（签字、加盖执业印章）

年　　月　　日

审批意见：

建设单位（盖章）

建设单位代表（签字）

年　　月　　日

工程临时/最终延期报审表　　　　　　　　　　　　　　表 B. 0. 14

工程名称：　　　　　　　　　　　　　　　　　　　　　　　编号：

致：_____（项目监理机构） 　　根据施工合同_____条款，由于_____原因，我方申请工程临时/最终延期_____（日历天），请予批准。 　　附件：1. 工程延期依据及工期计算 　　　　　2. 证明材料   　　　　　　　　　　　　　　　　　　　施工项目经理部（盖章） 　　　　　　　　　　　　　　　　　　　项目经理（签字） 　　　　　　　　　　　　　　　　　　　　　　年　　月　　日
审核意见： 　　□同意工程临时/最终延期_____（日历天）。工程竣工日期从施工合同约定的_____年___月___日延迟 到_____年___月___日。 　　□不同意延期，请按约定竣工日期组织施工。   　　　　　　　　　　　　　　　　　　　项目监理机构（盖章） 　　　　　　　　　　　　　　　　　　　总监理工程师（签字、加盖执业印章） 　　　　　　　　　　　　　　　　　　　　　　年　　月　　日
审批意见：   　　　　　　　　　　　　　　　　　　　建设单位（盖章） 　　　　　　　　　　　　　　　　　　　建设单位代表（签字） 　　　　　　　　　　　　　　　　　　　　　　年　　月　　日

C 类表（通用表）

表 C.0.1 工作联系单
表 C.0.2 工程变更单
表 C.0.3 索赔意向通知书

工作联系单

表 **C.0.1**

工程名称： 编号：

致：_____

发文单位
负责人（签字）
年 月 日

工程变更单

表 **C.0.2**

工程名称： 编号：

致：_____
　由于_____原因，兹提出_____工程变更，
请予以审批。
　附件：
　□变更内容
　□变更设计图
　□相关会议纪要
　□其他

变更提出单位：
负责人：
年 月 日

工程量增/减	
费用增/减	
工期变化	

施工项目经理部（盖章） 项目经理（签字）	设计单位（盖章） 设计负责人（签字）
项目监理机构（盖章） 总监理工程师（签字）	建设单位（盖章） 负责人（签字）

索赔意向通知书 表 C.0.3

工程名称： 编号：

致：＿＿＿＿＿＿＿＿＿＿＿＿＿＿＿
　　根据施工合同＿＿＿＿＿＿＿（条款）约定，由于发生了＿＿＿＿＿＿＿＿＿＿＿＿＿＿＿＿＿事件，且该事件的发生非我方原因所致。为此，我方向＿＿＿＿＿＿＿（单位）提出索赔要求。
　　　　附件：索赔事件资料

提出单位（盖章）
负责人（签字）
　　年　　月　　日

参 考 文 献

[1]　丁士昭. 工程项目管理[M]. 北京：高等教育出版社，2017.

[2]　熊广忠. 工程建设监理实用手册[M]. 北京：中国建筑工业出版社，1994.

[3]　李世蓉，兰定筠. 建设工程安全监理[M]. 北京：中国建筑工业出版社，2004.

[4]　张仕廉，董勇，潘承仕. 建筑安全管理[M]. 北京：中国建筑工业出版社，2005.

[5]　张水波，何伯森. FIDIC新版合同条件导读与解析（根据2017版合同条件修订）[M]. 2版. 北京：中国建筑工业出版社，2019.

[6]　陈勇强. FIDIC 2017版系列合同条件解析[M]. 北京：中国建筑工业出版社，2019.